绿色低碳技术

主　编　冯建勤　马艳丽
副主编　宋英杰　马梦杰　杨向涛
　　　　王　伟　杨红卫

北京理工大学出版社
BEIJING INSTITUTE OF TECHNOLOGY PRESS

内 容 简 介

本书系统介绍了绿色低碳技术各个领域相关知识。全书共分 10 章，主要内容包括温室效应与气候变化、低碳能源技术、低碳工业技术、绿色交通技术、绿色建筑技术、碳汇林业技术、低碳农业技术、低碳渔业技术、低碳城市技术和低碳生活与实践等相关知识。

本书可作为职业院校环境与生态类、能源与材料类、建筑与规划类等相关专业的教学用书，亦可供环保相关人员自学参考使用。

图书在版编目（CIP）数据

绿色低碳技术 / 冯建勤，马艳丽主编.
北京：北京理工大学出版社，2025. 8.
ISBN 978-7-5763-5785-1

Ⅰ . TK018

中国国家版本馆 CIP 数据核字第 2025WQ6111 号

责任编辑：李春伟　　　文案编辑：李春伟
责任校对：周瑞红　　　责任印制：施胜娟

出版发行 / 北京理工大学出版社有限责任公司
社　　址 / 北京市丰台区四合庄路 6 号
邮　　编 / 100070
电　　话 / （010）68914026（教材售后服务热线）
　　　　　（010）63726648（课件资源服务热线）
网　　址 / http://www.bitpress.com.cn

版 印 次 / 2025 年 8 月第 1 版第 1 次印刷
印　　刷 / 三河市天利华印刷装订有限公司
开　　本 / 787 mm×1092 mm　1/16
印　　张 / 18.25
字　　数 / 425 千字
定　　价 / 49.80 元

前 言

FOREWORD

党的二十大报告提出要实施科教兴国战略，强化现代化建设人才支撑。强调要深化教育领域综合改革，加强教材建设和管理。为了响应党中央的号召，我们在充分调研和论证的基础上，精心编写了本书。

绿色低碳技术主要指降低消耗、减少污染、改善生态，促进生态文明建设、实现人与自然和谐共生的新兴技术，具有服务绿色低碳发展的鲜明特征。聚焦绿色低碳前沿技术和关键核心技术攻关，抢占绿色低碳科技创新和产业竞争制高点，推动绿色低碳技术取得重大突破，加快先进适用技术研发和推广应用，既是实现"双碳"目标的基础和关键，也是推动经济社会高质量发展，实现人与自然和谐共生的现代化的必然要求。

随着绿色环保理念的深入人心，社会对绿色低碳技术专业相关人才的需求也日益增加，为了适应并推动高等职业教育相关专业的发展，我们精心组织相关院校骨干教师编写了本书。

本书具有以下鲜明特点：

● 内容全面，逻辑严谨

本书以使学生掌握绿色低碳技术相关知识为主要目标，分为 10 章内容，全面介绍了绿色低碳技术在能源、工业技术、交通、建筑、林业、农业、渔业、城市建设以及日常生活等各个方面的具体体现与应用，让学生全面掌握相关的知识点，深入理解绿色低碳技术的实质与内涵。

● 案例丰富，情景逼真

本书的展开与讲述，不仅有系统理论介绍，而且通过模拟现实环境的实践进行引导以及用真实事件或者生活中的案例讲解，从而帮助读者理解绿色低碳技术相关理论与实践操作方法。

● 聚焦能力培养，知识结构合理

本书从全面提升相关专业学生绿色低碳技术理论与应用能力的角度出发，采用理论与实践紧密结合的方法，每节均包含实践任务，将凝炼的理论介绍与实用的能力训练有机结合，达到学以致用的目的。

● 技能与思政教育紧密结合

在讲解绿色低碳技术专业知识的同时，紧密结合思政教育主旋律，从专业知识角度触类旁通引导学生相关思政品质提升。

　　本书由郑州电力职业技术学院冯建勤、马艳丽担任主编，宋英杰、马梦杰、杨向涛、王伟和河南龙翔电气股份有限公司杨红卫担任副主编；冯建勤编写第1章；马艳丽编写第2章和第4章；宋英杰编写第3章和第6章；马梦杰编写第5章和第7章；杨向涛编写第8章和第10章的部分内容；王伟编写第9章和第10章的部分内容；河南龙翔电气股份有限公司高级工程师杨红卫为本书提供了丰富的企业案例和技术数据支持。河北晋楚文化发展有限公司孟培老师等为本书出版提供了帮助，对他们的付出表示真挚的感谢。

　　由于作者水平有限，难免有疏漏之处，恳请广大读者批评指正。

编　者

目 录

CONTENTS

第1章

温室效应与气候变化

内容指南

> 温室效应本是地球维持适宜温度的自然机制，大气中温室气体吸收并留住部分热量。然而，人类活动（如燃烧化石燃料、森林砍伐等）使温室气体浓度急剧上升，温室效应不断强化。由此引发的气候变化，正深刻改变着地球生态。全球气温持续攀升，冰川加速消融，海平面不断上涨，极端天气事件愈发频繁且剧烈。这不仅威胁着生物多样性，还对人类社会的农业、能源、居住环境等诸多方面造成冲击，人类须深刻认识并积极应对这一全球性危机。

知识重点

- 掌握温室效应与温室气体的应用。
- 掌握碳循环与气候的变化。
- 了解气候变化的控制途径。
- 了解中国的"双碳"（碳达峰与碳中和）政策及贡献。

1.1 温室效应与温室气体

温室效应是地球大气层让太阳热量进入同时阻碍部分热量散失，以维持地球温暖的自然现象。温室气体（如二氧化碳、甲烷等）在其中起着关键作用，但人类活动日益加剧致其浓度激增，强化了温室效应，引发全球气候变暖等一系列环境问题，亟需应对。

1.1.1 温室效应

1. 温室效应的概念

温室效应（Greenhouse Effect）是地球大气层所具有的一种重要物理特性。大气层对不同波长辐射的吸收能力存在差异，其对长波辐射的吸收能力较强，而对短波辐射的吸收能力较弱。

太阳以短波辐射的形式将能量传递至地球表面，地表吸收热量后，会向外释放长波辐射。这些长波辐射被大气层吸收，使地表附近的气温升高，其作用原理与栽培农作物的温室类似（图1-1），故而得名"温室效应"。

图 1-1　温室

若地球没有大气层，其表面平均温度将低至 -18 ℃。正是得益于温室效应，地球表面的平均温度才能维持在 15 ℃左右，从而为人类以及动植物的生存提供了适宜的环境。然而，随着人类活动的加剧，大量温室气体被释放到大气中，如图 1-2 所示，导致地球表面的平均温度呈现出逐渐升高的趋势。

图 1-2　温室气体

2. 温室效应的原理

事实上，在宇宙中，任何物体均会向外辐射电磁波。物体的温度与其辐射电磁波的波长密切相关，温度越高，所辐射电磁波的波长越短。

太阳表面温度极高，达 6 000 K（约 5 726.85 ℃），其发射的电磁波波长很短，这种电磁波被称为太阳短波辐射，其中涵盖了从紫色到红色的可见光。地面在吸收太阳短波辐射后温度逐渐升高，与此同时，地面也持续不断地向外辐射电磁波以实现自身的冷却。由于地球表面温度相对较低，其发射的电磁波的波长较长，故而被称为地面长波辐射。

地球表面的大气对短波辐射和长波辐射的作用效果存在显著差异。大气对于太阳短波辐射几乎是透明的，太阳短波辐射能够较为顺畅地穿过大气层；然而，大气却对地面长波辐射具有强烈的吸收能力。当大气吸收地面长波辐射时，其自身温度也会随之升高，进而向外辐射波长更长的长波辐射（这是因为大气的温度低于地面）。在这些由大气向外辐射的长波辐射中，向下到达地面的部分被称为逆辐射。地面在接收到逆辐射后，温度会随之升高，这也就意味着大气对地面起到了保温的作用。其温室效应原理如图 1-3 所示。

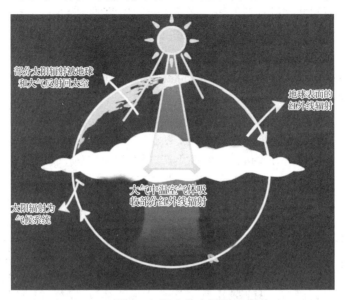

图 1-3　温室效应原理

3. 温室效应的影响

温室效应的持续加剧，正引发全球变暖这一严峻问题，气候变化已然成为深刻影响人类生存与发展的关键因素。

1）冰川消融

喜马拉雅山脉的冰川（图 1-4）正因全球变暖而呈现急剧消融态势。冰川作为地球上规模最为庞大的淡水储存库，在全球水循环和生态系统中扮演着至关重要的角色。现有资料清晰显示，在全球变暖的大背景下，全球冰川正以有气象记录以来的最快速度在越来越多的地区加速融化。冰川消融将带来一系列连锁反应，意味着数以百万计的人口将面临洪水、干旱以及饮用水资源减少等多重威胁。

图 1-4　喜马拉雅山脉的冰川

在众多冰川区域中，喜马拉雅冰川的消融速度尤为突出，远超世界其他地区。联合国政府间气候变化专门委员会（IPCC）近期发布的权威报告明确指出，按照当前全球变暖的发展趋势估算，在不到 30 年的时间里，喜马拉雅地区将有 80%面积的冰川消融殆尽。对于我国而言，水资源短缺问题本就日益严峻，喜马拉雅冰川的加速消融无疑将使这一局面进一步恶化，对我国水资源安全构成更为严峻的挑战。

2）极端气候

暴雪、暴雨、洪水（图 1-5）、干旱、冰雹、雷电、台风等极端气候事件正异常频繁地侵袭地球，这些现象与全球气候变化的大背景密切相关。在过去半个世纪里，我国极端气候事件呈现出显著的变化特征。长江中下游等南方地区的暴雨发生频率明显增加，暴雨强度也有所增强；而在北方省份，旱灾发生的范围不断扩大，干旱程度日益加剧。近年来，罕见且强烈的旱灾频繁侵袭许多南方省份，对农业生产、居民生活等造成了严重影响。同时，"桑美""圣帕"等台风频频重创东南沿海省份，带来狂风、暴雨、风暴潮等灾害，给当地经济社会发展和人民生命财产安全带来了巨大威胁，不断敲响着应对极端气候发展的警钟。

图 1-5　洪水

从损失数据来看，近年来我国每年因气象灾害造成的农作物受灾面积高达 5 000 万公顷，因灾害损失的粮食达 4 300 万吨。每年遭受重大气象灾害影响的人口多达 4 亿人次，造成的经济损失年平均超过 2 000 亿元。这些数据直观地反映出极端气候对我国经济社会发展和人民生活造成的巨大冲击。

从全球范围来看，极端气候造成的财产损失同样令人触目惊心。根据德国一家知名财产保险公司的报告，1981—2010 年期间，人类因极端气候遭受的财产损失平均每年为 750 亿美元；而到了 2011 年，这一数字急剧攀升至 3 800 亿美元。这充分表明，极端气候对全球经济社会的影响正在日益加剧，应对极端气候已成为全球共同面临的紧迫任务。

3）粮食减产

全球变暖造成粮食减产，带来干旱（图 1-6）、缺水、海平面上升、洪水泛滥、热浪及气温剧变，这些都会使世界各地的粮食生产受到破坏。亚洲大部分地区及美国的谷物带地区，将会变得干旱。在一些干旱农业地区，如非洲撒哈拉沙漠地区，只要全球变暖带来轻微的气温上升，粮食生产量都将大大减少。国际稻米研究所的研究显示，若晚间最低气温上升 1 ℃，稻米收成便会减少 10%。值得警惕的是，稻米是全球过半人口的主要粮食，所以全球变暖的轻微变化就可带来深远的影响。对于我国来说，全球变暖可能导致农业生产的不稳定性增加，高温、干旱、虫害等因素都可能造成粮食减产。如果不采取措施，预计到 2030 年，我国种植业生产能力在总体上可能会下降 5% ~ 10%；小麦、水稻、玉米三大农作物均以下降为主，到 21 世纪后半期，产量最多可下降 37%。同时全球变暖会对农作物品质产生影响，如大豆、冬小麦和玉米等。全球变暖，气温升高会导致农业病以及虫、草害的发生区域扩大、危害时间延长、作物受害程度加重，从而增加农业除草剂的施用量。此外，全球变暖还会加剧农业水资源的不稳定性与供需矛盾。总之，全球变暖将严重影响我国长期的粮食安全。

图 1-6　干旱

此外，气候变暖还可能促使某些地区的虫害与病菌传播范围扩大，昆虫群体密度增加。温度升高会使热带虫害和病菌向较高纬度地区蔓延，使中纬度地区面临热带病虫害的严重威胁。同时，气温升高还可能使这些病虫的分布区域扩大、生长季节延长，并使多世代害虫的繁殖代数增加（图 1-7），危害时间延长，从而加重农、林灾害的发生频率和危害程度。

图 1-7　遮天蔽日的蝗虫

4）海平面上升

气候变暖促使极地及高山冰川加速融化，如图 1-8 所示，进而导致海平面上升。与此同时，气温升高还会使海水受热膨胀，进一步加剧海平面上升的趋势。据相关报道，近 100 年来，地球海平面已上升了 14 ~ 15 cm，且未来这一上升趋势仍将持续。

图 1-8　冰川消融

　　全球有超过 70%的人口聚居在沿岸平原，全球前 15 大城市中有 11 座位于沿海或河口，这些地区人口密集、经济发达，对海平面变化敏感。IPCC 的《排放情景特别报告》估计，1990—2080 年全球海平面将上升 22 ~ 34 cm。近 30 年来，中国沿海海平面已累计上升90 mm，速度快于全球平均。

　　海平面即使轻微上升也会带来严重后果，如沿海洪水风险增加、海岸线破坏侵蚀、海水倒灌污染淡水、沿海湿地岛屿易发洪水、河口盐度上升，低洼沿海城市村落将面临挑战。同时，海平面上升还会威胁沙滩、淡水、渔业等重要资源，这些资源对当地生态和经济社会发展至关重要。

　　长三角、珠三角、黄河三角洲城市群因人口密集、经济发达，又面临洪灾、海水入侵等多重威胁，是受海平面上升影响最敏感的地区。因此，加强监测研究、制定应对策略，对这些地区经济社会可持续发展和人民生命财产安全意义重大。

　　海平面上升（图 1-9）带来的后果极为严重，会直接导致低地被淹没、海岸侵蚀加剧、排洪系统受阻、土地盐碱化（图 1-10）以及海水倒灌等一系列问题。若地球温度按照当前速度持续升高，到 2050 年，南北极冰山将出现大规模融化，部分沿海城市将面临被淹没的巨大风险。

图 1-9　海平面上升

图 1-10　土地盐碱化

5）物种灭绝

生态系统中，每个物种都有独特的生态位，这是长期进化形成的，让它们能在特定环境（如温度、湿度、光照及动植物群落等）中生存繁衍。不同物种对环境适应能力差异大。比如，老鼠、狗适应力强，能在恶劣复杂环境中生存；而考拉等生物对环境敏感，生态特异性高，只能生活在有桉树的区域，桉树对其生存至关重要。但人类活动引发的气候变化正严重威胁着生物的生存环境。全球气温上升、降雨模式改变、海平面升高，让众多生物栖息地遭到破坏，且破坏速度远超生物自然迁移和适应能力。

IPCC 于 2007 年发布报告指出，在未来六七十年里，气候变化可能导致大量物种灭绝。已有证据表明，气候变化与一些蛙类灭绝直接相关，而这也只是冰山一角。从地球生态演化来看，当前气候变化导致的物种灭绝风险，其规模和严重程度或超过地球历史上 5 次重大物种灭绝事件。这为生物多样性保护敲响了警钟，凸显应对气候变化、保护生物多样性的紧迫性。

对于生物物种而言，若其迁移适应的速度无法跟上环境变化的步伐，将面临灭绝的危机。根据世界自然保护基金会的报告，若全球变暖的趋势无法得到有效遏制，到 2100 年，全世界将有 1/3 的动物栖息地发生根本性变化，这将导致大量物种因无法适应新的生存环境而走向灭绝，图 1-11 所示为已灭绝的袋狼。

图 1-11　已灭绝的袋狼

6）区域灾害风险加剧

全球变暖对区域气候系统产生了深远的影响，显著地改变了海洋和地表水的蒸发速率，进而导致降水量与降水频率在时间和空间维度上的分布格局发生紊乱。相关研究表明，全球变暖对不同地区降水的影响呈现出显著的两极分化态势。在世界上本就缺水的地区，全球变暖致使其降水量与地表径流进一步减少。降水资源的匮乏，使这些地区的旱灾频发且受灾程度不断加重，土地荒漠化的进程也随之加速，如图 1-12 所示。土地退化不仅破坏了当地的生态环境，还对农业生产和居民生活造成了极大的负面影响，进一步加剧了这些地区的贫困和社会不稳定因素。

图 1-12　荒漠

而在雨量充沛的热带地区，气候变暖却带来了截然相反的后果。降水量的进一步增加，使这些地区洪涝灾害的发生频率和强度显著上升。频繁的洪涝灾害不仅会冲毁农田、房屋和基础设施，给人类造成巨大的经济损失，还会引发一系列次生灾害，如泥石流（图 1-13）、滑坡等，严重威胁当地居民的生命和财产安全。

图 1-13　泥石流

此外，全球变暖还可能导致局部地区在短时间内出现急剧的天气变化，打破原有的气候平衡，引发气候异常现象。例如，高温、热浪、热带风暴、龙卷风（图 1-14）等极端自然灾害的发生频率和强度不断加大，给人类社会带来了巨大的挑战。这些灾害不仅会造成人员伤亡和财产损失，还会对社会的正常运转和经济发展造成严重冲击。

图 1-14　龙卷风

7）人类健康面临威胁

温室效应引发的全球变暖对人类健康构成了直接且严峻的威胁。随着全球变暖的加剧，极热天气的出现频率显著增加。高温环境会对人体的心血管和呼吸系统造成沉重负担，导致相关疾病的发病率大幅上升。在高温条件下，人体需要通过出汗等方式散热，这会使体内的水分和电解质大量流失，从而引发中暑、热射病等严重疾病（图 1-15）。同时，高温还会加重人体心血管系统的负担，增加心脏病、中风等疾病的发病风险。此外，高温天气还会影响空气质量并加剧空气污染，从而进一步损害人体的呼吸系统健康。

图 1-15　汗流浃背的建筑工人

除了对心血管和呼吸系统的影响外，全球变暖还会加速流行性疾病的传播和扩散。气候变暖为一些病原体的孳生和传播提供了更有利的环境条件，使蚊、虫等传播媒介的繁殖范围扩大、活动时间延长。这增加了疟疾、登革热、寨卡病毒病等通过蚊（图 1-16）、虫传播疾病的发生风险，对全球公共卫生安全构成了严重威胁。

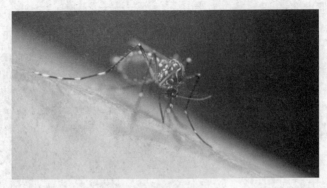

图 1-16 吸血的蚊子

尽管全球变暖导致大气中二氧化碳浓度升高，在一定程度上有利于植物的光合作用，扩大了植物的生长范围，提高了植物的生产力，但从整体和长远来看，温室效应及其引发的全球变暖所带来的负面影响远远超过了这些潜在的益处。因此，必须高度重视全球变暖问题，采取切实有效的措施控制温室效应，抑制全球变暖的趋势，以保护人类的生存环境和健康福祉。

1.1.2 温室气体

温室气体涵盖二氧化碳、甲烷、氧化亚氮、氢氟碳化物、全氟碳化物和六氟化硫等。1997 年的《京都议定书》明确要求削减上述 6 种温室气体，其中氢氟碳化物、全氟碳化物、六氟化硫温室效应较强。

随着工农业的发展，以二氧化碳为主的人为温室气体排放逐年递增，因此各国重点关注人为温室气体排放，尤其是二氧化碳，它对温室效应的贡献远超其他人为温室气体，化石燃料燃烧排放的二氧化碳占温室气体总排放量的 56.6%，故日常提及温室气体多指二氧化碳。

1. 二氧化碳

二氧化碳（Carbon Dioxide），化学式为 CO_2，是一种碳氧化合物，其分子量为 44.009 5。在常温常压下是无色无味的气态，是空气的"小成员"，占大气总体积的 0.03% ~ 0.04%，就像空气大家庭里一个低调的伙伴，同时也是重要的温室气体，如图 1-17 所示。

图 1-17 二氧化碳

（1）来源。它就像一个"能量转化大师"，产生途径多样。有机物（包括动植物）在分解、发酵、腐烂、变质等过程中会释放它；化石燃料（石油、石蜡、煤炭、天然气）燃烧时会"吐"出它；利用石油、煤炭生产化工产品时也会产生它；粪便、腐植酸在发酵、熟化过程中会释放它；动物呼吸过程中也会产生它。

（2）物理性质。它的熔点为-56.6 ℃，沸点为-78.5 ℃，比空气重，还能溶于水，就像一个有点"重量"且"亲水"的小家伙。

（3）化学性质。它相对不活泼，很稳定，在 2 000 ℃时仅有 1.8%分解。不能燃烧，也不支持燃烧，是酸性氧化物，能和水发生反应生成碳酸，就像一个"安静又有点小脾气"的化学物质。

（4）制备。有两种常见方法：一是高温煅烧石灰石，就像在"高温熔炉"里把它变出来；二是石灰石与稀盐酸反应，就像两者"对话"后产生它。

（5）用途。它的用途广泛，可用于冷藏易腐败食品；作为制冷剂，可让环境变冷；制造碳化软饮料，给饮料增添气泡；还可作为均相反应的溶剂等。

（6）毒性。低浓度时对人体无害，但高浓度时会让动物中毒。

（7）温室效应。能强烈吸收地面长波辐射，并向地面辐射更长的长波辐射，就像给地面"盖被子"保温一样。

2. 甲烷

甲烷（Methane）是一种有机化合物，其分子式为 CH_4，分子量为 16.043。甲烷是最简单的有机物，也是含碳量最低（含氢量最高）的烃类化合物，是天然气、沼气、坑气等的主要成分，俗称瓦斯，如图 1-18 所示。

图 1-18　垃圾填埋场释放甲烷气体

（1）用途。它可作为燃料，为人们提供能量；也是制造氢气、炭黑、一氧化碳、乙炔、氢氰酸及甲醛等物质的重要原料，在化工领域是个"多面手"。

（2）来源。2018 年 4 月 2 日，美国研究人员证实它是导致地球表面温室效应加剧的因素之一。德国科学家发现，植物和落叶会产生它，且生成量随温度和日照强度的增加而上升，植物产生的甲烷量是腐烂植物的 10~100 倍，每年植物产生的甲烷占全球甲烷生成量的 10%~30%。

（3）温室效应强度。就单位分子数而言，它的温室效应强度是二氧化碳的 25 倍。因为大气中二氧化碳已吸收许多辐射波段，新增的二氧化碳主要在边缘发挥吸收效应，而甲烷吸收的是未被有效拦截的辐射波段，每增加一个甲烷分子都能提供新的吸收能力。

3. 氧化亚氮

氧化亚氮（Nitrous Oxide），又称一氧化二氮，是一种无机化合物，化学式为 N_2O。它是一种无色且带有甜味的气体，具有氧化剂的性质，室温下化学性质稳定，有轻微麻醉作用，能使人发笑，俗称"笑气"，如图 1-19 所示。

图 1-19　笑气

（1）发现。1799 年由英国化学家汉弗莱·戴维发现其麻醉作用。

（2）温室效应。它是温室气体，能够加剧全球变暖，是《京都议定书》规定的 6 种温室气体之一。在大气中存留时间长，能输送到平流层，并参与化学反应破坏臭氧层，从而引发臭氧空洞问题，使人类和其他生物更多地暴露在太阳紫外线辐射下，损害人体皮肤、眼睛和免疫系统等。

（3）增温潜能。它尽管在大气中含量极低，但单分子增温潜能是二氧化碳的 298 倍（据 IPCC，2007 年数据），随着时间的推移，它对全球气候的增温效应愈发显著。

（4）来源。农田生态系统是其重要来源，土壤中的细菌将肥料转化为温室气体。

4. 氢氟碳化物

氢氟碳化物（Hydrofluorocarbons，HFCs）是一类有助于避免破坏臭氧层的化学物质，常被用作耗臭氧物质（如氯氟烃、CFCs）的替代品。

（1）替代原因。氯氟烃曾广泛用于冰箱、空调（图 1-20）及绝缘泡沫生产等领域，但会破坏臭氧层，所以逐渐被氢氟碳化物等替代。

图 1-20　大型空调机组

（2）影响。虽然分子中不含破坏地球臭氧层的氯或溴原子，但却是极强的温室气体。美国国家海洋和大气管理局地球系统研究实验室的科学家研究表明，它对气候的影响程度可能远超先前预估。到 2050 年，其产生的温室气体排放量将达 3.5~8.8 亿吨二氧化碳当量，与运输业每年 6~7 亿吨的温室气体排放总量相当，这凸显了控制和管理其排放的紧迫性与必要性。

5. 全氟碳化物

全氟碳化物（Perfluorocarbons，PFCs）排放减量一直是全球高科技产业密切关注的议题，随着薄膜晶体管液晶显示器（TFT-LCD）面板（图 1-21）产业的发展，其使用量及排放量日益增长。

图 1-21　液晶面板

（1）排放构成。根据我国台湾地区薄膜晶体管液晶显示器产业协会（TTLA）的历年统计，六氟化硫（SF_6）是其主要来源，占比约为 95%。在 TFT-LCD 产业部分制程中，可用三氟化氮（NF_3）作为替代物，能带来较高减量效益，助力温室气体减排。

（2）用途。从单纯的血液代用品发展为多种需氧治疗辅助剂，可应用于心血管系统疾病治疗，对各类肺部疾患疗效显著，还可用于烧伤治疗、肿瘤化疗与放疗辅助治疗以及细胞培养生物技术领域，也可作为造影剂和药物释放载体，目前正尝试将其作为肝酶诱导剂、脂质吸附剂和抗炎剂，在临床各科都有潜在应用价值。

6. 六氟化硫

六氟化硫，化学式为 SF_6，它是一种在常温常压下呈气态的无色、无臭、无毒且不可燃的稳定气体，分子结构呈八面体排布，键合距离短、键合能高，稳定性极高，就像一个"稳如泰山"的气体分子。

（1）发现与合成。它是 1900 年由法国两位化学家（莫瓦桑和勒博）合成的人造惰性气体。

（2）用途。六氟化硫应用特别广泛。在电子和电气设备里，它是新型超高压绝缘的好材料。电子级高纯度的六氟化硫，是制造计算机芯片、液晶屏等大型集成电路时做等离子刻蚀和清洗工序的理想刻蚀剂。在冷冻工业，它能作为冷冻剂（图 1-22），还能从矿井煤尘里置换出氧气。在有色金属冶炼和铸造工艺、微电子业、光导纤维制造等方面，它也起着重要作用。

图 1-22　冷库

（3）温室效应。它是温室气体，单分子温室效应是二氧化碳的 2.2 万倍，是《京都议定书》中禁止排放的 6 种温室气体之一。根据 IPCC 提出的全球变暖潜能指标，它的 GWP 值最大，且在大气中存留时间可长达 3 200 年。虽然当前排放量极少，似乎对温室效应的贡献可忽略不计，但从长远环保和安全角度考虑，必须合理、正确地回收并净化它。

1.1.3　温室效应产生的原因及应对措施

1. 温室效应产生的原因

1）太阳辐射（图 1-23）

太阳辐射在穿越大气层的过程中，会经历一系列复杂的相互作用。其中一部分太阳辐射能够直接抵达地球表面，这部分辐射被称为直接辐射；而另一部分则会被大气中的分子、微尘及水汽等成分吸收、散射和反射。被散射的太阳辐射中，一部分会重新返回宇宙空间，另一部分则会到达地球表面，到达地面的这部分散射辐射被称为散射太阳辐射。到达地面的散射太阳辐射与直接太阳辐射的总和，即构成了到达地球表面的总辐射。

图 1-23　太阳辐射

大气对太阳辐射具有显著的削弱作用，主要体现在以下 3 个方面。

（1）吸收作用。平流层臭氧吸收紫外线，对流层水汽和二氧化碳等吸收红外线，但对可见光吸收少，大部分可见光能透过大气层。这一现象表明，大气吸收太阳辐射有选择性。

（2）反射作用。云层和尘埃像反光镜，反射太阳辐射回宇宙，反射无选择性，反射光通常为白色。云层厚度、表面积（云量）及杂质颗粒大小影响反射强度，云层越厚、云量越多、颗粒越大，反射越强，这也是多云天气白天气温不高的原因之一。

（3）散射作用。晴朗天空呈蔚蓝色以及教室无阳光处也明亮等都与散射有关。空气分子或微小尘埃使太阳辐射向四面八方散射，可改变传播方向，此散射有选择性，波长越短越易被散射，可见光中蓝紫光散射能力最强，所以晴朗天空尤其是雨后的天空呈蔚蓝色；颗粒较大的尘埃、雾粒、小水滴等散射无选择性，各种波长光都被散射，阴天天空呈白色，常见于黎明、黄昏，空气质点越大散射能力越强。

太阳辐射是短波辐射，地面和大气辐射是长波辐射，大气对长波辐射吸收强，对短波辐射吸收弱。白天太阳光照射地球，部分辐射被大气吸收，另一部分反射回宇宙，约 47% 被地表吸收；夜晚地表以红外线散发能量，大部分被大气吸收。大气层如温室，能保存热量，使地球温度适宜，若无温室效应，地球表面温度将降至 -18 ℃，正像月球因无大气层，因此昼夜温差极大。地球变暖原因是能量收支不平衡，从太阳获得的热量大于辐射出去的能量，导致温度升高。

2）二氧化碳的产生

近几十年来，全球人口剧增、工业迅猛发展，二氧化碳排放量大幅攀升。人类呼吸及化石燃料燃烧产生的二氧化碳远超以往，同时人类大规模砍伐森林（图 1-24）、将农田改扩建为城市和工厂，严重地破坏了植被，而植被能通过光合作用将二氧化碳转化为有机物，其减少或削弱了这一转化过程。此外，地表水域缩小、降水量降低，也使水体吸收溶解二氧化碳的能力减弱。这些因素破坏了二氧化碳生成与转化的平衡，导致大气中二氧化碳含量逐年增加。

图 1-24　砍伐森林

空气中二氧化碳含量增长引发地球气温显著变化，其对全球温度的影响远超氟氯化碳、甲烷和氮氧化物等温室气体影响的总和，是加剧温室效应的主要原因。全球碳排放量随经济增长波动，近年来增长主要出现在亚洲和拉丁美洲的工业化国家。不过，发展中国家与发达国家在人均和总量碳排放上差距巨大，发展中国家人均排放量约 0.5 t，发达国家超过 3 t；发展中国家排放总量约占全球 1/3，发达国家超过 2/3，且发展中国家碳排放贡献率正逐步上升。

3）臭氧层的消耗与破坏

臭氧浓度较高的大气层位于距地表 10~50 km 的高度范围内，在 25 km 处臭氧浓度达到最大值，形成了平均厚度约为 3 mm 的臭氧层。臭氧层能够吸收太阳的紫外线辐射，为地球提供了抵御紫外线的天然屏障，并将能量储存在上层大气中，对气候起到调节的作用。然而，臭氧层的破坏会导致过量的紫外线辐射到达地面，这不仅会对人类健康造成危害，还会使平流层温度发生变化，进而引发地球气候异常，影响植物生长和生态平衡。

2. 温室效应的应对措施

众所周知，人类活动在全球范围内对大气环境产生了显著干扰。在 2008 年于巴黎召开的联合国气候大会上，各国专家基于有关气候变暖的研究和统计数据，就全球变暖问题展开了深入讨论。专家们一致认为，人类活动极有可能与气候变暖存在紧密关联。因此，为应对这一严峻挑战，必须对人类活动进行合理调整，采取切实有效的措施以减少温室气体排放，从而最大限度地降低人类活动对地球系统造成的人为干扰。

减少温室气体向大气中的排放，是减缓温室效应最为直接且有效的方法。当前，二氧化碳排放量持续攀升的根本原因在于，世界各国对化石燃料（如煤炭、石油和天然气）存在过度依赖。鉴于此，国际社会针对二氧化碳减排提出了以下 5 种主要方案。

（1）优化能源结构。积极开发核能、风能、太阳能等可再生能源和新能源，逐步降低对化石燃料的依赖程度，构建更加清洁、低碳的能源体系，如图 1-25~图 1-27 所示。

图 1-25　风能与太阳能

图 1-26　水能

图 1-27　核电站冷却塔

（2）扩大植被面积。加强生态环境保护，严禁乱砍滥伐行为，通过植树造林、恢复湿地等措施，增加植被覆盖面积，以提高生态系统的碳汇能力，如图 1-28 所示。

图 1-28　塞罕坝林场

（3）二氧化碳捕集与利用或封存。在化石燃料的利用过程中，采用先进技术捕集二氧化碳，并探索将其转化为有用产品或进行安全封存的方法，以减少二氧化碳向大气中排放。

（4）开发生物质能源。大力发展生物质能源产业，推广使用低碳或无碳燃料，如生物柴油（图 1-29）、乙醇等，以替代传统化石燃料，从而降低碳排放强度。

（5）提高能源利用效率与节能。加强节能技术研发和应用，进一步提高能源利用效率，包括开发清洁燃烧技术和高效燃烧设备等，从源头上减少能源消耗和温室气体排放。比如，著名的"东数西算"就是利用西部地区较低的气温对大型数据中心进行自然冷却的同时，再利用当地丰富的能源就地为大型数据计算提供电力，以减少电力传输损失，从而起到节能的作用，如图 1-30 所示。

图 1-29 绿色生物柴油

图 1-30 西部大型数据中心

 案例

全球气候变化的影响

2022 年夏季，巴基斯坦遭遇史无前例的季风降雨，全国 1/3 地区被淹没，超过 3 300 万人受灾，经济损失达 300 亿美元以上。这场灾难的直接诱因是当年南亚季风异常活跃，而深层根源直指全球气候变化，该国西北部雨量较 30 年平均值激增近 8 倍，部分地区单日降雨量突破 800 mm，远超历史极值。与此同时，喜马拉雅冰川加速消融导致河流径流量增加，叠加高温引发的山体滑坡阻塞河道，最终形成复合型洪灾。洪灾不仅摧毁 170 万栋房屋、淹没 200 万公顷农田，还引发霍乱、疟疾等传染病暴发，导致超过 1 700 人死亡，其中儿童占比超过四成。世界银行报告指出，若全球持续升温，到 2050 年巴基斯坦类似极端降水事件频率或增加 50%，暴露出发展中国家在气候变化面前的脆弱性。

分析：这一案例凸显了全球变暖如何通过极端天气、生态链断裂和公共卫生危机等多维度冲击人类社会，亟需国际社会通过减排、资金援助与技术转移等协同行动应对。

1.1.4　实践任务：温室效应相关调研与宣传方案设计

1. 任务背景

随着全球气候变化问题日益严峻，温室效应已成为备受关注的焦点。了解温室效应（图 1-31）、温室气体及其产生原因，并探索应对措施，对于人类应对气候变化、保护地球环境至关重要。

图 1-31　温室效应

2. 任务目标

（1）深入了解温室效应的概念、温室气体的种类及其对环境的影响。

（2）探究温室效应产生的主要原因。

（3）收集并整理应对温室效应的有效措施。

（4）设计一份面向公众的宣传方案，以提高大众对温室效应问题的认识和应对意识。

3. 任务步骤

（1）利用图书馆、互联网等资源，查阅关于温室效应的科普书籍、学术论文、新闻报道等，整理出温室效应的定义、常见的温室气体及其主要来源。

（2）对收集到的资料进行深入分析，组织小组讨论，交流各自的观点和分析结果，并进一步完善原因分析。

（3）根据研究成果，设计一份面向公众的宣传方案。方案可包括宣传海报、宣传手册、社交媒体宣传内容等。

（4）将宣传方案付诸实践，在选定的宣传渠道进行推广，观察宣传效果并收集反馈意见。

1.2　气候变化的控制途径

气候变化作为全球性挑战，其控制需从减缓排放、增强碳汇、适应变化与国际合作四大维度协同推进，以形成系统性解决方案。

1.2.1 气候变化

1. 气候变化的概念

气候变化（Climate Change）是指气候平均状态在统计学意义上的显著改变，或是持续较长时间（通常以 30 年或更长时间为典型周期）的气候变动。它不仅包括气候平均值的改变，还涵盖气候变率（如极端天气事件发生频率及其强度的变化）的改变。气候变化大体上是通过不同时期温度、降水、风速、气压等气候要素统计量的差异来表示。例如，对比过去几十年间全球平均气温的变化趋势，或者分析某地区降水模式的改变等。《联合国气候变化框架公约》则将"气候变化"定义为：经过相当长一段时间的观察，在自然气候变化的基础上，由人类活动直接或间接改变全球大气组成所引发的气候改变。

气候变化主要表现为 3 个方面，即全球气候变暖（Global Warming）、酸雨（Acid Deposition）（图 1-32）、臭氧层破坏（Ozone Depletion），其中全球气候变暖是人类最迫切需要解决的问题。

图 1-32　酸雨

2. 气候变化的原因

气候变化（图 1-33）由自然与人为因素共同导致，涵盖地球内部变化、外部影响及人类对大气和土地的改变。

工业革命后，人类活动对气候变化影响显著，尤其是发达国家的工业化。燃烧化石燃料、砍伐森林、改变土地用途等行为，使大量温室气体排入大气，并且浓度攀升，温室效应增强，使全球变暖。自 1750 年以来，全球已排放超过 1 万亿吨二氧化碳，发达国家约占八成。气候变化带来诸多问题：灾害性气候事件频发，如极端高温、暴雨、干旱；冰川积雪融化加快，影响水资源分布，部分地区缺水，部分地区又易发生洪涝；生物多样性受到不同程度的威胁，许多物种濒临灭绝；海平面上升，沿海地区遭受洪涝、风暴等灾害侵袭更加频繁且日益严重，小岛屿和沿海低洼地带还有被淹没的风险。

图 1-33　气候变化

在经济社会层面，气候变化影响农业、林业、畜牧业和渔业，导致作物减产、资源受损、生产不稳定等；还加剧了疾病的传播，而威胁人类健康，影响经济稳定。IPCC 报告称，如果全球升温超过 2.5 ℃，各区域将会受到影响，发展中国家损失会更加严重；如果升温达4 ℃，全球生态系统都将遭受不可逆损害，使全球经济损失重大。

我国 2006 年发布报告指出，气候变化主要影响农业、水资源、自然生态系统和海岸带，表现为农业生产不稳定、南方洪涝加重、北方水资源矛盾加剧、生态系统退化、生物灾害频发、生物多样性减少、沿海灾害加剧及重大工程建设运营安全受到影响。

3. 应对气候变化的措施

全球气候变化备受国际社会关注，相关国际应对机制随《联合国气候变化框架公约》（UNFCCC）的发展逐步完善。

1979 年第一次世界气候大会呼吁保护气候。1992 年 UNFCCC 通过确立"共同但有区别的责任"原则，明确行动框架，力求稳定温室气体浓度。1997 年《京都议定书》为发达国家设定减排指标。2007 年巴厘路线图确定谈判计划，2009 年在哥本哈根召开缔约方会议。截至 2025 年 4 月，UNFCCC 已有 198 个国家批准，举办 29 次缔约方大会。虽未达成全面共识，但气候变化将带来巨大损失的观念已获得全球认同。

优化能源结构、提高能效是应对气候变化的重要途径，并且节能潜力巨大。节能方法简单，如安装隔热板、使用超绝缘玻璃窗等，但若想真正节能还需整体优化，政府配合很关键。实现节能目标，要制定产品最低能效标准，政府应推动能源效益技术创新。为实现这一目标，可再生能源优势明显，因之无燃料枯竭之忧，发电无温室气体和污染物排放，也利于分布式供电。我国发展可再生能源潜力很大，近年来风能发展迅猛，且技术逐渐成熟，成本日益下降，甚至部分地区风电可与燃煤电站竞争。太阳能应用也较广泛，开发潜力巨大，可提供数倍于世界能源消耗量的能源，并且利用方式多样。地热供暖（图 1-34）比传统散热片采暖更舒适，冰岛已有 87% 的家庭采用。沙漠造林项目能吸收温室气体，非洲已有 13 国

共建"绿色长城",并且计划在可再生能源设施沿线植树。

图1-34　地热能

1.2.2　气候适应策略

气候适应策略是指人类社会为应对气候变化导致的极端天气、海平面上升、生态系统退化等不可逆影响,通过调整经济、社会与生态系统,降低生态系统的脆弱程度并提升抗风险能力的系统性行动。与减缓气候变化(如减少温室气体排放)不同,适应策略更侧重于"与气候共存",尤其是针对已发生的或难以避免的气候风险。随着全球平均气温较工业化前水平已上升 1.2 ℃,且未来升温趋势难以在短期内逆转,气候适应策略已成为全球气候行动的核心议题之一。联合国环境规划署(UNEP)指出,若不加强适应措施,到2050年气候变化可能导致全球每年损失2万亿美元;而每投入1美元用于适应气候变化,可避免6美元的经济损失。因此,制定并实施科学的气候适应策略,对保障人类福祉与可持续发展至关重要。

1. 基础设施韧性提升

基础设施是气候适应的物理载体,其韧性直接决定城市与社区的抗灾能力。当前,全球多数基础设施仍按历史气候条件设计,因而难以抵御极端天气事件。气候适应需从以下维度重塑基础设施。

(1)防洪与排水系统升级。通过建设海绵城市(如中国雄安新区)、扩大雨水花园与绿色屋顶覆盖率,增强城市对暴雨的吸纳能力;在沿海地区,采用"硬防护+软适应"相结合的策略,如荷兰"三角洲计划"中的风暴潮屏障与滩涂恢复工程。

(2)能源与交通系统抗灾化。将分布式能源(如屋顶光伏、微电网,见图1-35)与储能设施纳入电网设计,以减少极端天气导致的停电风险;推广耐高温、抗飓风的交通基础设施,如日本的高架铁路与美国佛罗里达的防风桥梁。

(3)气候适应性建筑标准。制定基于气候风险评估的建筑规范,如在热带地区推广通风隔热设计、在寒带地区强化建筑保温性能。新加坡的"绿色建筑大师"计划,要求新建建筑能耗降低30%,并配备雨水收集与中水回用系统。

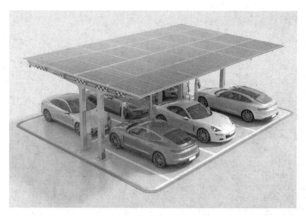

图 1-35　分布式能源

2. 农业与粮食安全

农业是气候变化的敏感领域，极端高温、干旱与洪涝已导致全球粮食减产 10%～25%。气候适应需通过技术创新与模式转型，以保障粮食供应链稳定。

（1）耐候作物品种培育。利用基因编辑技术（如 CRISPR）开发抗旱、抗盐碱与耐高温的作物品种。例如，国际水稻研究所培育的"耐淹水稻"可在洪水中存活两周（图 1-36），而非洲旱稻品种"NERICA"可将产量提升 300%。

图 1-36　耐淹水稻

（2）精准农业与水资源管理。通过物联网传感器监测土壤湿度与作物长势，可实现灌溉与施肥的精准化；推广滴灌（图 1-37）、喷灌等节水技术，如以色列的农业用水效率是全球平均水平的 3 倍。

（3）农业生态系统多样化。发展农林复合经营（如"稻田养鱼"，见图 1-38）、轮作与间作系统，提升生物多样性并减少病虫害。此外，气候保险（如印度的小麦天气指数保险）与农业合作社也可帮助小农户分散风险。

图 1-37 滴灌技术

图 1-38 稻田养鱼

3. 水资源管理

全球约 25 亿人面临水资源短缺问题，而气候变化加剧了降水时空分布的不均匀。气候适应需构建"节水-调水-再生水"三位一体的水资源管理体系。

（1）非常规水资源开发。扩大海水淡化（如中东国家）、雨水收集与中水回用规模。新加坡通过"新生水"计划，将污水处理成为符合饮用水标准，可满足全国 40% 人口的用水需求，如图 1-39 所示。

（2）跨流域调水与生态补水。在干旱地区实施跨流域调水工程（如中国南水北调，见图 1-40），同时通过生态流量保障维持河流生态系统健康。美国科罗拉多河通过"干旱应急"计划动态调整用水配额，避免流域生态崩溃。

图 1-39　太阳能海水淡化

图 1-40　南水北调

（3）需求侧管理与节水技术。推广节水器具（如低流量马桶）、工业水循环利用与农业滴灌技术。欧盟"水框架指令"要求成员国到 2027 年将农业用水效率提高 10%。

4. 生态保护与基于自然的解决方案

生态系统是天然的气候适应屏障，其保护与修复可提供防洪、固碳与生物多样性保护等多重效益。NbS（基于自然的解决方案）强调通过自然过程应对气候风险。

（1）红树林与珊瑚礁保护。红树林可削减 90% 的风暴潮能量，而珊瑚礁能降低 70% ~ 90% 的海浪高度。菲律宾通过社区参与保护红树林，可使沿海社区在台风中的损失减少 50%，如图 1-41 所示。

（2）城市绿地与生物多样性廊道。建设城市公园、垂直绿化与野生动物通道，可缓解热岛效应并促进物种迁徙。例如，墨尔本的"绿色网格"计划将城市绿地覆盖率提升至 40%，可降低夏季气温 2~3 ℃。

图1-41　红树林

（3）流域综合管理。通过恢复湿地、植树造林与水土保持工程，可提升流域水源涵养能力。中国"长江大保护"战略通过禁渔、退耕还林与生态补水，使长江流域生物多样性恢复率提升20%。

5. 社会公平与脆弱群体保护

（1）气候变化对弱势群体（如贫困人口、妇女、儿童等）的冲击更大，因其缺乏资源与能力应对灾害。气候适应策略需将社会公平纳入核心内容。

（2）气候信息普惠与预警系统。通过手机短信、社区广播与简易气象站，向偏远地区提供灾害预警。例如，孟加拉国通过"社区洪水预警系统"，使洪水死亡人数减少90%。

（3）社会保障与灾害融资。建立气候灾害保险基金、现金转移支付与就业保障计划。例如，非洲风险能力（ARC）为成员国提供干旱指数保险，覆盖2 000万小农户。

（4）能力建设与社区参与。通过培训提升社区应对灾害的技能，如斐济的"气候勇士"计划教授妇女种植耐盐作物与建造防风林。

1.2.3　工业与交通领域革新

工业与交通作为全球碳排放的两大核心领域，其低碳化转型是控制气候变化的关键战场。当前，工业活动占全球温室气体排放的24%（不含电力与热力生产），交通领域占比约16.2%，且随着发展中国家工业化进程的加速，这一比例仍呈上升趋势。传统的高碳发展模式不仅加剧了气候危机，还会导致资源枯竭与环境污染。因此，工业与交通领域的革新需以脱碳技术为核心驱动力，以循环经济模式为资源利用范式，通过"技术-制度-市场"三重变革，构建低能耗、低排放、高效率的绿色产业体系。

1. 工业脱碳

工业领域的脱碳需突破"高能耗、高排放"的传统路径依赖，实现从原料获取、生产制造到产品回收的全链条低碳化，如表1-1所示。

表 1-1 工业脱碳

细分方向	具体措施	实例/数据
能源结构转型与工艺革新	氢能冶金与电弧炉替代	瑞典 HYBRIT 项目建成全球首座零碳钢铁厂,利用北欧水电制氢,每吨钢的碳排放从 1.8 t 降至 0.02 t;中国宝武集团计划 2035 年实现氢冶金产能占比 30%
	水泥行业碳捕集与替代原料	挪威 Norcem 水泥厂通过碳捕集技术(CCS)每年封存 40 万吨二氧化碳,探索电石渣、钢渣等工业废料替代石灰石
	化工行业绿氢与生物基材料	德国"巴斯夫"计划到 2030 年将绿氢使用量提升至 140 万吨/年,开发以生物质为原料的聚合物,替代石油基塑料
数字化与智能化赋能	实时监测设备能耗并优化生产流程	西门子安贝格电子工厂利用数字孪生技术,使能源效率提升 30%
	构建产业共生网络,实现企业间副产品与废弃物的交换利用	丹麦卡伦堡生态工业园通过热电联产、废水处理与硫磺回收技术,使园区资源利用率达 90% 以上,年减排二氧化碳 60 万吨
循环经济模式深化	从设计阶段融入可回收性原则,延长材料使用寿命	苹果公司通过"拆解机器人"Daisy,每年回收 200 万部 iPhone 中的铝、钴等金属
	提高废钢回收率与利用率	全球废钢回收率已达 35%,中国宝武、日本新日铁等企业通过电弧炉工艺,使废钢利用率提升至 90% 以上,每吨钢的能耗降低 60%

2. 交通脱碳

交通领域的低碳化需突破"油改电"单一路径,构建"电动化+氢能化+智能化"的多元技术体系,并推动交通系统与城市规划的深度融合,如表 1-2 所示。

表 1-2 交通脱碳

细分方向	具体措施	实例/数据
交通工具能源革命	电动汽车(EV)普及与基础设施完善	2023 年全球 EV 销量突破 1 400 万辆,中国、欧洲与美国市场占比超 90%;电池续航里程提升至 600 km 以上,充电时间缩短至 20 min(800 V 高压快充)
	氢燃料电池汽车(FCEV)突破	丰田 Mirai 燃料电池汽车续航里程达 650 km,加氢时间仅需 3 min;中国重汽氢能重卡已实现商业化运营,满载续航超 400 km
	可持续航空燃料(SAF)与绿色航运	航空业目标到 2050 年 SAF 使用量占比 65%;马士基订购 25 艘甲醇动力集装箱船,单船年减排二氧化碳达 100 万吨

细分方向	具体措施	实例/数据
交通系统智能化与共享化	通过 5G、V2X 技术优化交通流量并减少拥堵	百度 Apollo 自动驾驶出租车已在武汉、重庆等城市商业化运营，道路通行效率提升 15%～30%；滴滴出行、Uber 等平台通过拼车、顺风车模式，单车载客率提升至 2.5 人/车；欧盟"单一欧洲天空"计划整合航空、铁路与公路运输
城市规划与交通基础设施绿色转型	通过高密度开发减少通勤距离，构建公共交通网络	新加坡通过电子道路收费系统（ERP）与拥堵定价，私家车使用率下降 20%，公共交通出行率占比达 63%
	在交通设施沿线部署光伏板与风力发电机，实现能源自给	中国京藏高速服务区光伏项目年发电量达 5 000 万度，满足了 80% 的用电需求

1.2.4 农业与土地利用优化

农业与土地利用变化（如森林砍伐、湿地退化）是全球碳排放的重要源头，占全球温室气体排放总量的 24%，仅次于能源与工业领域。这一领域的低碳化转型不仅关乎保护气候目标的实现，更需在保障全球粮食安全、维护生态系统平衡与促进农村经济发展的多重约束下寻求突破。其核心在于通过技术创新、管理优化与政策激励，构建"减排-增汇-可持续"三位一体的农业与土地利用体系，实现人类活动与自然生态的和谐共生。

1. 可持续农业实践

传统农业依赖大量化肥、农药与机械作业，导致土壤退化、温室气体排放与生物多样性丧失。可持续农业通过技术革新与生态理念融合，推动农业生产方式的绿色转型。

（1）精准农业。利用无人机搭载多光谱传感器，实时监测作物长势、土壤湿度与病虫害分布，结合 AI（人工智能）算法生成精准施肥、灌溉与植保方案。根据土壤养分地图与作物需肥规律，动态调整施肥量与施肥时间。中国新疆棉花种植区推广水肥一体化技术，使氮肥利用率从 30% 提升至 50%，同时减少了氧化亚氮（N_2O）排放。

（2）再生农业。通过少耕或免耕技术减少土壤扰动，保留作物残茬与覆盖作物（如黑麦草、三叶草），增加土壤有机质含量。美国"中西部行军"计划覆盖作物种植面积已超 1 500 万公顷，使农田土壤碳储量每年提升 0.3%～0.5%，相当于每年固定二氧化碳 1.2～2 亿吨。通过作物轮作、间作与休耕制度，改善土壤结构并抑制病虫害。巴西大豆-玉米轮作体系使农药使用量减少 40%，同时增加了土壤固碳能力。

（3）有机农业。利用堆肥、绿肥与蚯蚓粪等有机肥源，结合天敌昆虫、性诱剂等生物防治手段，以减少化学投入品。欧盟有机农业面积占比已达 9.6%，其单位面积碳排放较常规农业低 20%～30%。通过社区支持农业（CSA）、农夫市集等模式，缩短农产品流通链条，降低运输能耗与包装废弃物。日本"地产地消"运动使本地农产品消费占比提升至 70%，减少了食物里程相关碳排放，如图 1-42 所示。

图 1-42　有机蔬菜种植基地

2. 减少甲烷排放

甲烷（CH_4）的全球变暖潜势是二氧化碳的 28 倍，畜牧业与水稻种植是其主要人为排放源。通过技术创新与管理优化，可显著降低这一领域的甲烷排放。

（1）畜牧业甲烷减排。在反刍动物饲料中添加海藻，如阿斯帕拉戈斯（Asparagopsis）、单宁或 3-硝基氧丙醇（3-NOP），可抑制瘤胃微生物产生甲烷。澳大利亚联邦科学与工业研究组织（CSIRO）研究显示，海藻添加剂可使奶牛甲烷排放降低 80%。通过厌氧发酵技术将畜禽粪便转化为沼气，既减少甲烷直接排放，又提供清洁能源，如图 1-43 所示。中国规模化养殖场沼气工程覆盖率已达 45%，年处理粪便超过 10 亿吨，减排二氧化碳当量 1.2 亿吨。利用 CRISPR 基因编辑等技术培育甲烷排放量低的家畜品种。新西兰 AgResearch 公司通过基因编辑改良绵羊瘤胃微生物群落，使甲烷排放降低 15%。

图 1-43　规模化养殖场沼气工程

（2）水稻种植甲烷减排。改变传统持续淹水模式，采用"干湿交替"这一灌溉技术，如图 1-44 所示，可使稻田甲烷排放减少 30%~50%。印度"更少水、更少甲烷"项目推广

该技术，覆盖农田超过 500 万公顷。国际水稻研究所（IRRI）培育的 SUB1 系列水稻品种，在淹水条件下仍能保持低甲烷排放，同时提高了其抗逆性。

图 1-44 "干湿交替"水稻种植

（3）全球甲烷承诺（GMP）与政策协同。2021 年，全球 120 多个国家签署《全球甲烷承诺》，目标到 2030 年将人为甲烷排放量较 2020 年减少 30%。美国、欧盟与日本等经济体通过甲烷税、排放配额交易与补贴政策，推动农业与能源领域甲烷减排。

 案例

国际气候变化协议

2015 年《巴黎协定》的达成标志着国际气候合作从"自上而下分配减排目标"转向"国家自主贡献"（NDCs）模式，196 个缔约方承诺将全球升温控制在工业化前水平"远低于 2 ℃以内，并努力限制在 1.5 ℃"。协定通过"透明度框架"要求各国定期更新减排计划，设立"全球盘点"机制（每 5 年一次）评估集体进展，并建立"损失与损害"基金支持脆弱国家应对气候灾害。该协定生效后，全球可再生能源投资激增，2022年占新增电力装机容量的 83%，欧盟碳边境税等政策倒逼高碳产业转型。然而，当前各国 NDCs 仍导致升温约 2.8 ℃，发达国家对发展中国家的气候资金承诺（2020 年起每年 1 000 亿美元）尚未完全兑现，凸显协定执行中的公平性与执行力挑战。

分析：该案例展现了国际协议如何通过机制创新凝聚共识，但也暴露出全球气候治理中责任分配与利益协调的深层矛盾。

1.2.5 实践任务：校园低碳发展方案设计与推广实践

1. 任务背景

在全球积极应对气候变化的大背景下，能源转型与低碳技术应用、气候适应策略制定、工业与交通领域革新以及农业与土地利用优化是推动可持续发展的关键举措。校园作为一个小型社会单元，同样可以在这些方面积极探索和实践，为应对气候变化贡献自己的力量，同时能够培养学生的环保意识和实践能力。

2. 任务目标

（1）深入了解校园在能源、气候适应、日常活动（类似工业与交通的小型场景）以及土地利用等方面的现状。

（2）设计一套适合校园的低碳发展方案，涵盖能源转型、气候适应、活动革新和土地利用优化等方面。

（3）在校园内推广该方案，提高师生的低碳环保意识，推动校园向低碳、绿色方向发展。

3. 任务步骤

（1）组建 5~7 人的学生实践小组，收集校园相关资料，包括校园建筑分布图、能源消耗数据、校园植被分布、日常活动安排以及土地使用规划等。

（2）调查校园内已有的气候适应措施，如遮阳设施、排水系统等的使用效果。

（3）根据能源调研结果，提出能源节约措施，如安装节能灯具、优化空调使用时间等。

（4）优化活动安排，减少不必要的能源消耗和物资浪费，如鼓励线上会议、减少纸质资料使用等。

（5）在校园内组织宣传活动，如举办低碳知识讲座、举办环保主题展览等，吸引师生参与。

1.3　低碳技术与碳循环

碳循环是地球生态系统中碳元素在生物圈、大气圈、水圈和岩石圈间不断交换与流动的过程。其失衡会使大气中二氧化碳浓度改变，进而影响气候。如今人类活动已干扰碳循环，加剧了温室效应，推动气候变化，严重威胁着地球生态与人类生存。

1.3.1　能源转型与低碳技术

能源转型与低碳技术的突破是应对气候变化的核心路径，其本质是通过技术革新与系统重构，实现能源生产、消费与存储的低碳化、高效化与可持续化。这一进程不仅关乎能源结构的调整，更涉及经济模式、社会治理与全球合作的深刻变革。

1. 能源转型的紧迫性

当前，全球能源体系仍高度依赖于煤炭、石油和天然气等化石能源，其占比超过 80%。化石能源的燃烧不仅释放大量二氧化碳，还伴随甲烷、氮氧化物（NO_x）等污染物排放，导致全球变暖、空气污染与生态退化。国际能源署（IEA）的数据显示，能源领域贡献了全球73% 的温室气体排放，其中电力与热力生产占比 31%、工业占比 24%、交通占比 16%。若延续现有能源模式，全球升温幅度将在 21 世纪末突破 3 ℃，远超《巴黎协定》1.5 ℃的目标阈值。能源转型的紧迫性源于以下三重压力。

（1）气候危机倒逼。极端天气事件频发（如欧洲热浪、亚洲洪水）与冰川加速消融，要求全球在 2050 年前实现净零排放。

（2）能源安全需求。俄乌冲突暴露化石能源供应的地缘政治风险，推动各国加速能源自主化与多元化。

（3）经济转型机遇。可再生能源成本持续下降（如光伏发电成本 10 年下降 82%），催生绿色就业与新兴产业兴起。

2. 低碳技术的关键领域

能源转型需依托一系列低碳技术的突破与应用，涵盖能源生产、存储、传输与消费全链条。

（1）可再生能源规模化与智能化。光伏与风电技术已进入平价上网阶段，如图 1-45 所示，需通过技术创新（如钙钛矿电池、漂浮式海上风电）提升效率与降低成本，中国、美国和欧盟均将可再生能源装机容量目标设定为 2030 年翻番。锂离子电池（图 1-46）、液流电池与氢储能的协同发展，可解决可再生能源间歇性问题。例如，特斯拉 Megapack 储能系统已实现 4 h 储能时长，支撑电网调峰。通过物联网、大数据与人工智能优化电力分配，实现分布式能源（如屋顶光伏）与集中式电网的互联互通。

图 1-45　光伏与风电技术

图 1-46　锂离子电池

（2）化石能源清洁化与替代。对燃煤电厂、钢铁厂等高碳设施部署碳捕获与封存（CCS）技术，将二氧化碳分离并注入地下地质层，全球已有 35 个商业化 CCS 项目，年封存能力达 4 500 万吨。绿氢（通过可再生能源电解水制取）可替代灰氢（化石燃料制氢），应用于工业、交通与建筑领域。欧盟的"氢能战略"计划将于 2030 年部署 6 GW 电解槽，可年产绿氢 1 000 万吨。生物质发电、生物燃料与地热供暖技术为偏远地区提供低碳能源解决方案。

（3）工业与交通领域的深度脱碳。推广电弧炉炼钢、氢基直接还原铁技术，可减少对煤炭的依赖；通过材料回收（如锂、钴）与工艺优化可降低资源消耗。电动汽车（EV）

（图 1-47）渗透率快速提升（2023 年全球销量占比 14%），需同步建设充电基础设施与智能化交通系统。此外，氢燃料电池汽车（图 1-48）、可持续航空燃料（SAF）与电动船舶技术也在加速发展。

图 1-47　电动汽车

图 1-48　氢能源电池汽车

（4）建筑与农业的低碳转型。采用被动式设计、光伏一体化（BIPV）与地源热泵技术，可更好地实现建筑能耗自给自足，如德国"被动房"标准要求建筑年能耗低于 15 kW·h/m^2。通过无人机监测、智能灌溉与有机肥施用可减少农业碳排放，同时利用免耕农业、覆盖作物等技术进一步提升土壤碳汇能力，如图 1-49 所示。

图 1-49　无人机智能灌溉

3. 能源转型的实施路径

能源转型需通过政策引导、市场机制与技术创新的协同作用，构建可持续的低碳能源体系。

（1）政策支持与法规约束。通过碳税、碳交易或碳边境调节税（CBAM）可将碳排放成本内部化。欧盟碳市场（EU ETS）已覆盖 45% 的温室气体排放，碳价突破 100 欧元/t。强制要求电力供应商采购一定比例的可再生能源电力，如中国"绿证"制度与美国可再生能源组合标准（RPS）。目前正在逐步取消对煤炭、燃油的补贴，而转向支持低碳技术研发与清洁能源部署。

（2）市场机制与金融创新。发行绿色债券、可持续发展挂钩贷款（SLL）与气候基金，从而为低碳项目提供长期资金支持，2023 年全球绿色债券发行量已达 1.3 万亿美元。通过植树造林、湿地保护等项目生成碳信用，在自愿碳市场（VCM）或合规市场上交易。推动企业披露碳排放数据、设定科学碳目标（SBTi）并采购绿色电力，如图 1-50 所示。

图 1-50　绿色电力

（3）技术创新与产业协同。政府与企业联合投资关键技术研发（如固态电池、小型模块化核反应堆），并通过试点项目验证技术可行性。通过国际组织［如国际可再生能源署（IRENA）］、技术联盟（如 Mission Innovation）与南北合作，加速低碳技术扩散。通过教育、培训与公众宣传提升社会对低碳技术的认知与接受度，培养新能源领域专业人才。

4. 能源转型的挑战与应对策略

尽管能源转型已取得显著进展，但仍面临技术、经济、社会与地缘政治等多重挑战。

（1）技术瓶颈与成本障碍。长时储能（如 10 h 以上）成本仍较高，需突破材料科学与系统集成难题。绿氢（图 1-51）生产成本是灰氢的 3~5 倍，需扩大电解槽规模并降低可再生能源电价，高昂的捕获与运输成本限制了 CCS 的推广，需政策扶持与技术优化。

（2）经济转型与就业冲击。煤炭、石油行业就业岗位减少，需通过再培训与产业转移保障劳动者权益。低碳产品（如电动汽车、绿氢）初期成本较高，需通过补贴或碳价机制缩小与传统能源的价差。

（3）社会公平与区域差异。发展中国家与低收入群体可能因能源转型而面临能源价格上涨压力，需制定包容性政策。锂、钴等关键矿产的地理集中性可能导致供应链风险，需加强国际合作与循环利用。

（4）地缘政治与能源安全。中国、刚果（金）等国控制了全球大部分锂、钴产量，由此可能引发资源争夺。过度依赖单一能源（如风能、太阳能）可能威胁能源安全，需构建多元化能源体系。

图 1-51　绿色氢能生产工厂

1.3.2　碳循环

碳是构成生命的基础元素之一，其循环过程对维持地球生态系统的平衡、气候稳定以及生物多样性具有至关重要的作用。

1. 碳循环的概念

地球上的碳以多种形式存在于生物群落和无机环境中。在生物圈内，碳循环主要表现为绿色植物以及能进行光合作用的微生物从大气中吸收二氧化碳。在水的参与下，这些生物通过光合作用将二氧化碳转化为葡萄糖，并释放出氧气。动物、细菌等其他生物体通过摄取植物或以植物为食的其他生物获取碳元素。生物体内的碳水化合物一部分作为有机体代谢的能源，有机体再利用葡萄糖合成其他有机化合物。这些有机化合物沿着食物链传递，最终成为其他生物的能源。生物通过呼吸作用，将体内的有机物氧化为二氧化碳和水，并释放出其中储存的能量，如图 1-52 所示。

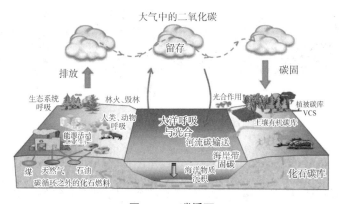

图 1-52　碳循环

1）碳库的分布与作用

地球上最大的两个碳库是岩石圈和化石燃料，含碳量约占地球碳总量的 99.9%，其碳循环缓慢，是碳储存库。此外，还有大气圈、水圈和生物库 3 个重要碳库，碳在其中的生物和无机环境之间迅速交换，虽容量小但十分活跃，是碳交换库。

2）碳循环的平衡与调节

在人类活动对大气成分产生显著干扰之前，绿色植物等通过光合作用从大气中吸收二氧化碳，与动物等通过呼吸作用将碳释放到大气中的速率大体相等，因此大气中二氧化碳的含量相对稳定。不过，考虑到自然火灾、植物生长等因素造成的碳固化量要多于动物呼吸等造成的碳气化量，石油、煤炭等化石燃料实际上是碳固化过剩的一种副产品。

碳的地球化学循环控制了碳在地表或近地表的沉积物和大气、生物圈及海洋之间的迁移，是对大气中二氧化碳和海洋二氧化碳含量最主要的控制因素。沉积物中含有两种形式的碳，即干酪根和碳酸盐。在风化过程中，干酪根与氧发生反应产生二氧化碳；而碳酸盐的风化作用较为复杂，含在白云石和方解石矿物中的碳酸镁和碳酸钙受到地下水的侵蚀，产生出可溶解于水的钙离子、镁离子和重碳酸根离子，它们随地下水最终流入海洋。在海洋中，浮游生物和珊瑚之类的海生生物摄取钙离子和重碳酸根离子，从而构成碳酸钙的骨骼和贝壳。这些生物死亡之后，碳酸钙就沉积在海底，最终被埋藏起来。

如果不考虑火山爆发等突发因素的影响，大气中的二氧化碳浓度能够保持相对稳定。这种稳定对于维持地球生态系统的平衡至关重要，因为碳循环影响着气候、植物生长、动物生存以及整个地球的生态健康。

3）碳循环的主要过程

碳循环的复杂性体现在其多环节、多路径的交互作用中，碳循环流程如图 1-53 所示。

图 1-53 碳循环流程

（1）生物过程。

①光合作用：绿色植物、藻类和某些微生物通过光合作用吸收大气中的二氧化碳，将其转化为有机物（如葡萄糖），并释放氧气。

②呼吸作用：植物、动物和微生物通过呼吸作用将有机物氧化分解，释放二氧化碳回到大气中。

③类比：就像一个"碳工厂"，植物通过光合作用将大气中的二氧化碳"加工"成有机

物，而生物的呼吸作用则像"废气排放"，将二氧化碳释放回大气中。

（2）分解过程。动植物死亡后，其遗体被分解者（如细菌和真菌）分解，碳以二氧化碳或甲烷的形式释放到大气或土壤中。

（3）地质过程。

①碳埋藏：部分生物残体在沉积过程中被掩埋，形成化石燃料（煤、石油、天然气）或碳酸盐岩。

②风化与火山活动：岩石风化释放二氧化碳，火山喷发将地幔中的碳以气体形式释放到大气中。

（4）海洋过程。

①物理吸收：二氧化碳溶解于海水形成碳酸，影响海洋酸碱度。

②生物泵：浮游植物通过光合作用固定碳，部分有机碳通过食物链传递至深海沉积物。

（5）人类活动。

①化石燃料燃烧：自工业革命以来，人类活动每年向大气排放约 36 Pg 二氧化碳。

②土地利用变化：森林砍伐、农业扩张导致碳汇减少，碳源增加。

4）碳循环的生态与气候意义

（1）生态功能。碳循环是生态系统能量流动和物质循环的基础，支持着从微生物到顶级捕食者的食物链。例如，森林通过光合作用固定碳，为无数物种提供栖息地和食物资源。

（2）气候调节。碳循环通过调节大气中二氧化碳浓度影响地球辐射平衡，进而影响全球气温。在工业革命以前，大气中的二氧化碳浓度稳定在 280×10^{-6}；2023 年已突破 420×10^{-6}，导致全球平均气温上升约 1.2 ℃。

（3）反馈机制。碳循环与气候变化存在复杂反馈。北极永冻土融化释放甲烷，加速了气候变暖，二氧化碳浓度升高又促进植物的光合作用（二氧化碳施肥效应），增强了碳汇。

5）碳循环研究的未来方向

（1）高精度监测。利用卫星遥感、无人机、地面观测网络等技术，可实时监测碳通量与碳库变化。

（2）模型模拟。发展地球系统模型（ESMs），更好地预测不同排放情景下的碳循环响应。

（3）负排放技术。探索碳捕获与封存（CCS）、生物能源与碳捕获和储存（BECCS）、直接空气捕获（DAC）等技术，主动干预碳循环。

（4）可持续发展。推动能源转型、森林保护、可持续农业，减少碳源，增强碳汇。

2. 碳源

1）碳源的定义

碳源是导致碳循环失衡的关键，指通过自然地质活动、生物代谢或人类工业行为向大气释放碳元素（主要为二氧化碳、甲烷等温室气体）的过程。自然碳源包括海洋呼吸与碳酸盐系统排碳、土壤微生物分解有机质、岩石风化、生物呼吸及森林火灾等。自工业革命后，化石燃料燃烧、水泥生产、土地利用剧变（如砍伐森林、开垦湿地）及农业活动（如稻田甲烷排放）等人为碳源激增，规模远超自然排放。这种碳通量不对称输入打破了大气辐射收支平衡，通过温室效应引发全球变暖、极端气候频发和生态系统退化，形成"碳源激增—气

候变暖—碳汇减弱"的恶性循环，凸显人类活动对碳循环的巨大影响。

2）碳源的测算方法

全球碳源测算主要有 3 种常用方法，它们基于不同原理、适用不同场景，能形成互补。针对不同碳源类型，要结合其排放特征、数据获取和监测条件选择合适的方法，这样测算结果才是准确的，对政策制定才有指导意义。

（1）实测法。直接监测排放气体的流速、流量和浓度，结合计量设施获取实时数据计算排放总量。关键在于监测站科学布点和标准化采样，样品要能代表排放源不同时空的排放特征。比如：化工企业废气排放，要在生产高峰和低谷分别采样，用气相色谱-质谱联用技术分析污染物。但实测法成本高、依赖设备，不适合大规模分散排放源，对瞬时排放捕捉能力也有限，常需和其他方法一起使用。

（2）物料衡算法。依据质量守恒定律，通过追踪生产中输入和输出物料的质量差值推算碳排放量。它把排放量和生产工艺、资源利用效率及环境治理措施联系起来，适合复杂工业系统的全流程分析。像水泥生产，通过计算石灰石煅烧、燃料燃烧和余热回收等情况，能精准核算碳排放。目前这一方法广泛应用于能源密集型行业，还衍生出宏观估算模型和精细化核算体系，它能揭示生产环节的碳泄漏点，但需要详细工艺参数和物料台账，对数据透明度要求高。

（3）排放系数法。用单位产品或活动的平均排放量（排放因子）快速估算碳排放，适合数据少或监测成本高的场景。排放系数法分为无回收和有回收两种情况，实际应用要考虑技术差异、生产负荷和能源结构。比如，中国中小型砖窑因缺脱硫设施，二氧化硫（SO_2）排放系数可能比现代化窑炉高 3~5 倍。这一方法虽然不能确定大面积排放，但在快速筛查高排放企业、制定区域减排目标时效率高，尤其适合发展中国家监管非正规排放源。

3. 碳汇

碳汇（Carbon Sink）是指通过自然或人工过程从大气中吸收并储存二氧化碳的生态系统、技术系统或工程措施，其核心功能在于减缓大气中的二氧化碳浓度上升，从而抑制全球气候变暖。碳汇的分类与测算方法复杂多样，涉及生态学、地球化学、遥感技术及政策科学等多学科交叉，其重要性不仅体现在气候治理中，更与生物多样性保护、生态系统服务及人类可持续发展密切相关。

1）碳汇的分类

碳汇可分为自然碳汇与人工碳汇两大类，其形成机制涉及生物、物理和化学过程的协同作用。

（1）自然碳汇。

①森林碳汇（图1-54）。森林通过光合作用固定大气中的二氧化碳，将其转化为生物量（树干、枝叶、根系）并储存于土壤有机质中。全球森林每年吸收约 26 亿吨二氧化碳，占陆地生态系统碳汇总量的 60% 以上。热带雨林因高生物量和快速周转率成为最大碳库，而温带森林因长期固碳能力更强而具有长期碳汇潜力。

图 1-54　森林碳汇

②海洋碳汇（图 1-55）。海洋通过物理溶解、生物泵（浮游植物光合作用形成有机碳并沉降至深海）和碳酸盐泵（形成碳酸钙沉积物）三大机制吸收并储存二氧化碳。全球海洋每年吸收约 25 亿吨二氧化碳，占全球碳汇总量的 25%。然而，海洋酸化可能削弱其碳汇功能。

图 1-55　海洋碳汇

③草地与湿地碳汇（图 1-56）。草地通过根系分泌物和凋落物分解形成土壤有机碳，湿地则因厌氧环境减缓有机质分解，形成长期碳库。全球草地碳储量约为 3 000 亿吨，湿地碳储量约为 5 500 亿吨，但受放牧、开垦和排水影响，其碳汇功能易退化。

图 1-56　草地碳汇

④土壤碳汇（图 1-57）。土壤有机碳（SOC）是陆地最大的碳库，全球储量约为 25 000 亿吨。通过农业管理（如免耕、秸秆还田）和植被恢复，可增强土壤固碳能力。研究表明，合理管理可使农田土壤碳储量增加 0.4~1.2 t/hm²/年。

图 1-57　土壤碳汇

（2）人工碳汇。

①碳捕获与封存（CCS）（图 1-58）。通过工业技术捕获化石燃料燃烧或工业过程中的二氧化碳，并将其注入地下深层地质构造（如枯竭油气田、盐水层）或深海长期储存。全球 CCS 项目年封存量约 4 000 万吨二氧化碳，但高成本和技术风险限制其大规模应用。

图 1-58　碳捕获与封存工厂

②生物炭技术。将生物质在缺氧条件下热解制成生物炭，施用于土壤可提升土壤肥力并长期固碳。生物炭的半衰期可达数百年，每吨生物炭可固定约 3 t 二氧化碳。

"生物炭"历史久，是由农业废料制成，可持续吸碳，还能改善土壤质量。其中，海藻的作用十分重要，地球上约一半的光合作用是在海洋中进行的，沿海地区可种植海藻，既能增强海洋吸碳能力，又能转化为可再生燃料。

③直接空气捕获（DAC）。利用化学吸附剂从大气中直接捕获二氧化碳，适用于难以减排的行业（如航空、水泥）。目前 DAC 成本高达 250～600 美元/t 二氧化碳，但随着技术的进步，成本有望降至 100 美元/t 以下。

2）碳汇的测算方法

碳汇的量化是碳交易、气候政策制定及生态系统管理的基础，其测算方法包括直接观测、模型模拟和遥感技术。

（1）样地清查法。通过建立固定样地，定期测量植被生物量（胸径、树高、密度）和土壤碳含量，结合异速生长方程计算碳储量。该方法精度高，但耗时、耗力，仅适用于小尺度研究。

（2）涡度相关法。利用涡度相关仪测量生态系统与大气中的二氧化碳通量，可连续监测碳交换动态。该方法适用于森林、草地等生态系统，但受地形、气象条件影响较大。

（3）遥感与地理信息系统（GIS）。通过卫星遥感获取植被指数（如 NDVI）、叶面积指数（LAI）和生物量数据，结合 GIS 空间分析估算区域碳汇。例如，利用激光雷达（LiDAR）可精确测量森林冠层高度和生物量，可提升碳汇估算精度。

（4）过程模型法。利用生物地球化学模型（如 CENTURY、DNDC）模拟生态系统碳循环过程，预测碳汇动态。模型需输入气象、土壤、植被和管理措施等数据，其不确定性源于参数化方案和输入数据的精度。

（5）同位素示踪法。通过测定碳同位素比例，区分碳的来源（如大气中的二氧化碳、土壤有机质）和迁移路径。该方法适用于验证碳汇机制的长期稳定性。

3）自然碳汇与技术创新

（1）森林：地球的"碳库卫士"与气候调节枢纽。

森林在应对全球气候变暖中扮演着不可替代的角色。尽管其面积仅占陆地总面积的 1/3，但森林植被区域储存的碳量却接近陆地碳库总量的一半。树木通过光合作用将大气中的二氧化碳转化为糖类、氧气和有机物，不仅为自身生长提供能量，还为整个生物界提供了枝叶、茎根、果实和种子等基础能量物质。这一过程不仅形成了森林的固碳效应，更使其成为二氧化碳的"吸收器""储存库"和"缓冲器"。然而，森林的碳汇功能又具有双重性：当森林遭受砍伐、火灾或病虫害侵袭时，其储存的碳会迅速释放回大气中而转变为碳源。因此，保护现有森林、恢复退化林地，不仅是维持碳汇的关键，更是避免碳源扩大的紧迫任务。

（2）碳源与碳汇：气候系统的动态平衡。

碳源与碳汇是气候系统中一对相互制约的概念（图 1-59）。碳源指自然界中向大气释放碳的主体，如化石燃料燃烧、森林砍伐和土壤呼吸；碳汇则指自然界中吸收并储存碳的载体，如森林、海洋和湿地。减少碳源的核心在于控制温室气体排放，如能源转型、提高能效和推广低碳技术；而增加碳汇则依赖固碳技术，如造林、土壤改良和碳捕获与封存（CCS）。这种"减源增汇"的协同策略，是国际社会实现碳中和目标的共识路径。然而，碳源与碳汇的动态平衡极易受到人类活动的干扰。例如，过度开垦可能导致草原退化为碳源，而科学管理则能将其转化为碳汇。

图 1-59　碳源与碳汇

（3）草地与耕地：被低估的固碳潜力。

草地作为陆地生态系统的另一大碳汇因素，其固碳能力常被低估。草地通过根系分泌物和凋落物分解，将约90%的碳固定于土壤中，而地上部分的固碳比例仅占一成。多年生草本植物因根系发达、生命周期长，其固碳效率显著高于一年生植物。近年来，中国退耕还林、还草工程的实施显著提升了退化草地的固碳增量，尤其是通过围栏封育和合理放牧管理，草地的碳储量年均增长可达 $0.3 \sim 0.5 \ t/hm^2$。相比之下，耕地的固碳能力受限于农作物的周期性收获：粮食消耗后固定的碳重新释放至大气中，仅秸秆还田和有机肥施用能部分实现土壤固碳。因此，推广秸秆还田、覆盖栽培和免耕技术，是挖掘耕地碳汇潜力的关键。

（4）海洋：隐形的"蓝色碳库"。

海洋是地球上最大的碳汇，其固碳能力远超陆地生态系统。全球超过一半的生物碳和绿色碳由海洋生物（如浮游植物、细菌、海草、盐沼植物和红树林）捕获，单位海域的生物固碳量是森林的10倍、草原的290倍。然而，海洋酸化、富营养化和过度捕捞正威胁着其碳汇功能。2021年，厦门产权交易中心成立全国首个海洋碳汇交易服务平台，标志着中国在探索海洋碳汇市场化机制方面迈出了重要一步。未来，通过红树林修复、海草床保护和渔业资源可持续管理，海洋碳汇有望成为全球气候治理的新支点。

（5）碳汇技术：从自然到人工的创新突破。

碳汇的增强不仅依赖自然生态系统的保护与恢复，更需要技术创新的驱动。生物炭技术通过将生物质在缺氧条件下热解制成稳定的碳质，施用于土壤可提升土壤肥力并长期固碳，其半衰期可达数百年。直接空气捕获（DAC）技术利用化学吸附剂从大气中直接捕获二氧化碳，适用于难以减排的行业（如航空、水泥），尽管目前成本高昂，但随着技术的进步，其商业化前景可期。此外，微生物固碳技术通过基因工程改造微生物，可提高其固定二氧化碳的效率，为工业固碳提供了新思路。这些技术的协同应用，将推动碳汇从"自然馈赠"向"人工强化"转型，为全球碳中和目标提供技术支撑。

4）碳汇的挑战与前景

尽管碳汇在气候治理中具有关键作用，但其发展仍面临多重挑战。

（1）自然碳汇的脆弱性。森林火灾（图1-60）、病虫害和极端气候事件（如干旱、热浪）可导致碳汇逆转。例如，2019—2020年澳大利亚森林大火释放约8.3亿吨二氧化碳，相当于全球年排放量的2%。海洋酸化和升温可能削弱浮游植物光合作用，降低海洋碳汇效率。

图1-60　森林火灾

（2）人工碳汇的技术与经济瓶颈。CCS 和 DAC 技术成本高昂，其发展需政府补贴和碳价激励。例如，欧盟碳边境调节机制（CBAM）可能推动高碳行业采用 CCS 技术。生物炭和土壤固碳技术的长期稳定性尚存争议，需进一步研究其环境风险（如重金属污染）。

（3）政策与治理的复杂性。碳汇的产权界定和交易机制尚不完善，存在着"碳泄漏"的风险（如企业为规避减排责任将生产转移至监管薄弱地区）。发展中国家碳汇项目的资金和技术支持不足，制约其参与全球碳市场交易。

（4）未来发展方向。

①基于自然的解决方案（NbS）：通过恢复森林、湿地和红树林，提升生态系统碳汇功能，同时增强生物多样性保护和水资源调节等协同效益。

②碳汇与可再生能源协同：将 CCS 与生物质能结合（BECCS），实现负排放。IPCC 评估显示，到 2100 年，BECCS 需贡献 50~3 000 亿吨二氧化碳的负排放量。

③数字技术赋能：利用物联网、区块链和人工智能优化碳汇监测与管理，提升碳交易的透明度和效率。

 小贴士

碳排放测算方法

地球就像一个"碳银行"，人们每天消耗的能源、使用的物品都会向大气中排放二氧化碳等温室气体。如果"碳银行"里的"存款"（自然吸收的碳）少于"支出"（人类排放的碳），气候就会变暖。因此，测算碳排放是了解环境影响的第一步！

1. 确定测算对象

（1）个人/家庭：用电、用气、开车、垃圾处理等。

（2）学校/企业：用电、用纸、采购物品、废弃物排放等。

（3）活动/产品：一场演唱会、一件衣服的生产过程等。

2. 收集数据

（1）能源消耗：用电量（度）、用气量（m³）、汽油用量（L）。

（2）行为数据：开车里程、乘坐飞机次数、快递包裹数量。

（2）物品重量：纸张、塑料袋、食物浪费量。

3. 套用公式计算

用简单的"排放因子"换算：碳排放量＝活动数据×排放因子。

 案例

碳循环对全球变暖的作用

中国通过加强红树林、滨海湿地等生态系统的保护与修复，显著提升了自然碳汇能力，成为碳循环助力全球变暖缓解的典型案例。以广西北海金海湾红树林生态修复项目为例，当地政府通过退塘还林、污染治理等措施，将人工养殖塘恢复为红树林湿地，使红树林面积从 2000 年的不足 300 hm² 扩展至 2023 年的 1 200 hm² 以上。红树林通过光合作用吸收大气中的二氧化碳，并将其固定在植被和土壤中，形成"蓝碳"碳库。研究表明，每公顷红树林每年可固定 0.5~2 t 二氧化碳，同时其复杂的根系系统还能减少海岸侵蚀、保护生物多样性。此外，中国在福建、广东等地开展的滨海盐沼湿地修复工程，

也通过植被恢复和土壤固碳进一步增强了碳汇功能。这些实践不仅减少了温室气体浓度，还通过碳循环的自然调节机制，为沿海地区应对气候变化提供了生态屏障，体现了生态保护与碳减排的协同效应。

分析：在广西北海金海湾红树林生态修复项目中，退塘还林使红树林面积扩增至 4 倍，形成"蓝碳"库，年固碳量可观，同时兼具预防侵蚀、保护生物多样性功能。滨海湿地修复工程进一步强化了固碳，生态保护与碳减排协同成效显著。

1.3.3 实践任务：校园碳循环调查与气候变化应对倡议

1. 任务背景

碳循环是地球上碳元素在生物圈、大气圈、水圈和岩石圈之间循环转化的过程，其平衡对于维持地球生态系统的稳定至关重要。而气候变化正深刻影响着人类的生存与发展，了解校园内的碳循环情况，有助于同学们从身边小事做起，为应对气候变化贡献自己力所能及的力量。

2. 任务目标

（1）调查校园内的碳源（如能源消耗、生物呼吸等）和碳汇（如植物光合作用等），绘制校园碳循环简图。

（2）分析校园碳循环现状，评估其对气候变化可能产生的影响。

（3）提出针对校园的应对气候变化倡议，增强师生环保意识。

3. 任务步骤

（1）组建 4~6 人的小组，明确成员分工，如数据收集员、图表绘制员、报告撰写员等。

（2）学习碳循环和气候变化的相关知识，查阅资料了解常见的校园碳源和碳汇类型。

（3）访问学校后勤部门，获取学校每月的电力、天然气等能源消耗数据。

（4）选择校园内不同区域（如操场周边、花园、树林等）的代表性植物，测量其树冠面积、高度等参数，参考相关文献估算植物的光合作用固碳量。

（5）绘制校园碳循环简图，用箭头和文字标注碳在校园内的流动过程，包括碳源、碳汇以及它们之间的相互关系。

（6）在学校内组织一次小型汇报活动，向师生宣传校园碳循环知识和应对气候变化倡议，鼓励大家积极参与。

1.4 中国的"双碳"政策及贡献

在全球气候治理与绿色转型的浪潮中，中国作为全球最大的碳排放国，以"双碳"目标为引领，构建了多层次、系统化的政策体系，并在能源转型、产业升级和国际合作中取得显著成就。其政策框架与实施路径不仅为国内可持续发展注入了新的动力，也为全球气候行动提供了重要范本。

1.4.1 政策体系

中国以"碳达峰、碳中和"（简称"双碳"，见图1-61）目标为核心战略导向，系统构建了以"1+N"政策体系为骨架的顶层设计框架,逐步形成覆盖能源、工业、交通、建筑、农业等多领域的系统性治理网络,为全球气候治理提供了具有示范意义的"中国方案"。这一体系不仅体现了中国应对气候变化的坚定决心,更通过政策协同、技术创新与市场机制的多维联动,为全球绿色低碳转型贡献了制度创新与实践经验。《2030 年前碳达峰行动方案》则聚焦"十四五"和"十五五"两个关键时期,明确了各地区、各领域的碳达峰任务,提出了重点行业和领域的具体行动方案,确保如期实现碳达峰目标。

1. 能源政策

能源领域是碳排放的主要来源,也是实现"双碳"目标的关键领域。中国积极推动能源结构调整,大力发展可再生能源,提高非化石能源在能源消费中的比例。采取各种措施,多管齐下,一方面,加大对太阳能、风能、水能、生物能等可再生能源的开发和利用力度,建设了一大批大型风电、光伏基地,推动可再生能源规模化发展;另一方面,加快煤炭清洁高效利用,推进煤炭消费转型升级,提高煤炭作为化工原料的综合利用效能。同时,加强能源储备和应急能力建设,保障能源安全稳定供应。

2. 产业政策

在产业领域,中国推动传统产业绿色低碳转型,培育壮大绿色低碳产业。对于钢铁、水泥、化工等高耗能行业,通过技术创新和产业升级,提高能源利用效率,降低碳排放强度。鼓励企业采用先进的生产工艺和设备,实施节能减排改造。同时,积极培育新能源汽车、新能源装备、节能环保等绿色低碳产业,推动产业结构优化升级。加强绿色制造体系建设,推广绿色设计、绿色生产和绿色供应链管理,进一步提高产业的整体绿色化水平。

图 1-61 碳达峰和碳中和

3. 交通政策

交通领域是能源消耗和碳排放的重要领域之一。中国大力推广新能源汽车,提高新能源汽车在交通运输中的占比。出台了一系列鼓励新能源汽车消费的政策,如购车补贴、税收优惠、免费停车等,以推动新能源汽车的普及。同时,加强交通基础设施建设,优化交通网络布局,提高公共交通的出行分担率。推广智能交通系统,提高交通运输效率,以减少交通拥堵和碳排放。

4. 建筑政策

建筑领域在建设和运行过程中需要消耗大量能源并产生碳排放。中国积极推动绿色建筑发展，提高建筑的节能标准。严格制定和完善绿色建筑评价标准，鼓励新建建筑采用绿色建筑设计和技术，提高建筑的保温、隔热、通风性能。推进既有建筑节能改造，对老旧建筑进行围护结构改造、供热计量改造等，以降低建筑能耗。推广可再生能源在建筑领域的应用，如太阳能热水系统、光伏建筑一体化等。

5. 农业政策

中国在双碳政策体系下，农业领域积极响应。政策推动农业生产绿色转型，鼓励采用精准农业技术，减少化肥、农药用量，降低碳排放；发展生态循环农业，促进畜禽粪污、秸秆等资源化利用；加强农田土壤固碳，推广保护性耕作；同时支持农业新能源应用，如建设光伏大棚等。实施多重举措提升农业碳汇能力，助力"双碳"目标。

 小贴士

"双碳"条件下的新职业

1. 碳资产管理师

负责企业或机构碳排放管理和碳资产运作的专业人才，为碳资产的所有者实现碳资产的增值保值管理，并帮助企业开展运营全程的碳资产综合管理业务，包括碳资产开发、碳盘查、碳审计、碳资产计量、碳资产评估以及低碳品牌建设等。

(1) 核心职责。了解碳资产的开发流程，对直接和间接碳排放进行准确计量；定期审计企业的碳排放，评估其排放水平、减排潜力及碳资产价值；熟悉碳交易原理，跟踪国际和国内碳市场的进展，帮助企业通过内部节能和技术改进减少碳排放，同时把配额碳资产和碳汇资产作为新型资产进行交易、转让、融资等活动，协助企业开发信用碳资产，并在配额碳资产和信用碳资产中进行资产管理。

(2) 就业方向。现阶段，碳资产管理师主要服务于碳交易所或企事业单位、政府等有关碳资产管理相关单位，包含电力、钢铁、水泥、建材、石化、化工等多个行业数千家重点排放单位。个人可到用能企业、金融机构、资产管理机构、政府环境监察核查机构、交易机构、咨询机构或研究机构就业。

(3) 发展前景。随着全球对气候变化问题的关注度不断提高，碳资产管理师这一职业的未来前景十分广阔。一方面，国家将继续加大对环保产业的支持力度，推动绿色低碳发展；另一方面，越来越多的企业开始意识到碳资产管理的重要性，并愿意投入资源加强这方面的工作。因此，碳资产管理师的需求量将持续增长，未来将有更多的就业机会和发展空间。

2. 节能工程师

在节能减排方面有着丰富的知识和经验，了解国家和省市有关能源管理的政策、法规，并参与制定本单位的能源管理制度；全面掌握能源管理的方式并能有效地开展能源管理；能够对各类节能项目做出具体的投资分析并找到潜在的节能机会，参与本单位能源指标评价方法与确定的专业人员。

(1) 岗位职责。参与制定本单位的能源管理制度，全面掌握能源管理的方式并能有效地开展能源管理。了解企业节能审计的内容、程序和方式；掌握各类企业能源数据分析的方式；了解典型的主流节能技术，能向上级部门提供节能技改措施和项目建议；参与本单位节能规划的编制；组织节能技改项目立项论证，负责节能技改项目实施；了解节能新机制及其在企业能源管理中的应用。

（2）任职要求。热能、动力、暖通空调工程、制冷工程等相关专业本科及以上学历；熟悉建筑/工业暖通设计；5年以上节能改造项目相关工作经验；精通余热利用的综合利用、压缩空气系统、暖通空调系统节能等相关技术。具备较强的研究和学习能力，熟悉国家相关法规和政策，对国际先进的节能减排学术与技术有一定研究经验；具备团队合作精神，工作责任心强，具有较强的业务钻研精神和分析、解决问题的能力；适应短期出差，主要是前期调研和项目技术支持。

（3）就业方向。面向厂、矿、大型企业、集团公司等用能单位能源管理岗位负责人以及与能源管理相关处室的中高层领导及业务骨干；公共设施和楼宇能源管理岗位负责人；节能服务公司技术、业务骨干。

1.4.2　中国在"双碳"领域的实践成果

在全球应对气候变化、迈向绿色低碳发展的大背景下，中国以坚定的决心和切实的行动，在"双碳"领域取得了令人瞩目的实践成果，为全球气候治理贡献了重要力量。

1. 能源结构绿色转型成效显著

中国积极推动能源结构调整，清洁能源发展势头迅猛。在可再生能源领域，风电和光伏发电的装机规模连续多年处于全球领先地位。目前，中国风电累计装机容量达几亿千瓦，光伏累计装机容量也超过了数亿千瓦，源源不断的清洁电力正输送到千家万户。

水电建设也同样成果丰硕，三峡（图1-62）、白鹤滩等一批世界级水电站相继建成并投入使用。这些水电站不仅提供了大量清洁能源，还在防洪、航运等方面发挥了重要作用。另外，核电发展也在稳步推进，采用先进技术的三代核电机组陆续投入商业运行，为能源的安全稳定供应提供了有力保障。

图1-62　三峡大坝

2. 工业领域绿色低碳转型加速

工业是我国碳排放的主要领域之一，通过一系列政策和措施正在大力推动工业绿色低碳转型。在产业结构调整方面，加快淘汰落后产能，推动钢铁、水泥（图1-63）、电解铝等高耗能行业向高端化、智能化、绿色化方向发展。比如，钢铁行业大力推广短流程炼钢技术，不但提高了废钢利用率，而且降低了能源消耗和碳排放；水泥行业积极采用新型干法水泥生产技术，加强了余热回收利用，并且提高了能源利用效率。

图1-63 水泥厂

绿色制造体系建设也取得了积极进展。越来越多的企业被评为绿色工厂、绿色园区和绿色供应链管理企业，它们通过采用绿色设计、绿色采购、绿色生产等措施，实现了生产过程的节能减排和资源循环利用。同时，工业领域加大了节能技术的研发和应用力度，高效节能电机、变压器、锅炉等设备得到了推广和应用，有效降低了工业能耗。

3. 建筑与交通领域绿色化进程加快

建筑和交通是能源消耗和碳排放的重要领域，中国在这两个领域积极推进绿色低碳发展。在建筑领域，绿色建筑标准不断完善，新建建筑全面执行绿色建筑标准，使绿色建筑面积持续增长。既有建筑的节能改造工作也在扎实推进，通过外墙保温、门窗更换、供热系统改造等具体措施，提高了建筑的能源利用效率。此外，可再生能源在建筑中的应用也越来越广泛，太阳能光伏发电系统、太阳能热水系统等在建筑中得到普及，实现了建筑能源的自给自足和低碳排放，如图1-64所示。

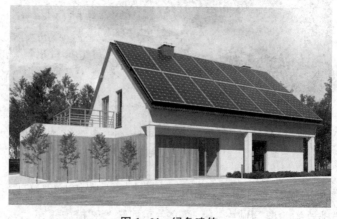

图1-64 绿色建筑

4. 碳市场与绿色金融创新发展

碳市场是推动碳减排的重要市场机制，碳市场机制通过激励企业主动减排，促进了碳资源的优化配置。同时，我国积极推动自愿减排交易市场建设，鼓励企业和社会组织开展碳减排项目，为碳市场提供了更多的减排资源。绿色金融在支持"双碳"目标实现方面发挥了重要作用。中国绿色金融体系不断完善，绿色信贷、绿色债券、绿色基金等金融产品和服务不断创新发展。

5. 生态系统碳汇能力稳步提升

生态系统碳汇是实现"双碳"目标的重要途径之一。中国通过大规模国土绿化行动、森林质量精准提升工程等，不断增加森林面积和蓄积量，提高了森林碳汇能力。同时，进一步加强草原、湿地、海洋等生态系统的保护和修复，提高了生态系统的稳定性和碳汇功能。草原生态保护补助奖励政策全面实施，湿地保护率不断提高，海洋生态保护修复工程扎实推进，为应对气候变化作出了积极贡献。

1.4.3 中国的"双碳"贡献

中国在"双碳"目标推进过程中，通过政策引领、技术创新、市场机制完善及国际合作，为全球气候治理作出了多维度贡献，具体体现在以下几个方面。

1. 推动全球能源转型、贡献绿色技术方案

中国打造了全球规模最大、产业链最完整的新能源产业体系。其中，光伏组件产量连续16年稳居世界第一，为全球供应了70%的光伏组件和60%的风电装备。中国通过技术输出和项目合作，助力南非德阿风电项目等发展中国家的清洁能源项目落地实施。这些项目不但每年可减少约70万吨二氧化碳排放，而且能满足当地30万户家庭的用电需求。与此同时，中国正积极推进新型储能、氢能等技术的研发，为全球能源转型提供创新思路。

2. 引领全球绿色产业发展、重塑产业竞争格局

中国新能源汽车产销量连续9年位居全球第一，保有量占全球一半以上。2024年8月，新能源汽车渗透率达到53.9%，连续两个月超过50%。凭借技术突破和产业链整合，中国在动力电池、智能网联汽车等领域已形成了全球竞争优势，推动全球汽车产业向电动化方向转变。此外，中国锂电池、光伏产品出口规模也不断扩大，为全球绿色消费提供了有力支撑。

3. 构建碳市场与绿色金融体系、分享制度创新经验

中国建成了全球覆盖温室气体排放量最大的碳市场，并重启了国家核证自愿减排量市场（CCER），有力地推动了碳金融产品创新。截至2025年一季度，绿色贷款余额超过40万亿元，绿色债券、绿色保险市场规模在全球名列前茅。中国通过制定中欧可持续金融共同分类目录等标准，促进绿色资本跨境流动，为发展中国家提供碳市场建设、绿色金融工具开发等方面的制度性经验。

4. 深化南南合作、助力发展中国家能力提升

中国与42个发展中国家签署了53份气候变化合作谅解备忘录，实施了近百个减缓和适应气候变化的项目，累计为120多个发展中国家培训了超过1万人次。通过技术转让、资金支持和能力建设，中国帮助发展中国家提升气候治理能力，推动全球气候行动更加公平、更

具包容性。

5. 贡献中国智慧、推动全球气候治理进程

中国作为《巴黎协定》首批缔约方，严格履行国家自主贡献承诺。2023 年，非化石能源消费占比达到 17.9%，森林蓄积量比 2005 年增加了 65 亿立方米。在 COP 29 等国际场合，中国倡导"共同但有区别的责任"原则，呼吁发达国家兑现气候资金承诺，推动构建公平合理、合作共赢的全球气候治理体系。

 小贴士

政策法规、习近平论绿色低碳

1. 政策法规背景

近年来，我国在绿色低碳领域出台了一系列政策法规，旨在推动经济社会发展全面绿色转型。《关于建设美丽中国先行区的实施意见》《美丽城市建设实施方案》《美丽乡村建设实施方案》等：这些文件的相继印发与实施，不断完善了美丽中国建设的"1+1+N"实施体系，为推进绿色低碳发展提供了具体指导和支持。

2. 习近平论绿色低碳的指引

习近平总书记多次强调绿色低碳发展的重要性和紧迫性，他指出："大力倡导绿色低碳的生产生活方式，从绿色发展中寻找发展的机遇和动力（2020 年 12 月 12 日习近平在气候雄心峰会上的讲话）"。这一理念为某市推进绿色低碳发展指明了方向。在具体实践中，该市深入学习领会总书记的重要论述，将绿色低碳发展作为实现高质量发展的关键环节来推进。

3. 具体实践与成效

在某市的努力下，绿色低碳发展取得了显著成效。以下是一些具体的实践措施和成果。

（1）产业结构绿色转型加速推进。该市通过引进和推广先进的环保技术和设备，对传统产业进行升级改造，降低了能耗和排放水平。同时，积极培育和发展绿色低碳产业，如新能源、节能环保等新兴产业，形成了多元化的产业结构。

（2）能源结构转型取得历史性突破。该市大力发展清洁能源，提高了可再生能源在能源消费中的比例。例如，通过建设风电、光伏等可再生能源项目，实现了能源结构的优化和调整，减少了对化石能源的依赖。

（3）生态治理与碳汇能力全面提升。该市加强了生态环境保护和修复工作，实施了山水林田湖草沙一体化保护和系统治理。同时，还积极参与碳排放权交易，通过市场机制推动碳排放的减少和碳汇的增加。

综上所述，该市的绿色低碳发展实践是在政策法规的引导和习近平总书记关于绿色低碳发展的重要论述指引下进行的。通过一系列具体措施的实施，该市在产业结构绿色转型、能源结构转型以及生态治理与碳汇能力提升等方面取得了显著成效，为其他地区提供了可资借鉴的经验并起到了示范效应。

1.4.4 实践任务：中国"双碳"政策调研与绿色贡献探索行动

1. 任务背景

全球气候变化已成为人类共同的挑战，中国提出"双碳"（碳达峰、碳中和）目标，通过政策创新、技术突破和国际合作，推动经济社会绿色转型。作为未来社会的主人，学生需了解中国双碳政策的顶层设计与落地成效，认识中国在全球气候治理中的贡献，培养低碳生活意识与全球责任感。

2. 任务目标

（1）理解中国双碳政策体系的核心框架与实施路径，培养政策分析能力。

（2）调研中国在能源、工业、交通等领域的双碳实践成果，提升数据收集与案例分析能力。

（3）通过团队协作完成调研报告与成果展示，锻炼综合表达能力。

3. 任务步骤

（1）通过政府官网（如生态环境部、国家发展和改革委员会）、学术数据库，收集中国"双碳"相关政策文件（如《2030 年前碳达峰行动方案》《加快构建碳排放双控制度体系工作方案》）。

（2）通过访谈、问卷调查、企业年报等方式，获取减排数据（如某企业碳排放量下降比例）、经济效益（如新能源项目投资回报率）。

（3）查找中国在"一带一路"倡议中的清洁能源项目（如非洲光伏电站、东南亚水电站），计算其年减排量。

（4）设计 PPT 或海报，突出关键数据，在班级或校园内进行展示，接受同学与教师的提问。

第 2 章

低碳能源技术

在全球气候危机与能源安全挑战交织的背景下，低碳能源技术作为破局的关键，正以其颠覆性创新重塑能源生产与消费模式。从可再生能源的高效转化到氢能、储能等新兴技术的突破，从能源系统的智能化升级到碳捕集技术的产业化落地，低碳能源技术不仅承载着人类摆脱化石能源依赖的愿景，更成为各国抢占绿色经济制高点、实现可持续发展的核心赛道。其发展进程既是一场技术革命，也是一场关乎全球公平与合作的治理变革。

知识重点

- 了解低碳能源的概念和特征。
- 了解低碳能源碳排放的测算。
- 了解我国能源低碳化发展的路径与对策。

2.1 低碳能源的概念和特征

低碳能源是指通过技术创新与能源结构优化，在能源生产、转换及消费全过程中显著降低二氧化碳等温室气体排放的能源类型，其核心特征包括以可再生能源（如太阳能、风能、水能、生物质能）与核能等清洁能源为主体，实现全生命周期低排放甚至零排放，同时具备资源可持续性、环境友好性及技术驱动性，区别于传统化石能源的高碳依赖与有限储量，低碳能源通过分布式发电、智能电网、储能技术等系统集成手段可提升能源利用效率，并依托碳捕集利用与封存（CCUS）等前沿技术实现化石能源的低碳化过渡，其发展需兼顾能源安全、经济可行性与生态效益，是推动全球能源体系向清洁化、低碳化转型的关键路径。

2.1.1 低碳能源的概念

低碳能源作为推动全球能源转型的核心力量，是指相较于传统高碳化石能源（如煤炭、石油），在全生命周期内实现二氧化碳等温室气体低排放或近零排放的能源类型，其范畴涵盖可再生能源（如风能、太阳能、生物质能（图 2-1）、地热能）与核能等清洁能源，通过技术革新与系统优化可逐步替代化石能源的主导地位。在实践路径上，低碳能源转型不仅需要构建以清洁能源为主体的新型能源体系，更需要深度融合低碳产业体系建设，如通过火电行业碳捕集技术改造、建筑与工业领域的能效提升及节能材料应用、新能源汽车规模化推广、循环经济模式下的资源回收再利用以及环保设备的技术迭代，形成多领域协同的减碳网络。当前，我国正处于经济结构调整与高质量发展的关键阶段，低碳能源与低碳产业的协同推进，既是应对气候变化的必然选择，也是培育新质生产力、实现经济绿色转型的战略支点，需要通过政策引导、技术创新与市场机制的多维驱动，加速构建清洁低碳、安全高效的现代化能源体系。

图 2-1　生物质能工厂

1. 低碳能源的核心内涵

低碳能源的核心内涵包括以下几个方面。

1）低排放特性

（1）低碳能源在发电或供能过程中，单位能量产生的二氧化碳排放量远低于传统化石能源。例如，光伏发电全生命周期的碳排放强度约为 40 g CO_2/（kW·h），而燃煤发电的碳排放强度高达 820 g CO_2/（kW·h）。

（2）部分低碳能源（如核能、风能、水能）在运行阶段几乎实现零碳排放，仅在设备制造、建设或退役阶段产生少量间接排放。

2）能源类型多元化

（1）可再生能源。包括太阳能、风能、水能、生物质能、地热能等，其能源来源天然且可循环再生。例如，中国西北部的沙漠光伏电站利用年均超 2 000 h 的日照资源，年发电量可达数十亿千瓦时，如图 2-2 所示。

（2）核能。通过核裂变反应释放能量，单位能量碳排放接近于零，但需解决核废料处理与安全问题。

（3）化石能源的低碳化利用。通过碳捕集与封存（CCS）技术，将燃煤电厂排放的二氧化碳捕获并储存于地下，使碳排放降低 90% 以上。

（4）氢能与合成燃料。利用可再生能源电解水制取的"绿氢"，或通过二氧化碳加氢合成的"电子燃料"（如 e-甲醇），实现能源的低碳化储存与运输。

图 2-2 沙漠光伏电站

3) 技术驱动与系统集成

（1）低碳能源的发展高度依赖于技术创新，如高效光伏电池（如钙钛矿电池效率突破33%）、大容量海上风电技术（单机容量超过 15 MW）、智能电网与储能系统（如锂电池、液流电池）等，如图 2-3 所示。

图 2-3 海上风电、光电与波浪发电一体化能源系统

（2）需构建"风光储氢"一体化能源系统，通过多能互补与源网荷储协同，解决可再生能源的间歇性问题。例如，丹麦通过风电与北欧水电的跨国电网互联，实现电力供需的动态平衡。

2. 低碳能源与传统能源的对比

为全面理解低碳能源的转型价值，下面从碳排放、资源可持续性、环境影响、经济性和技术依赖性等方面，对比低碳能源与传统化石能源的核心差异，如表 2-1 所示。

表 2-1　低碳能源与传统化石能源的对比

维度	低碳能源	传统化石能源
碳排放	低排放或零排放	高碳排放（如煤炭燃烧直接释放 CO_2、SO_2）
资源可持续性	可再生或储量巨大（如核燃料铀-235）	有限且不可再生（如石油储量仅够用 50 年）
环境影响	运行阶段无污染，但设备制造有间接影响	燃烧导致空气污染、酸雨、水体污染
经济性	初期投资高，但长期运营成本低	资源开采成本随储量减少而上升
技术依赖性	依赖技术创新（如储能、CCUS）	技术成熟，但需减排技术升级

3. 低碳能源的分类

低碳能源体系可划分为两大核心类别，即清洁能源与可再生能源，两者在技术路径、环境效益及资源禀赋上各具特色，共同支撑全球能源低碳转型。

1）清洁能源

清洁能源以核能与天然气为代表，兼具高效性与低碳性，是传统化石能源向可再生能源过渡的关键支撑。

（1）核能。作为新型清洁能源，核能通过核裂变反应释放能量，具有高能量密度（1 kg 铀-235 相当于 2 700 t 标准煤的能量）、零温室气体排放及低污染物排放（如硫氧化物、氮氧化物）等优势。以三代核电技术为例，其发电效率可达 35%~40%，且全生命周期碳排放仅为 3~12 g CO_2/(kW·h)，远低于燃煤发电的 820 g CO_2/(kW·h)，如图 2-4 所示。

图 2-4　核电站模型

（2）天然气。作为化石能源中碳排放最低的品种，天然气燃烧后几乎无废渣、废水产生，且单位热值碳排放较煤炭低 40%~50%。其优势包括热值高（约 55 MJ/m³）、使用安全（爆炸极限范围窄）及污染物排放少（二氧化硫排放量仅为燃煤的 1/200）。天然气分布式能源系统（如冷热电三联供）可进一步提升综合能效至 80% 以上，如图 2-5 所示。

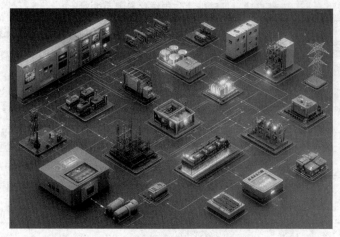

图 2-5 天然气分布式能源系统

2）可再生能源

可再生能源依托自然循环过程，具备永续性与零碳/负碳特性，是能源低碳化的终极目标。

（1）风能与太阳能。作为最具开发潜力的可再生能源，风电与光伏发电已实现技术成熟与成本下降。截至 2023 年，全球陆上风电发电成本降至 $0.03 \sim 0.05$ 美元/（$kW \cdot h$），光伏发电成本降至 $0.02 \sim 0.04$ 美元/（$kW \cdot h$），低于燃煤发电的 $0.05 \sim 0.15$ 美元/（$kW \cdot h$）。两者发电过程无碳排放，且资源储量丰富（全球陆上风能技术可开发量超 70 TW，太阳能理论储量约为人类年能源消耗量的 1 万倍）。

（2）生物质能。通过秸秆、林业废弃物等有机质转化，生物质能可实现"碳循环"与"负碳效应"。例如，秸秆发电过程中排放的二氧化碳可被农作物生长重新吸收，形成碳中和闭环；若结合碳捕集与封存技术，生物质能甚至可实现"负碳排放"（如 BECCS 技术，每吨生物质发电可捕获 $0.5 \sim 1$ t 二氧化碳）。

4. 低碳能源的实践意义

在全球范围内，低碳能源已成为能源转型的核心议题。欧盟通过"绿色新政"计划，到 2030 年将可再生能源占比提升至 45%，并实施碳边境调节机制（CBAM）倒逼高碳产业减排；中国提出"双碳"目标（2030 年前碳达峰、2060 年前碳中和），推动光伏、风电装机容量连续多年位居全球第一，并建成全球最大的碳市场；美国通过《通胀削减法案》（IRA）投入 3 690 亿美元支持清洁能源技术研发与产业部署。

（1）应对气候变化。全球能源活动产生的二氧化碳排放占人类活动总排放的 73%，低碳能源是实现《巴黎协定》制定的 1.5 ℃ 温控目标的关键。例如，国际能源署（IEA）测算，若 2050 年全球能源体系实现净零排放，可再生能源占比需从目前的 29% 提升至 70%。

（2）推动能源安全。低碳能源的分布式特性（如屋顶光伏、社区风电）可减少对单一能源进口的依赖。例如，欧盟通过 REPowerEU 计划，目标是到 2030 年将可再生能源占比从 40% 提升至 45%，也可降低对俄罗斯天然气的依赖。

（3）促进经济转型。低碳能源产业已成为全球经济增长的新引擎。例如，中国光伏产业带动就业超 200 万人，2023 年出口额突破 500 亿美元；德国通过"能源转型"政策，催生了全球最大的风电设备制造产业集群。

2.1.2 低碳能源的特征

低碳能源作为能源转型的核心方向，其特征可从以下几个方面展开。

1. 能源结构清洁化

在提供相同热量的条件下，煤炭、石油等化石燃料燃烧产生的二氧化碳排放量显著高于太阳能、核能等新能源。因此，若要在推动经济发展的同时又可有效控制二氧化碳排放，必须加快能源结构调整，积极开发低碳、低污染的清洁能源。

2. 提升能源经济效率

即降低单位经济产出（实物量或服务量）所消耗的能源量。例如，通过优化产业结构或提高生产效率，可减少每单位国内生产总值或每单位产品制造所需的能源投入。

3. 提升能源技术效率

能源技术效率通常指产出的有用能量与输入总能量的比值。这一效率受物理学原理（如热力学定律）限制，但实际值可通过科技进步和管理优化持续提升。例如，通过改进生产工艺、升级设备技术或引入智能控制系统，可减少生产环节中的能量损耗与浪费。

4. 可持续性与可再生性

低碳能源多依托自然资源（如阳光、风力、地热）或可循环利用的能源载体（如生物质、氢能），具备可持续供应能力。例如，太阳能资源理论储量约为人类年能源消耗量的1万倍，风能全球技术可开发量超过 70 TW。这种可再生性确保了能源供应的长期稳定性，减少了对有限化石能源的依赖。

5. 环境友好性与低污染

低碳能源在开发与应用过程中对生态环境的负面影响较小。例如，水电站通过生态流量调度减少对河流生态的破坏（图 2-6），生物质能利用农业废弃物实现"负碳"效应（燃烧排放的二氧化碳被植物生长重新吸收）。此外，低碳能源替代化石能源可显著减少硫氧化物、氮氧化物及颗粒物排放，以改善空气质量。

图 2-6 带鱼梯的水坝

6. 能源技术低碳化

为实现能源技术的低碳化转型，需重点开发并应用新型能效技术，通过降低生产单位产品或提供同质服务所需的能源投入，可直接减少碳排放。同时，需加速推广可再生能源技术（如光伏、风电）与清洁能源技术（如核能、氢能），优化能源结构，从源头推动能源体系向低碳化发展。

7. 技术驱动与创新性

低碳能源的发展依赖于持续的技术创新。例如，储能技术（如固态电池、液流电池）解决了可再生能源间歇性问题，碳捕集与封存技术为高碳行业脱碳提供了可能，氢能"制-储-运-用"全链条技术的突破推动了"氢基能源"体系的构建。技术创新不仅提升了低碳能源的竞争力，也催生了新的产业形态与经济增长点。

8. 经济性与规模化潜力

随着技术不断进步与规模效应，低碳能源的成本持续下降，经济性显著提升。例如，中国光伏发电成本已降至 0.15 元/（kW·h），低于燃煤发电的 0.25 元/（kW·h）；海上风电成本较 10 年前下降 60% 以上。成本的下降加速了低碳能源的规模化应用，形成了"技术进步—成本降低—市场扩张"的良性循环。

9. 系统集成与协同性

低碳能源的发展需与能源系统深度融合，实现多能互补与协同优化。例如，"风光储一体化"项目通过风光互补与储能调峰，提升可再生能源消纳能力；智能微电网结合分布式能源与需求侧管理，构建灵活、高效的能源网络。系统集成能力是低碳能源从"补充能源"向"主体能源"转型的关键。

2.1.3 低碳能源的发展方向

从能源技术特性与实际应用角度看，不同燃料在碳排放、资源供给及技术成熟度上存在显著差异。

1. 传统化石燃料及其替代品

（1）柴油和汽油。柴油能量密度更高（比汽油高 10%~15%），燃烧效率更优，适用于重型运输与工程机械；但中国柴油供应长期依赖进口（进口依赖度超过 30%），且含硫量较高（国六标准实施前部分柴油硫含量超过 50×10^{-6}），导致尾气处理成本增加。

（2）天然气（LNG/CNG）与液化石油气（LPG）。资源储量丰富（全球天然气探明储量超过 200 万亿立方米），含碳量较汽油、柴油低 20%~30%，燃烧产物以二氧化碳和水为主，污染物排放少；但液化与运输成本较高，需依赖管网或专用储运设施。

（3）醇类燃料（甲醇、乙醇）。可降低 10%~20% 的碳排放，部分国家已试点 M10（10% 甲醇汽油）或 E10（10% 乙醇汽油）混合燃料；但纯化应用需解决腐蚀性、热值低及冷启动困难等技术瓶颈。

（4）二甲醚（DME）。属中低碳燃料，十六烷值高（55~60），燃烧充分，适用于柴油发动机替代；但需突破合成工艺成本（当前生产成本约是柴油的 1.5 倍）高与加注设施不足的制约。

（5）氢能。脱碳型燃料，燃烧产物仅为水；但电解水制氢效率仅为 60%~70%，绿氢成本高达 30~50 元/kg（是灰氢的 3~5 倍），且高压（70 MPa）储氢技术尚未大规模普及。

2. 可再生能源的崛起与挑战

全球已探明化石燃料储量预计仅能维持 50~100 年（煤炭约 115 年、石油约 50 年、天然气约 50 年），且燃烧导致的碳排放占全球总量的 80% 以上，推动能源转型势在必行。

（1）太阳能。光伏电池效率突破 33%（钙钛矿-晶硅叠层），发电成本降至 0.02~0.04 美元/（kW·h），适用于分布式与集中式发电。

（2）风能。陆上风电成本降至 0.03~0.05 美元/（kW·h），海上风电单机容量达 18 MW，但需解决并网消纳与储能配套问题。

（3）地热能。全球地热发电潜力超过 200 GW，但资源分布不均匀（多集中于环太平洋火山带），开发成本较高。

（4）海洋能。潮汐能、波浪能技术尚处于示范阶段，能量密度低（潮汐能理论可开发量仅占全球电力的 1%~2%），如图 2-7 所示。

图 2-7 潮汐能发电机组

（5）生物质能。通过厌氧发酵、气化等技术，可实现废弃物资源化，但需避免与粮食争地（如玉米乙醇曾引发争议）。

（6）核能。三代核电技术安全性提升（如"华龙"一号堆芯熔毁概率小于 10^{-6}/堆年），但核废料处理与公众接受度仍是挑战；核聚变若实现商业化（如 ITER 项目），将彻底改变能源格局。

3. 能源转型对工业自动化的影响

（1）能源结构变化驱动自动化升级。火电占比从 2010 年的 77% 降至 2023 年的 52%，核电、风电、水电成为新增装机主力；风电与水电的"工厂自动化"特征增强，需顺序控制（SCADA 系统）、传动控制（变频器）及运动控制（机器人巡检）技术，如图 2-8 所示，推动了 PLC、专用控制系统需求增长。

（2）数字化工厂与能源管理融合。通过虚拟制造、工业以太网、机器视觉等技术，可实现产能提升 15%~20%、能耗降低 10%~15%；能源管理系统（EMS）与制造执行系统（MES）的集成，可优化电力调度与设备能效。

图 2-8　机器人巡检

4. 智能建筑与光伏一体化趋势

（1）智能建筑定义。以建筑物为平台，集成信息设施、建筑设备管理、公共安全等系统，可提供安全、高效、环保的建筑环境；设施及设备包括工控机（IPC）、机器人、工业以太网、嵌入式系统、传感器等。

（2）光伏建筑一体化（BIPV）。将光伏组件与建筑幕墙、屋顶相结合，替代传统建材；中国"十四五"规划明确 BIPV 装机目标超过 50 GW，成为光伏内需增长的重要引擎，如图 2-9 所示。

图 2-9　智能建筑与光伏一体化

 案例

太阳能和风能的应用
河北省张家口市张北县依托"风光储输"一体化示范工程，建成全球规模最大的太阳能光伏电站集群（装机超过 300 万千瓦）与亚洲最大的陆上风电基地（装机超过 1 600 万千瓦），通过特高压输电技术将清洁电力输送至京津冀地区，同时配套建设储能电站与智能调度系统，实现风光发电的稳定消纳，年减排二氧化碳超过 2 000 万吨，成为我国可再生能源规模化开发、多能互补与跨区域输送的标杆案例，为"双碳"目标实现提供关键支撑。

分析： 河北省张家口市张北县"风光储输"一体化工程是我国可再生能源发展的标志性案例，其通过规模化开发、多能互补、跨区域输送、技术创新和政策协同，解决了清洁能源消纳难题，推动了能源结构转型，为"双碳"目标实现提供了关键支撑。该案例不仅展示了我国在清洁能源领域的技术实力，也为全球能源转型提供了中国方案。

2.1.4　实践任务：低碳能源探索与展示

1. 任务背景

随着全球气候变化问题日益严峻，减少温室气体排放、发展低碳经济已成为国际社会的共识。低碳能源作为实现这一目标的关键，正逐渐改变着人们的能源消费模式和生活方式。作为新时代的学生，了解低碳能源的概念、特征及其发展方向，不仅有助于增强环保意识，还能为未来的职业选择和社会贡献打下坚实基础。本实践任务旨在通过一系列活动，引导学生深入探索低碳能源的世界，激发他们对绿色能源的兴趣和热情。

2. 任务目标

（1）使学生理解低碳能源的基本概念。
（2）帮助学生掌握低碳能源的主要特征。
（3）引导学生思考并探讨低碳能源的未来发展方向。

3. 任务步骤

（1）将学生分成若干小组，每组 4~5 人。
（2）各小组通过图书馆书籍、互联网（如科普网站、政府环保部门官网等）收集低碳能源的定义、常见类型（如太阳能、风能、水能、生物质能等）及其特征和发展方向。
（3）每组推选一名代表，向全班讲解低碳能源的概念，分享收集到的有关低碳能源相应的信息。

2.2　低碳能源碳排放的测算

由温室气体浓度持续攀升引发的全球变暖，已成为威胁自然生态系统和人类生存环境的重大挑战。冰川加速消融、极端气候事件频发、生物多样性锐减等现实问题，正不断加剧地球生态的脆弱性。在此背景下，编制科学、系统的温室气体清单，已成为应对气候变化的核心基础性工作。通过清单的编制，能够精准定位温室气体的主要排放源，厘清不同行业部门的排放现状，并基于历史数据与趋势分析预测未来减排潜力，为政策制定者提供科学依据，助力制定精准有效的应对措施。

2.2.1　不同排放源的界定

不同排放源的界定需结合行业特征、气体类型及活动机制，通过科学分类与量化方法，确保清单的准确性与可比性。未来，随着低碳技术的推广与数据监测能力的提升，排放源界定将更加精细化，为全球气候治理提供坚实支撑。

1. 化石燃料燃烧活动排放源界定

化石燃料燃烧温室气体排放源是指市、县（区）行政辖区内，各类燃烧设备通过燃烧化石燃料直接向大气中排放温室气体的活动。涉及的温室气体主要包括二氧化碳、甲烷和氧化亚氮（N_2O）。根据排放活动的空间属性和责任归属原则，界定规则如下。

1）排放源的地域归属原则

国际航空、航海等跨境运输工具的燃料舱燃烧排放（如国际航班、远洋船舶）不计入市、县（区）境内排放，其排放责任由国际公约或国家层面统一核算。火力发电厂、工业锅炉等固定设施的化石燃料燃烧排放，应计入设施所在地的市、县（区）排放总量，即使其产品（如电力）跨区域输送或消费。

2）排放源的分类标准

根据燃烧场所的固定性，化石燃料燃烧排放源可分为固定排放源和移动排放源。

（1）固定排放源。指在固定位置长期运行的燃烧设备，按行业部门的进一步细分如表2-2所示。

表2-2　固定排放源

部门分类	子行业/活动类型	典型排放源示例
公用电力与热力部门	火力发电厂、热电联产机组、区域供热锅炉	燃煤电厂、燃气轮机、生物质掺烧锅炉
工业部门	钢铁、有色金属冶炼、化工、建材、纺织、造纸及纸制品等	高炉炼铁、水泥回转窑、合成氨装置、玻璃熔炉
建筑部门	商业建筑、公共建筑的供暖/制冷系统	燃气锅炉、燃油应急发电机
农业部门	农业设施供暖、农产品烘干	温室大棚燃气加热、粮食烘干机
服务部门	第三产业中除交通运输外的其他服务行业（如餐饮、医院、学校）	酒店燃气灶具、医院蒸汽锅炉
居民生活部门	居民住宅的炊事、供暖、热水等	居民燃气灶、壁挂炉、燃煤炉灶

（2）移动排放源。指依托交通工具进行的客货运输活动，按交通方式的细分如表2-3所示。

表2-3　移动排放源

交通方式	排放源示例	特殊说明
民航	国内航班飞机发动机燃烧航空煤油	国际航班排放不计入本地，仅统计国内航段
公路	汽油车、柴油车、天然气车等道路运输工具	包括私家车、货车、公交车等
铁路	内燃机车、电力机车（电力来源需追溯至发电厂排放）	电力机车排放计入发电厂所在地
水运	内河船舶、沿海船舶（国际远洋内燃机排放不计入本地）	仅统计国内航段船舶排放

2. 生物质燃料燃烧排放源界定

（1）生物质燃料就像一个"绿色能量宝库"，它主要有以下三大类"宝藏"。

①农业与农林加工废弃物类：好比是农作物"蜕下的皮"，像农作物秸秆、木屑及果壳等。

②薪柴及木炭类：就像森林里直接取用的"天然燃料棒"（薪柴）或者经过碳化处理变成的木炭。

③有机废弃物类：好似动物和人类产生的"特殊肥料"，如畜禽粪便及人粪尿等。

（2）生物质燃料的燃烧排放源分布在居民生活和工商业领域。

①居民生活：比如省柴灶、传统土灶（图2-10）就像"家庭小灶台"，木炭火盆及火锅就像"温暖小天地"里的排放源。

图 2-10 传统土灶

②工商业领域：炒茶灶、烤烟房是"特色产业小作坊"的排放源，砖瓦窑是"建筑小工厂"的排放源，混合生物质的垃圾焚烧炉是"垃圾处理大工厂"的排放源。

虽然燃烧释放的二氧化碳，因为光合作用碳循环特性通常不算进总量，但要注意像非二氧化碳温室气体如甲烷和氧化亚氮，它们因不完全燃烧或特定工艺产生，要重点监测报告，推动清洁燃烧技术。

3. 煤炭开采和矿后活动逃逸排放源界定

我国煤炭行业甲烷排放源主要涵盖井工开采、露天开采及矿后活动三大环节，如表2-4所示。

表 2-4 煤炭开采和矿后活动逃逸排放源界定

排放环节	排放详情	减排要点
井工开采	煤层甲烷因采掘扰动释放到井下，经通风或抽采系统逸散至大气，排放量较大	优化通风系统，提升瓦斯抽采效率
露天开采	剥离表土暴露煤层及邻近地层，甲烷在采掘面及周边快速释放	加强现场监测，合理规划开采作业
矿后活动	煤炭产业链下游环节，如洗选加工（煤泥干燥）、储运（煤堆氧化）、运输装卸及燃烧前预处理（粉碎、筛分）等会产生甲烷，单环节排放少但环节多，累积排放量可观	改进工艺流程，强化设备密封性

4. 石油和天然气系统逃逸排放源界定

我国油气系统甲烷逃逸贯穿全产业链，涵盖勘探开发到终端消费各个环节，如天然气处理逸散、长输管网泄漏等。例如，广东油气系统甲烷逃逸主要在集输与加工环节，像管线加热器等密封泄漏、储气罐等无组织排放等。因排放源广且隐蔽，故需用 LDAR（地漏检测与修复）等技术强化管控减排。

2.2.2 各类能源及系统排放清单编制方法

在应对气候变化、制定减排策略以及评估环境影响等工作中，准确编制各类能源及系统的排放清单至关重要。下面将分别介绍化石燃料燃烧、生物质燃烧、煤炭开采和矿后活动、石油和天然气系统以及电力调入调出等不同情境下二氧化碳间接排放清单的编制方法。

1. 化石燃料燃烧活动清单编制方法

1）化石燃料燃烧二氧化碳排放

化石燃料燃烧活动清单编制方法通常采用以详细技术为基础的部门方法（即 IPCC Tier 方法 1），其核心在于基于分部门、分燃料品种、分设备的燃料消费量等活动水平数据以及相应的排放因子等参数，通过逐层累加综合计算得到温室气体排放量。具体编制步骤如下。

（1）确定活动水平数据。收集分部门、分能源品种、分主要燃烧设备的能源活动水平数据。这些数据可通过市、县（区）能源平衡表、统计年鉴、实地调研和专家推算等方式获取。燃料消费量以热值表示，需要将实物量数据乘以对应的低位发热值获得。

（2）确定排放因子。排放因子是单位活动数据所对应的温室气体排放量，可以从国际组织、国家机构、行业协会等发布的标准值或平均值获取，也可以根据实际情况进行测试或估算。对于不同的燃料类型、部门活动和技术类型，需要分别确定相应的排放因子。

（3）计算温室气体排放量。公式为

$$温室气体排放量 = \sum_i \sum_j \sum_k \left(EF_{i,j,k} \times AD_{i,j,k} \times GWP \right)$$

式中，EF 为排放因子；AD 为活动数据，i 为燃料类型，j 为部门活动，k 为技术类型；GWP 为全球变暖潜值。逐层累加各分部门、分燃料品种、分设备的温室气体排放量，得到总排放量。

（4）考虑非能源利用排放。如果化石燃料被用于非能源目的（如化学原料、还原剂等），其排放量也需要进行计算，并加到总排放量中。非能源利用二氧化碳排放量计算公式为

$$非能源利用二氧化碳排放量 = 非能源利用量 \times 含碳量 \times (1-固碳率) \times 44/12$$

（5）验证与修正。对计算结果进行验证，确保其准确性和可靠性。如有必要，可对活动数据或排放因子进行修正。

（6）汇总与分析。将不同排放源的温室气体排放量进行汇总，形成总的排放量清单。对计算结果进行深入分析，找出碳排放的主要来源和变化趋势，为制定减排策略提供依据。

2）电站锅炉氧化亚氮排放

电站氧化亚氮排放估算针对燃煤流化床、其他燃煤、燃油、燃气锅炉，依据燃料消耗量及对应排放因子计算。公式为

$$氧化亚氮排放量 = \sum_i \sum_j \left(AD_{i,j} \times EF_{i,j} \right)$$

式中，AD 的单位为 TJ；EF 的单位为 kg N$_2$O/TJ；i 为锅炉类型；j 为燃料品种。计算步骤如下：

（1）收集公用电力、热力部门及自备电厂的燃料消耗量（单位为 TJ），通过调研或专家推算细化至不同锅炉和燃料组合；

（2）将各组合的燃料消耗量与对应氧化亚氮排放因子相乘，得出单类锅炉排放量；

（3）累加所有锅炉排放量，得到电站氧化亚氮的排放总量。

3）移动源甲烷和氧化亚氮排放

交通运输领域甲烷和氧化亚氮排放量计算基于不同运输方式（如公路、铁路、水运、航空）的燃料消耗及排放因子，公式为

$$排放量 = \sum_i \sum_j (AD_{i,j} \times EF_{i,j})$$

式中，AD 的单位为 TJ（燃料能量）；EF 的单位为 kg/TJ（每 TJ 燃料产生的排放量）。计算步骤如下：

（1）估算各运输方式的活动水平数据（如运输里程、载货量、能耗），单位为 TJ，反映运营规模；

（2）将各运输方式与燃料组合的活动水平数据乘以对应排放因子，分别得出公路、铁路、水运、航空的甲烷和氧化亚氮的排放量；

（3）累加各运输方式的排放量，得到交通运输移动源的甲烷和氧化亚氮排放总量，从而掌握整体排放情况。

2. 生物质燃烧活动清单编制方法

在开展市、县（区）级生物质燃料燃烧温室气体清单编制工作时，采用的是设备法（即 IPCC Tier 方法 2）。其具体的计算公式以数学形式可表示为对不同燃料品种（用 a 表示）、不同部门类型（用 b 表示）以及不同设备类型（用 c 表示）组合下的排放因子（$EF_{a,b,c}$）与活动数据（$AD_{a,b,c}$）和全球变暖潜值 GWP 的乘积进行三重求和，公式为

$$温室气体排放量 = \sum_a \sum_b \sum_c (排放因子\ EF_{a,b,c} \times 活动水平\ AD_{a,b,c} \times GWP)$$

式中，EF 的单位为 kg/TJ（1 TJ 燃料产生的排放量）；AD 的单位为 TJ（燃料实际消耗能量）；a、b、c 分别代表燃料品种、部门类型（如农业、工业、居民）和设备类型（如省柴灶、传统灶）。计算步骤如下：

（1）调研当地生物质燃料种类（如秸秆、薪柴）和燃烧设备分布，确定分设备、分燃料的消费量（单位为 TJ）。活动水平数据优先参考统计部门能源平衡表，若无，则通过农业农村局获取，或通过问卷调查、专家咨询、研究成果推算等方式补充。

（2）分燃料的消费量乘以对应甲烷或氧化亚氮排放因子，得出各类燃料在不同设备和部门中的排放量。

（3）累加各燃料、设备和部门的甲烷和氧化亚氮排放量，得出生物质燃料燃烧的温室气体排放总量。

3. 煤炭开采和矿后活动逃逸排放清单编制方法

编制市、县（区）煤炭开采甲烷逃逸排放清单时，需根据数据获取情况选择估算方法。

（1）实测法（IPCC Tier 方法 3）。若能获取各矿井实测甲烷涌出量，则直接累加各矿井数据计算排放量，此时实测值即排放量，无需排放因子。不同类型煤矿（国有重点、地方国有、乡镇）的甲烷等级鉴定结果、原煤产量、实测排放量、抽放量及利用量，数据来源为《中国煤炭工业年鉴》、矿井瓦斯等级鉴定统计及矿务局资料。

（2）排放因子法。若无法获取实测数据，可将煤矿分为国有重点、地方国有、乡镇3类，分别确定排放因子和产量后加总计算排放量。可通过专家分析补充数据，如高/低甲烷矿井产量、国有重点煤矿实测排放量、抽放矿井的采煤量及甲烷利用量等。

4. 石油和天然气系统逃逸排放清单编制方法

1）数据来源

在估算市、县（区）级石油和天然气系统的甲烷逃逸排放量时，需依据一系列能够表征活动水平的数据。这些数据主要涵盖以下几个方面。

（1）基础设施清单。详细记录油气系统基础设施的数量与种类，包括小型现场安装设备、主要加工设备等。

（2）生产活动情况。掌握生产活动水平的相关数据，如燃料气的消费量等。

（3）事故排放信息。统计事故排放量，如因管线破损等导致的甲烷泄漏情况。

（4）设计与操作影响。了解典型设计和操作活动，以及它们对整体排放控制所产生的影响。

基于上述活动水平数据，结合合适的排放因子，能够确定各个设施及活动的实际甲烷排放量，最后将所有排放量汇总，即可得到排放总量。

2）具体计算公式。

（1）天然气系统逃逸排放。天然气系统的逃逸排放由天然气加工处理排放、天然气输送排放和天然气消费排放3个部分组成，即

天然气系统逃逸排放＝天然气加工处理排放＋天然气输送排放＋天然气消费排放

①天然气加工处理排放：等于天然气加工处理量乘以对应的排放因子，公式为

天然气加工处理排放＝天然气加工处理量×排放因子

②天然气输送排放：由增压站、计量站和管线（逆止阀）的排放量构成。增压站排放量是增压站数量乘以相应排放因子；计量站排放量是计量站排放量乘以对应排放因子；管线（逆止阀）排放量是管线（逆止阀）数量乘以相应排放因子，即

天然气输送排放＝增压站数量×排放因子＋计量站排放量×排放因子＋管线(逆止阀)数量×排放因子

③天然气消费排放：等于天然气消费量乘以对应的排放因子，公式为

天然气消费排放＝天然气消费量×排放因子

（2）石油系统逃逸排放。石油系统的逃逸排放包括原油储运排放和原油炼制排放，即

石油系统逃逸排放＝原油储运排放＋原油炼制排放

①原油储运排放：等于原油储运量乘以对应的排放因子，公式为

原油储运排放＝原油储运量×排放因子

②原油炼制排放：等于原油炼制量乘以对应的排放因子，公式为

原油炼制排放＝原油炼制量×排放因子

对于市、县（区）级油气系统的甲烷逃逸排放清单编制工作，所需的活动水平数据主要聚焦于油气输送、加工等各个环节的设备数量或活动水平，如天然气加工处理量、原油运输量等。这些具体的活动水平数据可通过各地的油气公司获取。

5. 电力调入调出二氧化碳间接排放清单编制方法

在温室气体排放相关的报告中，电力调入调出所产生的二氧化碳间接排放仅作为信息项呈现，并不纳入当地的温室气体排放总量核算。尽管火力发电企业燃烧化石燃料直接产生的

二氧化碳排放，与电力产品调入调出所隐含的二氧化碳排放（也被称为"间接排放"）在本质上存在明显差异，但鉴于电力产品具有特殊性，为了科学评估非化石燃料电力在减缓二氧化碳排放方面所作出的贡献，有必要对因电力调入调出而产生的二氧化碳间接排放量进行核算。

具体的核算方式如下：利用市、县（区）境内电力调入或调出的电量，将其与相应的二氧化碳排放因子相乘，从而得出该市、县（区）由于电力调入或调出所带来的全部间接二氧化碳排放量。其中，电力调入二氧化碳间接排放量的计算公式为

电力调入二氧化碳间接排放 = 调入电量×清单编制年份各地区二氧化碳平均排放因子

电力调出二氧化碳间接排放量的计算公式为

电力调出二氧化碳间接排放 = 调出电量×各地区电网二氧化碳平均排放因子

 案例

> **碳排放交易机制**
>
> 上海环境能源交易所承建的全国碳排放权交易市场于 2021 年 7 月上线，以发电行业为首批纳入主体，覆盖全国超过 2 000 家电力企业、年排放量 45 亿吨二氧化碳，成为全球最大的碳市场。企业通过市场化交易买卖碳排放配额，推动火电行业技术升级（如超超临界机组改造、碳捕集试点），截至 2023 年底累计成交量超过 4.4 亿吨、成交额突破 249 亿元，碳价从初期 48 元/t 升至 80 元/t 左右，形成有效碳定价信号，并衍生出碳质押、碳回购等绿色金融产品，为钢铁、水泥等高耗能行业纳入碳市场提供经验，助力"双碳"目标与经济低碳转型。
>
> **分析：** 全国碳市场以电力行业为起点，通过超过 2 000 家企业、45 亿吨年排放量的规模优势，形成全球最大的碳定价体系。碳价攀升至 80 元/t，倒逼火电技术升级，并催生碳金融产品，为高耗能行业扩容提供经验，加速经济低碳转型与"双碳"目标落地。

2.2.3 实践任务：校园低碳能源碳排放测算

1. 任务背景

随着全球气候变化问题加剧，低碳转型已成为社会共识。社区作为能源消耗的基本单元，其碳排放核算与减排潜力分析对实现"双碳"目标至关重要。本任务以校园周边社区或学生居住社区为对象，通过实地调研、数据收集与测算，掌握低碳能源碳排放的核算方法，识别关键排放源，并编制能源排放清单，为社区低碳改造提供数据支持。

2. 任务目标

以学校或宿舍区为对象，测算其能源使用产生的碳排放，界定排放源类型，编制能源排放清单，并提出低碳改进建议。

3. 任务步骤

（1）调查校园内主要能源消耗场景（如教学楼用电、食堂燃气、供暖系统、学生宿舍用电等），明确直接排放源（如燃气锅炉燃烧）和间接排放源（如外购电力）。

（2）通过校园后勤部门获取能源消耗数据（如月度用电量、燃气用量），或实地测量部分设备能耗（如空调、照明），记录至少 1 个月的活动数据。

（3）按能源类型（电力、燃气、燃油等）和排放场景（建筑供暖、设备用电等）分类汇总数据，形成校园能源碳排放清单表格。

（4）提交一份"校园能源碳排放清单"报告，包含数据来源、测算过程、排放清单图表及低碳改进建议，并制作 5 min 的 PPT 进行小组汇报。

2.3　我国能源低碳化发展的路径与对策

在全球气候变暖的大背景下，应对气候变化、减少温室气体排放已成为国际社会的共识。能源领域作为碳排放的主要来源，推动能源低碳化发展对于我国实现"双碳"目标以及可持续发展战略具有至关重要的意义。我国作为全球最大的能源消费国和碳排放国，能源低碳化转型不仅面临着巨大的挑战，也蕴含着诸多机遇。深入研究我国能源低碳化发展的路径与对策，有助于明确转型方向，提高能源利用效率，降低碳排放强度，促进经济社会发展与环境保护的协调共进。

2.3.1　我国能源低碳化发展的现状与挑战

我国作为能源生产与消费大国，煤炭、石油、天然气和电力能源共同支撑着国内的能源消费需求。低碳发展的核心在于提高可再生等清洁能源的利用比例，在满足能源需求的同时，减少高污染、高碳排放能源的使用。从能源系统角度规划未来各类能源消费总量的碳减排路径，对我国未来的能源规划和结构调整具有重要的参考价值。

1. 现状

近年来，我国在能源低碳化发展方面取得了显著进展。能源结构逐步优化，非化石能源在能源消费总量中的占比不断提高。以太阳能、风能、水能、生物质能等为代表的可再生能源装机规模持续扩大，发电量不断增加。同时，能源利用效率也在逐步提升，单位国内生产总值能耗不断下降。在政策引导和市场机制的双重作用下，能源企业和相关产业积极投入到低碳化发展中，推动了节能减排技术的进一步研发和应用。

当前，我国能源形势严峻。以煤炭等化石能源为主导的能源结构短期内难以改变，能耗强度与世界先进水平还存在差距，"十三五"期间能源消费增速上升，以煤炭为主的能源结构致使碳排放总量居高不下。因此，"十四五"期间必须采取有效措施，降低化石能源消费。

碳减排是关乎全局的系统工程，涉及能源产业链各个环节。坚持系统思维，明确碳减排在经济发展、环境保护和能源安全 3 个方面的任务，实现三者协同发展是关键。调整能源结构、发展低碳经济、重塑能源体系，对保障我国能源安全意义重大。实现"双碳"目标要求我国彻底改变能源结构单一的现状，摆脱对化石能源的过度依赖，进行低碳转型，这将引发巨大的经济结构性变革，经济发展方式和产业结构需大幅调整。碳减排应在保证"双碳"目标实现的硬性约束下，从系统最优角度规划各行业、各地区的低碳减排措施，这对我国可持续发展和百年目标的实现具有重要现实意义。

2. 挑战

我国能源消费长期以煤炭为主，煤炭在能源结构中的占比较高。虽然非化石能源发展迅速，但要完全替代煤炭等传统化石能源仍面临诸多困难。煤炭在电力、钢铁、化工等行业的应用广泛，相关产业的转型需要时间和大量的资金投入。随着我国经济的持续发展和人民生活水平的不断提高，能源需求仍在不断增长。这给能源低碳化转型带来了更大的压力，需要在满足能源需求的同时，还要实现碳排放的降低。一些关键的低碳技术，如碳捕获、利用与封存（CCUS）技术、高效储能技术等仍处于发展阶段，技术成本较高，商业化应用面临挑战。此外，可再生能源的间歇性和不稳定性也对其大规模接入电网带来了一定的技术难题。

我国不同地区在能源资源禀赋、经济发展水平和产业结构等方面存在较大差异，这导致能源低碳化发展在区域间不平衡。一些能源资源丰富的地区，如西部地区，在发展可再生能源方面具有优势，但其经济发展水平相对较低，技术创新能力不足；而东部地区经济发达，能源需求大，但能源资源相对匮乏，能源转型面临更大的成本压力。

2.3.2　我国能源低碳化发展的路径

在全球应对气候变化、追求可持续发展的时代背景下，我国作为能源生产与消费大国，推动能源低碳化发展刻不容缓。这不仅关乎国家的生态环境安全、能源供应稳定，更是实现经济高质量发展、履行国际责任的重要举措。下面将从能源结构调整、能源利用效率提升、能源科技创新、市场机制完善等方面详细阐述我国能源低碳化发展的路径。

1. 优化能源结构

（1）发展可再生能源。我国太阳能、风能等资源丰富。在太阳能领域，西北地区建立大型光伏基地，东部推广分布式光伏；在风能领域，加快海上风电发展，优化陆上布局；在水能领域，科学开发，提高占比；在生物质能领域，结合废弃物处理，发展发电、天然气产业。

（2）推进核电发展。核电清洁高效。坚持安全第一，加强技术研发，严格把关各环节，合理规划布局，提高在能源供应中的比例。

（3）控制煤炭消费。煤炭碳排放多，要制订控制目标，减少占比。研发清洁利用技术，推广高效发电技术，推动产业转型升级。

2. 提高能源利用效率

（1）工业节能。工业耗能多，推广节能技术和设备，加强企业能源管理，鼓励优化生产流程。

（2）建筑节能。建筑耗能大，制定节能标准，改造既有建筑，推广太阳能等节能技术。

（3）交通节能。优化交通结构，发展公共交通，推广新能源汽车，加强企业能源管理。

3. 加强能源科技创新

（1）加大投入。政府和企业增加投入，设立专项基金，鼓励高校科研，加强国际合作。

（2）突破技术。集中力量突破碳捕获、利用与封存以及高效储能和智能电网等关键技术。

（3）推动转化。建立转化机制，鼓励产学研合作，加强示范推广。

4. 完善能源市场机制

（1）健全碳交易市场。完善交易制度，扩大覆盖范围，提高活跃度，加强监管。

（2）推进价格改革。建立合理价格机制，反映能源稀缺性和环境成本，发挥价格杠杆作用，加强监管。

（3）加强能源监管。规范市场秩序，建立统计监测体系，加强企业环境监管。

2.3.3 "3060" 双碳目标的系统实现路径

实现"3060"双碳目标是全局最优问题，需从系统最优角度分解各行业、各地区及产业链间的指标，从能源消费、供给、电源运行、综合能源服务和碳交易市场5个角度提出碳减排措施。

1. 能源消费行业：创新低碳技术

能源消费行业目前仍以化石能源为主，需积极推进低碳发展，通过节能改造、资源循环利用等方式，实现生产和消费过程的低碳化，达到高效、低排放目标。由于各行业能源消费特点不同，达峰时间有先后，行业间可通过"借峰"达峰，使我国整体碳排放量增幅平缓直至达峰。

2. 能源供给行业：多元清洁能源转型

能源供给行业需加速向多元清洁能源供应方向转型，这是发展高质量低碳经济的前提和基础。各行业应推动低碳能源替代高碳能源、可再生能源替代化石能源，大力推广光热技术，加大生物质能研发力度，提升天然气开采技术水平。同时，鼓励开展绿色开采、制造加工工艺，实施绿色包装与运输，做好废弃产品回收与处理，如图2-11所示，实现产品全周期绿色环保，提高行业绿色化供应水平。

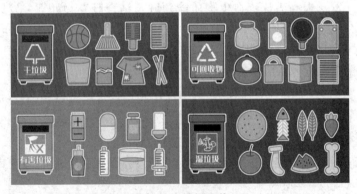

图 2-11 垃圾回收

3. 电源运行：燃料多元耦合与煤电转型

要积极探索燃料多元耦合发电方式，推动煤电转型升级，实现高质量、高效能、低排放发展。大力发展可再生能源发电，推动电力系统从以煤电为主向以可再生能源发电为主转型。加快创新大容量储能技术，建设新型分布式储能系统，突破现有技术限制，提升装机容量，提高能源体系效率，降低发电不稳定性，减少火电补给，实现削峰填谷。例如，一段时期内，全国大量建设的抽水蓄能电站的原理就是白天用电高峰期通过上水库放水发电提供电能，晚上用电低谷期用电力系统多余的电力从下水库往上水库抽水蓄能，如图2-12所示。

图 2-12 抽水蓄能电站

4. 综合能源服务：系统建设与智能调控

推进综合能源服务和综合能源系统建设，国家倡导节能减排和提效降本，以电为中心成为能源领域清洁低碳高效发展的共识。应顺应电气化发展趋势，构建以电为中心的综合能源服务平台和系统，实现能源系统数据传递和终端设备智能调控，促进冷、热、气、电等多能互补和协调控制，推动能源消费向电气化、高效化方向发展。

5. 碳交易市场：建设与行业转型

加快碳交易市场建设，推动行业低碳转型。碳交易市场是低成本减排的市场化政策工具，近年来国家试点运行取得良好效果。应加速建设全国碳交易市场，扩大市场覆盖行业范围，根据不同行业能源消费特点、国家政策和行业规定，制定合理的碳交易配额、品种和方式，促进能源结构调整和能效提升，推进各行业绿色低碳转型。

2.3.4 我国能源低碳化发展的对策

在全球积极应对气候变化、大力推进可持续发展的大趋势下，我国能源低碳化发展已成为刻不容缓的战略任务。这不仅关乎国家的生态环境质量、能源安全保障，更对经济社会的可持续发展以及在国际舞台上的责任担当有着深远的影响。为实现这一目标，需从政策、技术、市场、社会等多个层面协同发力，下面详细阐述我国能源低碳化发展的具体对策。

1. 强化政策支持

1）完善法律法规与标准规范

（1）健全法律法规。加快修订和完善与能源相关的法律法规，如《中华人民共和国能源法》《中华人民共和国节约能源法》《中华人民共和国可再生能源法》等，明确能源低碳化发展的目标、任务和法律责任。在法律中增加对高碳排放能源行为的限制条款，以及对可再生能源开发利用的鼓励措施，为能源低碳化发展提供坚实的法律保障。

（2）制定严格标准。制定和完善能源生产、消费、排放等各环节的标准规范。例如，提高能源效率标准，对工业设备、建筑、交通工具等制定更严格的能耗限额标准；建立碳排放标准体系，对不同行业和企业设定明确的碳排放上限和减排目标，促使企业采取节能减排措施。

2）强化产业政策引导

（1）财政补贴与税收优惠。加大对可再生能源产业的财政补贴力度，包括对太阳能、风能、水能、生物质能等项目的建设补贴和运营补贴，降低企业的投资和运营成本。同时，实施税收优惠政策，对从事可再生能源开发、节能技术研发和应用的企业给予所得税减免、增值税优惠等，鼓励企业积极参与能源低碳化发展。

（2）政府采购支持。政府在基础设施建设、公共机构能源消费等方面优先采购低碳能源产品和服务。例如，政府投资的道路照明（图2-13）、公共建筑等项目优先采用太阳能光伏发电系统；公共机构在车辆采购中优先选择新能源汽车，发挥政府采购的示范引导作用。

图2-13　太阳能路灯

（3）产业规划与布局。制定科学合理的能源产业规划，根据不同地区的资源禀赋和发展需求，优化能源产业布局。在资源丰富的地区建设大型可再生能源基地，如西北地区的风电和光伏基地、西南地区的水电基地（图2-14）；在东部地区发展分布式能源和能源综合利用项目，以提高能源供应的稳定性和可靠性。

3）加强监管与考核

（1）建立监管机制。建立健全能源低碳化发展的监管机制，加强对能源生产、消费和排放的监测和管理。成立专门的能源监管机构，负责对能源市场秩序、企业节能减排情况等进行监督检查，以确保各项政策措施的有效实施。

（2）实施考核制度。将能源低碳化发展目标纳入地方政府和企业的绩效考核体系，明确责任主体和考核指标。对完成节能减排目标的地方政府和企业给予奖励，对未完成目标的实行问责，促使地方政府和企业切实履行节能减排责任。

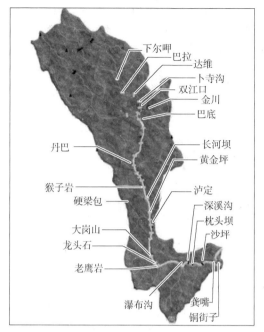

图 2-14　大渡河水电规划图

2. 推动能源科技创新与应用

1）加大研发投入

（1）政府引导。政府加大对能源低碳化技术研发的资金投入，设立专项科研基金，支持科研机构和高校开展关键技术攻关。重点支持可再生能源发电技术、储能技术、智能电网技术以及碳捕获、利用与封存技术等领域的研究，提高我国能源科技的自主创新能力。

（2）企业参与。鼓励企业增加研发投入，建立企业技术中心和研发团队，开展产学研合作。通过税收优惠、财政补贴等政策措施，引导企业加大对节能减排技术和新能源技术的研发和应用力度，推动企业成为能源科技创新的主体。

2）突破关键技术瓶颈

（1）可再生能源技术。提高太阳能光伏电池的转换效率，降低光伏发电成本；加强风能发电技术的研发，提高风电机组的可靠性和发电效率；优化水能开发技术，减少对生态环境的影响；推进生物质能的高效转化和利用技术研发，提高生物质能的利用价值。

（2）储能技术。加大对储能技术的研发力度，突破电池储能、物理储能、电磁储能等关键技术瓶颈。提高储能设备的能量密度、充放电效率和使用寿命，降低储能成本，解决可再生能源间歇性和不稳定性的问题，提高可再生能源的消纳能力。

（3）智能电网技术。发展智能电网技术，实现电力的优化配置和高效传输。构建具有自适应、自愈能力的智能电网系统，提高电网的灵活性和可靠性。加强智能电表、分布式能源管理系统等智能设备的应用，实现用户与电网的互动，促进能源的合理利用。

（4）碳捕获、利用与封存技术。加快碳捕获与封存技术的研发和应用，降低碳排放。开展碳捕获、利用与封存技术在火力发电、钢铁、水泥等高碳排放行业的示范应用，探索适合我国国情的碳捕获、利用与封存技术路线和商业模式，为实现碳中和目标提供技术支撑。

3）促进技术成果转化与推广

（1）建立转化平台。建立能源科技成果转化平台，加强科研机构、高校与企业之间的合作与交流。通过技术交易市场、产学研合作项目等方式，促进科技成果的转化和应用，加速新技术、新产品的推广。

（2）示范项目建设。建设一批能源低碳化示范项目，展示先进技术和成功经验。例如，建设零碳园区、智能电网示范工程、新能源汽车推广应用示范城市等，为新技术的推广应用提供实践案例和借鉴经验。

3. 完善能源市场机制与价格体系

1）建立健全碳市场

（1）扩大市场覆盖范围。逐步扩大全国碳排放权交易市场的覆盖范围，将更多的行业和企业纳入碳市场体系。除了电力行业外，还要逐步纳入钢铁、水泥、化工等高碳排放行业，提高碳市场的代表性和有效性。

（2）完善市场机制。完善碳市场的交易规则和监管制度，确保市场的公平、公正、公开。建立健全碳排放监测、报告和核查体系，提高碳排放数据的准确性和透明度。加强对碳市场交易行为的监管，防范市场风险和操纵行为。

（3）探索碳金融创新。探索开展碳金融业务，如碳期货、碳期权、碳基金等，丰富碳市场的交易品种和交易方式。发展碳金融服务，为企业提供碳资产管理、碳融资等金融服务，提高企业参与碳市场的积极性和主动性。

2）推进能源价格改革

（1）反映市场供求和成本。加快推进能源价格改革，建立能够反映市场供求关系、资源稀缺程度和环境成本的能源价格形成机制。逐步放开能源价格管制，让能源价格在市场形成中起决定性作用，引导能源资源的合理配置。

（2）实施阶梯价格制度。对居民生活用电、用气等实行阶梯价格制度，引导居民合理用能。根据不同用户的用能需求和消费水平，设置不同的价格档次，对超基数用能部分实行较高的价格，以促进节能减排。

（3）推行绿色电价政策。对可再生能源发电实行优先上网和保障性收购政策，制定合理的可再生能源电价补贴标准。同时，对高耗能企业实行差别电价政策，提高高耗能企业的用电成本，促使其进行节能技术改造和产业结构调整。

3）加强能源市场建设

（1）培育市场主体。培育多元化的能源市场主体，鼓励社会资本参与能源生产和供应。打破能源行业的垄断格局，引入竞争机制，提高能源市场的活力和效率。

（2）完善市场服务体系。加强能源市场服务体系建设，建立健全能源交易平台、信息发布平台和金融服务体系，提高能源市场的透明度和信息化水平，为市场主体提供便捷、高效的服务。

4. 营造全社会参与的良好氛围

1）提高公众环保意识

（1）宣传教育。通过多种渠道开展能源低碳化发展的宣传教育活动，提高公众对气候变化和能源问题的认识。利用电视、报纸、网络等媒体，普及低碳能源知识和节能减排理念，宣传节能减排的重要性和方法。

（2）主题活动。开展形式多样的主题活动，如"节能宣传周""低碳日""地球一小时"等，引导公众积极参与节能减排行动。鼓励公众在日常生活中采取节约能源、减少浪费的措施，如随手关灯、节约用水、使用公共交通工具等。

2）鼓励社会组织参与

（1）环保组织作用。支持环保组织积极参与能源低碳化发展工作，发挥其在宣传推广、监督评估、技术咨询等方面的作用。环保组织可以开展能源低碳化宣传活动，提高公众的参与度；对企业的节能减排情况进行监督和评估，推动企业履行社会责任。

（2）行业协会引导。行业协会应加强行业自律，制定行业节能减排标准和规范，引导企业加强节能管理。组织开展节能减排技术交流和培训活动，推广先进经验和新技术，促进行业的可持续发展。

3）加强国际合作与交流

（1）技术合作。积极参与国际能源合作与交流，学习并借鉴国外先进的能源低碳化发展经验和技术。加强与国际组织、其他国家在可再生能源开发、节能减排技术研发、碳市场建设等方面的合作，引进国外先进的技术和管理经验。

（2）参与国际规则制定。积极参与国际能源和气候变化领域的规则制定，以提升我国在国际能源治理中的话语权和影响力。推动建立公平、合理、有效的国际能源合作机制，共同应对全球气候变化的挑战。

 案例

北京城市副中心绿色供能项目

北京城市副中心通过建设全球单体规模最大的地源热泵系统，结合光伏发电与智慧能源管理，实现行政办公区100%清洁能源供能。项目采用"浅层地热能+中深层水热型地热能"复合模式，在办公建筑群地下铺设150万平方米换热管网，利用地下恒温层实现冬季供暖、夏季制冷，较传统空调系统节能40%以上；同时，在建筑屋顶安装分布式光伏，年发电量超过1 200万千瓦时，直供能源站设备运行。此外，通过人工智能算法动态调节供能负荷，实现能源利用率提升25%。项目投运后，每年减少二氧化碳排放11万吨，相当于种植600万棵树，并降低建筑能耗成本30%，为城市新区绿色低碳发展提供了"零碳供能"示范，其技术路径已被纳入《北京市"十四五"时期能源发展规划》，推广至大兴国际机场临空经济区等重点区域。

分析：北京城市副中心绿色供能项目通过地源热泵复合模式与光伏发电协同，结合人工智能动态调控，实现100%清洁能源覆盖，较传统系统节能40%、降耗成本30%，年减碳11万吨，为城市低碳转型提供可复制技术路径与经济示范。

2.3.5 实践任务：校园低碳能源碳排放测算

1. 任务背景

全球气候变化加剧，中国作为全球最大的碳排放国，提出"3060"双碳目标（2030年前碳达峰、2060年前碳中和)，推动能源低碳化转型已成为国家战略核心任务。然而，当前我国能源结构仍以煤炭为主（2022年占比约56%），面临碳排放总量大、可再生能源消纳不足、低碳技术自主性弱等挑战。青年学生需通过实践调研，理解能源低碳化现状与路径，为未来参与绿色发展积累知识储备。

2. 任务目标

通过资料收集与分析，了解我国能源低碳化发展现状、挑战、路径及"3060"双碳目标实现策略，并提出针对性建议。

3. 任务步骤

（1）查阅《中国能源统计年鉴》《中国煤炭工业年鉴》等官方资料，获取煤炭消费占比、可再生能源装机容量等数据。

（2）用图表展示数据（如煤炭消费占比变化、可再生能源装机容量增长）。

（3）开展低碳生活宣传教育，引导公众理性选择出行方式。

（4）推广绿色消费（如节能家电、低碳包装）。

第 3 章

低碳工业技术

内容指南

在全球气候目标与产业竞争的双重压力下，低碳工业技术正成为重塑制造业竞争力的关键。从清洁能源替代、能效提升到循环经济创新，技术突破正推动钢铁、化工、建材等高碳行业实现"脱胎换骨"式变革，为经济与生态的协同发展开辟新路径。

知识重点

- 了解低碳工业的概念与特征。
- 了解工业碳排放测算。
- 了解我国工业低碳化发展的路径与对策。

3.1 低碳工业的概念与特征

低碳工业是工业领域践行可持续发展理念的模式，它借助技术创新、结构调整等手段，减少高碳能源消耗与温室气体排放。其特征鲜明，能源利用高效且结构清洁，依赖技术创新驱动，产业融合协同，还具备环境友好、管理精细智能等特点。

3.1.1 低碳工业的概念

现在全球生态环境问题越来越多，然而大家都追求可持续发展，因此低碳工业这种新工业模式便成了工业转型的关键方向。简单来说，低碳工业就是在工业生产各个环节，用科学的方法尽量减少碳排放，让工业发展和环境保护共同变好。

（1）能源利用方面。传统工业是用煤炭、石油这些高碳能源，燃烧会释放出大量二氧化碳，使地球变暖。低碳工业就是采用清洁能源和可再生能源，如太阳能，取之不尽，转化时几乎不排碳。工厂可以在屋顶、空地安装太阳能板发电。风能也是清洁能源，在沿海或高原风力大的地方建风电场，可给工业供电。

（2）技术创新方面。低碳工业是依靠先进节能减排技术和工艺。高效燃烧技术可让能源烧得更充分，减少浪费和碳排放。

（3）产业结构调整方面。低碳工业推动工业内部升级。鼓励发展低能耗、高附加值的新兴产业，像高端装备制造、新能源、节能环保产业，它们碳排放量低，还能帮助传统产业向低碳转型。同时改造传统高能耗、高排放产业，采用技术革新、管理优化，降低它们的能

耗和碳排放，让整个工业体系更低碳。

低碳工业涉及能源、技术、产业等许多方面，是全面、系统、可持续的工业发展理念，给工业绿色转型和可持续发展指明了道路。

3.1.2　低碳工业的特征

低碳工业特征显著，主要表现在以下几个方面：能源方面，清洁能源主导且梯级利用高效；技术方面，节能减排前沿、智能数字化融合；产业间协同互补、链条低碳整合；环境方面，严格管控排放、常态修复绿化；经济方面，实现效益双赢，助力产业竞争力可持续提升。

1. 能源结构特征

1）清洁能源主导化

在低碳工业中，太阳能、风能、水能、生物质能等清洁能源用得很多。工业园区屋顶铺满太阳能板发电，如图3-1所示，在沿海、草原等风大处建风电场供电，水电站把水能变成电能补充工业用电，生物质能用农作物秸秆等发电或做燃料，以减少对传统能源的依赖。

图3-1　铺满太阳能板的工业区屋顶

2）能源梯级利用高效化

低碳工业会根据能源温度高低合理分配使用。高温能源先给钢铁冶炼等需要高温的环节用，中温能源用于干燥等，低温能源用于制冷、供暖。这样安排能充分利用能源，降低消耗和碳排放。

2. 技术创新特征

1）节能减排技术前沿化

低碳工业采用新型节能减排技术。工业锅炉用新型燃烧技术让燃料燃烧得更充分，可减少污染；余热回收技术把工业余热用来预热原料、发电或供暖，如化工行业回收反应釜废气热量加热原料，能节省许多能源。

2）智能化与数字化融合化

智能化和数字化技术在低碳工业领域融合得很好。工业物联网让设备互联，能实时采集运行数据；大数据分析这些数据，预测故障、优化生产参数；人工智能根据需求和能源情况自动调整生产计划，实现智能调配。例如，智能工厂根据订单和电价自动调整设备运行，可降低成本和碳排放。

3. 产业协同特征

1）产业间能源互补协同化

低碳工业让不同产业间互相协作。新能源产业给传统工业提供清洁能源，传统工业给新能源产业提供设备和技术支持。例如，新能源汽车带动电池产业，电池余热又能给其他工业使用。工业园区里企业之间还能共享能源，形成循环产业链。

2）产业链低碳化延伸整合化

低碳工业推动产业链低碳化。从采购原材料开始就选择低碳生产的；生产加工时优化工艺并采用节能设备；销售和售后鼓励绿色消费，可回收再利用产品。例如，家电企业，生产时用节能技术和环保材料，还可回收废旧家电再制造，以减少浪费和污染。

4. 环境管理特征

1）污染物排放严格管控化

低碳工业对污染物排放管理很严格。制定的标准也很严格，以加强废水、废气、废渣处理和监测。包括：采用先进的污水处理技术使废水达标或回用（图3-2）；处理废气以减少污染物排放；对废渣进行分类处理和利用，如用粉煤灰做建材、用炉渣铺路以减少污染。

图 3-2　污水处理

2）生态修复与绿化常态化

低碳工业重视生态修复和绿化。建设和生产时应减少对生态的破坏，并修复受损系统，在厂区种树、种花以改善环境。例如，矿山企业开采后要植树造林，恢复植被，以减少水土流失（图3-3）；还应参加公益活动保护生态。

图3-3　内蒙古矿山修复

5. 经济发展特征

1) 经济效益与环保效益双赢化

低碳工业可实现经济效益和环保效益双赢。虽然前期采用清洁能源和先进技术投资较大，但长期下来能降低能源消耗、减少污染、提高产品质量和生产效率，从而降低成本，提高竞争力；还能带动相关产业发展，创造就业机会，促进区域经济可持续发展。

2) 产业竞争力提升可持续化

低碳工业能提升产业国际竞争力。现在很多国家对进口产品碳排放和环保要求很高，发展低碳工业可使产品符合国际标准，突破贸易壁垒，拓展市场；还能促使企业创新，提高核心竞争力，实现可持续发展。

 案例

绿色制造体系

宝钢股份通过构建覆盖原料、生产、产品全生命周期的绿色制造体系，实现吨钢综合能耗下降12%、碳排放强度降低18%。其核心举措包括：采用氢基竖炉直接还原铁技术替代传统高炉炼铁，年减排二氧化碳超过60万吨；在生产环节部署智能能源管理系统，实时优化轧钢、烧结等工序能耗，并利用余热发电自给率达35%；在产品端推出"绿钢"认证体系，通过区块链技术追溯钢材生产全流程碳足迹，其汽车板产品已应用于特斯拉、宝马等新能源汽车品牌，推动供应链绿色协同发展。此外，宝钢还与高校合作开发废钢-电炉短流程工艺，计划2030年将废钢使用比例提升至30%，并建成行业首个"零碳示范工厂"。这一体系使宝钢成为全球钢铁行业首家通过SBTi（科学碳目标倡议）1.5℃路径认证的企业，其经验已被纳入中国钢铁工业协会的《钢铁行业碳中和愿景和低碳技术路线图》，为传统重工业绿色转型提供了系统性解决方案。

分析： 宝钢绿色制造体系以全生命周期管理为核心，通过氢基炼铁、智能控能、废钢循环等技术创新，实现能耗与碳排放双降，并借助区块链溯源与供应链协同推动产业绿色升级，其系统性经验为重工业低碳转型提供了可复制的标杆路径。

3.1.3　实践任务：低碳工业概念认知与特征调研

1. 任务背景

在全球应对气候变化的背景下，低碳工业已成为推动经济绿色转型的关键领域。通过实践调研，学生可深入理解低碳工业的核心概念与典型特征，为未来参与绿色产业创新奠定基础。

2. 任务目标

（1）理解低碳工业的定义、内涵及其与传统工业的区别。

（2）总结低碳工业的典型特征，并结合案例分析其应用场景。

（3）提出推动本地工业低碳化发展的初步建议。

3. 任务步骤

（1）查阅教材、学术论文或政府报告。

（2）调研本地工业企业（如化工厂、机械制造厂）、工业园区管委会或环保部门。

（3）针对本地工业现状，提出 1~2 条低碳化改进建议（如推广分布式光伏、建立工业固废交易平台）。

3.2　工业碳排放测算

工业碳排放测算意义重大，关乎气候变化应对与工业可持续发展。其涵盖多种方法，如基于能源消耗、生产过程及投入产出分析等。测算需多渠道收集数据并处理，结果可用于政策制定、企业决策、投资判断及公众监督，以助力节能减排与绿色发展。

3.2.1　工业碳排放测算概述

工业碳排放测算对于全球应对气候变化、制定减排政策以及推动工业可持续发展具有至关重要的意义。

1. 工业碳排放测算的时代背景

当今世界，全球气候变暖已成为人类面临的重大挑战之一。极端气候事件频繁发生，如暴雨、干旱、飓风等，给人类生命财产安全、生态环境和社会经济发展带来了巨大威胁。工业作为碳排放的主要来源之一，其碳排放量在全球碳排放总量中占据相当大的比例。因此，准确测算工业碳排放是应对全球气候危机的必然要求，只有全面了解工业碳排放的现状和趋势，才能制定出科学有效的减排策略，从而减缓气候变暖的速度。

可持续发展强调经济、社会和环境的协调发展。工业碳排放测算为工业的可持续发展提供了关键支撑。通过对工业碳排放的测算，可以评估工业生产对环境的影响，引导工业企业优化生产流程、采用清洁能源和节能技术，降低能源消耗和碳排放强度，实现工业的绿色转型。这不仅有助于保护生态环境，还能提高工业企业的资源利用效率和市场竞争力，促进经济的可持续发展。

在全球应对气候变化的进程中，各国都承担着相应的责任和义务。工业碳排放测算为各国履行国际责任提供了数据依据。同时，国际间的碳排放交易、技术合作等也需要准确的碳排放数据作为支撑。通过工业碳排放测算，各国可以了解自身的碳排放情况，与其他国家开

展公平、有效的合作，共同应对全球气候变化的挑战。

2. 工业碳排放测算的范畴

工业碳排放是指在工业生产过程中，由于化石燃料的燃烧、工业化学反应、废弃物处理等活动所产生的二氧化碳等温室气体的排放。这些温室气体的排放会增强大气层的温室效应，导致全球气候变暖。工业碳排放不仅包括直接排放，即工业企业在生产现场直接产生的碳排放，还包括间接排放，如工业企业外购电力、热力等能源所隐含的碳排放。

（1）工业碳排放测算的范畴涵盖了工业生产的各个环节和领域。从行业角度来看，包括制造业、采矿业、电力、热力、燃气及水生产和供应业等。从生产流程来看，包括原材料开采、加工、产品制造、包装、运输、销售以及废弃物处理等全过程。在测算过程中，还需要明确哪些环节和活动产生的碳排放应纳入测算范围，以确保测算结果的准确性和全面性。

（2）在工业碳排放测算中，涉及一些相关的术语，如碳排放因子、能源消耗量、活动水平等。碳排放因子是指单位能源消耗或单位活动所产生的碳排放量，它是计算碳排放量的重要参数。能源消耗量是指工业企业在生产过程中消耗的各种能源的数量，如煤炭、石油、天然气、电力等。活动水平是指与碳排放相关的生产活动的规模或强度，如产品产量、原材料消耗量等。准确理解这些术语的含义和计算方法，对于正确且合理地进行工业碳排放测算至关重要。

3. 工业碳排放测算的发展历程

工业碳排放测算的研究可以追溯到几十年前。在早期，由于技术和数据的限制，测算方法相对简单，其主要是基于能源消耗量和一些通用的碳排放因子进行估算。这一阶段的测算结果精度较低，但为后续的研究和实践奠定了基础。随着人们对气候变化问题的关注度不断提高，工业碳排放测算逐渐受到重视，对其研究和实践不断深入。

近年来，工业碳排放测算取得了显著的发展成果。在测算方法上，不断涌现出更加精确和细致的方法，如基于生产过程的测算方法、基于投入产出分析的测算方法等。这些方法能够更加准确地反映工业企业的实际碳排放情况。在数据收集和处理方面，建立了更加完善的数据采集体系和信息管理系统，提高了数据的准确性和及时性。同时，国际组织和各国政府也制定了一系列相关的标准和规范，为工业碳排放测算提供了统一的指导。

尽管工业碳排放测算取得了一定的进展，但目前仍面临着一些挑战。一方面，工业生产过程复杂多样，不同行业、不同企业的生产工艺和能源结构差异较大，导致碳排放测算的难度较大；另一方面，数据的质量和可得性仍然存在问题，部分企业缺乏完善的能源计量和数据统计体系，导致数据缺失、不准确等情况时有发生。此外，碳排放测算的动态性和不确定性也给测算工作带来了一定的困难。

3.2.2 工业碳排放测算方法

工业碳排放测算方法多种多样，常见的有：基于能源消耗的，依能源量与碳排放因子计算；基于生产过程的，需深入各环节分析；还有基于投入产出分析的，需从产业关联考量。不同方法各有优劣，需结合测算目的、数据条件等合理选用。

1. 基于能源消耗的测算方法

（1）方法原理与适用范围。就是看企业生产使用了何种能源、用量多少，再结合每种能源的碳排放情况，计算出总碳排放。例如，钢铁、水泥、化工这些主要用化石燃料的企业，采用这种方法很合适，因为其能源消耗量大且种类相对较少，只需统计能源用量就能方便地估算出碳排放。

（2）能源种类和碳排放情况。工业使用的能源有煤炭、石油、天然气、电力、热力等。不同能源碳排放不一样。例如，煤炭中的无烟煤、烟煤、褐煤的碳排放因子就不同；石油的碳排放和原油品质、加工方式有关；天然气碳排放相对低，但也要看具体成分；电力和热力的碳排放取决于生产方式，燃煤发电或供热碳排放高，而用太阳能、风能、水能发电或供热则碳排放接近于零。国家或国际组织（如《中国能源统计年鉴》、IPCC 相关指南）会发布准确的碳排放因子数据。

（3）数据收集与计算步骤。企业要确立能源计量体系，准确记录能源用量。煤炭、石油、天然气等一次性能源，可用管道或储存设施上的计量设备实时监测；电力、热力等二次能源，可从供电和供热企业账单获取数据。收集数据后，先把不同能源用量统一成标准煤单位（如果需要），然后根据碳排放因子计算出每种能源的碳排放，最后把各种能源的碳排放加起来，就是企业总碳排放。

（4）方法的优、缺点分析。优点是操作简单，数据易收集，适合大规模碳排放统计和初步评估。缺点是无法反映生产工艺变化和技术改进对碳排放的影响，而且忽略了外购原材料和产品生产过程中的间接碳排放，结果可能不够全面、准确。

2. 基于生产过程的测算方法

（1）方法原理与核心要点。要深入企业生产环节，分析每个环节的化学反应、物理变化和能源消耗，找出碳排放的来源和数量。核心是要了解生产工艺流程，确定关键排放环节，建立碳排放计算模型。

（2）关键环节识别与数据需求。识别关键排放环节要全面研究生产工艺，分析每个环节的能源消耗、原料投入和化学反应。例如，钢铁生产，炼铁、炼钢、轧钢是主要碳排放环节，炼铁时焦炭燃烧和铁矿石还原会释放二氧化碳，炼钢时氧气转炉吹炼和电炉炼钢也会消耗能源并产生碳排放。每个关键环节要收集原料投入量（如铁矿石、焦炭、石灰石等）、产品产量、能源消耗量（如电力、煤炭、天然气等）以及化学反应相关参数（如反应温度、压力、反应物浓度等）。

（3）计算模型构建与应用。构建计算模型是核心步骤，根据关键环节的化学反应和物理变化建立数学模型计算碳排放。例如，石灰石分解反应，根据化学反应方程式和原料投入量计算出二氧化碳理论排放量，再考虑实际生产因素（如反应不完全、能源利用效率等）修正理论排放量。实际应用中，可以用专业碳排放计算软件或自己开发模型，把收集的数据输入模型，就能得到每个关键环节的碳排放，进而计算出企业总碳排放。

（4）方法的优、缺点分析。优点是能准确反映企业实际碳排放，考虑了生产工艺和技术的影响，适合企业内部节能减排评估和碳排放核查。缺点是需要深入了解生产工艺，数据收集困难，需要投入大量人力物力，而且不同企业其生产工艺和技术水平不同，计算模型通用性差，需要根据具体情况调整优化。

3. 基于投入产出分析的测算方法

（1）方法原理与理论基础。从宏观层面研究工业碳排放，用投入产出表分析不同产业之间的经济和能源消耗关系，计算出工业部门或特定产业的碳排放。投入产出表反映了各产业部门之间的投入和产出关系，包括中间投入、最终产品、增加值等。该方法认为，一个产业的碳排放不仅取决于自身生产活动，还受其他产业影响。例如，制造业生产要消耗原材料和能源，这些原材料和能源生产过程也会产生碳排放，投入产出分析能把这些间接碳排放也计算进去。

（2）投入产出表的编制与获取。编制投入产出表很复杂，要收集大量经济和能源数据，通常由国家统计局或相关政府部门负责编制和发布。投入产出表有价值型和实物型两种，价值型以货币为单位，反映产业部门之间的价值流转；实物型以实物单位（如 t、kW·h 等）为单位，反映产业部门之间的实物投入和产出。计算工业碳排放时，应根据需要选择合适的投入产出表，也可以根据实际情况调整更新，提高测算准确性。

（3）方法的优、缺点分析。优点是能全面考虑产业之间的碳排放传递关系，从宏观层面反映工业碳排放整体情况，适合区域或行业碳排放分析和政策制定，能为政府制定减排政策、优化产业结构提供科学依据。缺点是投入产出表编制周期长，数据更新不及时，测算结果可能和实际情况存在偏差，而且对数据要求高，需要准确的投入产出数据和碳排放数据，数据获取和处理难度大。

4. 不同测算方法的比较与选择

（1）方法比较维度。可从准确性、适用范围、数据需求比较工业碳排放测算方法。准确性上，按生产过程测算最准，它能精准反映企业实际碳排放；按能源消耗测算相对低，但操作简便。适用范围上，按能源消耗测算适合多数工业企业，尤其是以化石燃料为主的企业；按投入产出分析测算适合区域或行业分析；按生产过程测算适合对精度要求较高的企业。数据需求上，三者分别需能源消耗、详细工艺与能耗、投入产出表及相关碳排放数据。

（2）方法选择依据。选择合适的方法要根据具体应用场景和需求综合考虑。如果是大规模碳排放统计和初步评估，应选择按能源消耗测算的方法，因为它操作简单、数据易收集。如果是企业内部节能减排评估和碳排放核查，对碳排放精度要求高，应选择按生产过程测算的方法。如果是区域或行业碳排放分析和政策制定，要全面考虑产业之间的碳排放传递关系，应选择按投入产出分析测算的方法。还要考虑数据可得性、成本效益等因素，选择最适合的方法。

（3）方法的综合应用。实际应用中，可以把不同方法综合起来运用，以发挥各自优势。例如，先按能源消耗测算的方法对企业碳排放进行初步估算，再针对重点排放环节，用按生产过程测算的方法详细计算，以提高测算准确性。进行区域或行业碳排放分析时，结合按投入产出分析测算的方法和按能源消耗测算的方法，从宏观和微观两个层面分析，为政策制定提供更全面的依据。

 案例

工业企业碳排放报告

某跨国化工企业通过建立精细化碳排放报告体系，实现从原料采购到产品交付的全链条碳足迹追踪。其报告涵盖直接排放（如生产过程化石燃料燃烧）、间接排放（外购电力、蒸汽）及供应链排放（上游原料运输），并采用 ISO 14064 标准量化数据。基于报告分析，企业发现蒸汽供应环节碳排放占比达 35%，随即投资建设余热回收系统，将蒸汽能耗降低 28%；针对产品端，推出"碳标签"计划，通过报告数据优化工艺，使某塑料产品单位碳排放下降 22%，并获得欧盟碳关税（CBAM）豁免资格。此外，报告结果被纳入管理层 KPI 考核，推动研发部门开发低碳催化剂，使核心产品生产能耗降低 15%。

分析： 该案例表明，系统化碳排放报告可精准定位减排靶点，驱动技术革新与供应链协同，助力企业规避碳壁垒并提升市场竞争力。

3.2.3　实践任务：工业碳排放测算与分析实践

1. 任务背景

工业碳排放是全球气候变化的主要驱动因素之一。通过掌握工业碳排放测算方法，学生可理解企业碳足迹的量化逻辑，为未来参与低碳经济、环境管理或政策研究积累实操经验。

2. 任务目标

（1）学习工业碳排放测算的基本概念和方法。

（2）完成某工业企业的碳排放测算，并分析其减排潜力。

（3）提出基于测算结果的低碳改进建议，助力企业绿色转型。

3. 任务步骤

（1）选择某工业行业（如水泥厂、钢铁厂）作为测算对象，确定测算边界（如仅测算直接排放或包含间接排放）。

（2）提出短期（如优化能源效率）、中期（如部分替代化石能源）、长期（如全流程电气化）的减排策略。

（3）模拟企业碳管理咨询会议，学生扮演咨询师角色，向"企业代表"汇报测算结果与建议。

3.3　我国工业低碳化发展的路径与对策

我国工业低碳化发展路径：优化产业结构，淘汰高耗能落后产能，推动绿色新兴产业发展；强化技术创新，研发低碳技术；推广清洁能源应用。对策方面，完善政策法规，加强监管，建立激励机制，引导企业主动减排，实现工业绿色可持续发展。

3.3.1　我国工业低碳化发展的路径

工业领域是我国高耗能"重镇"之一，其中能源工业、冶金工业与制造业能耗尤为突出。大力推进这三大工业领域的节能减排及绿色低碳发展，对建设资源节约、环境友好型社会，实现可持续、科学、绿色、低碳发展意义重大。

1. 能源工业绿色低碳发展路径

1）推进能源工业结构调整的必要性

我国能源资源有限，但工业化和城镇化快速发展，使能源需求不断增长。所以，推进能源工业结构调整迫在眉睫。这样做既能提高传统能源利用效率、减少污染，又能开发新能源，保障能源安全，推动经济社会的可持续发展。

（1）提高煤炭工业发展质量。未来很长一段时间，煤炭仍是我国能源的主要来源，如图 3-4 所示。我们要发挥国内煤炭资源优势，推进煤炭高层次开发与利用，发展现代煤化工产业，特别是高效低能耗的煤气化技术。结合我国优质煤炭和国际先进技术，既能减排，又能推动工业化和经济发展。

图 3-4　煤炭矿山

（2）提高能源工业科技水平。我国能源科技在多个领域取得了丰硕成果，但与世界先进国家相比仍存在差距。提高能源科技水平是解决能源问题的根源。要贯彻"自主创新"方针，构建产学研融合的创新体系，优先发展适用技术，加强前沿研发，推动清洁能源技术的发展。

（3）大力开发新能源和可再生能源。新能源和可再生能源环保、清洁，是传统能源的理想替代品。要积极发展水能、风能、太阳能等可再生能源，提高其占比。在保护生态环境的前提下，发展水电、风电、核电、太阳能等清洁能源，改善能源结构，降低碳排放。

（4）重视开发利用国际能源资源。未来一段时间，我国对能源尤其是油气资源的需求将持续增长。利用国际石油资源，是我国优化能源结构、保障能源安全的现实路径。要树立分享国际油气能源的战略思维，加大国际资源利用力度，实现能源供应多元化，确保能源供应稳定、安全。

2）加强能源工业节能减排

能源工业是对能源资源开发、加工、利用的部门。我国是能源生产与消费大国，但煤炭和石油化工行业高耗能、污染重。当前电力工业发展迅猛，火电成为最大二氧化碳排放源。因此，能源工业成为节能降耗和减排的重点。

（1）制定和完善相关政策法规标准及价格机制。

①完善商品质量与定价规范。制定商品煤质量规范，鼓励选用洗选精煤，限制高硫高灰原煤。完善定价机制，提高质量级差价。

②优化污染排放收费标准。提高炉渣、大气污染物收费标准，规范酸雨区及大中城市煤炭含硫量上限。通过电价政策反映能源环境成本。

③政府干预激励节能减排。运用经济、法律、行政手段调控，给予经济激励，通过税收优惠降低研发成本。

④强化市场准入与统计监测。提高"两高"行业门槛，加强项目节能评估审查，健全节能减排计量等制度。

（2）依靠科技进步，实现技术节能减排。加强节能降耗技术改造，落实工业转型升级、节能、清洁生产与综合利用规划。推广重点节水技术、工艺和装备。优化生产系统，采用高新实用技术及节能高效设备，加快更新改造。

（3）加强循环经济理念，推进节能减排工作。

①设计阶段：严格按节能减排标准设计，确保清洁生产。

②生产环节：减少中转、无效运输和工序，采用高效节能设备并严格现场管理。

③资源综合利用：加强煤矸石、石油化石、电煤等资源及废弃物的综合利用，实现节能、节地、降本、环保清洁的多重目标。

（4）加强政府、企业、行业组织之间的合作。

节能减排需要政府、企业、行业组织协同合作。政府需强化监督，完善政策；企业要增强环保意识，依法经营；行业协会应完善行业自律机制。三者需携手共同推进，逐步构建节能减排的良性循环格局。

3）加快绿色低碳能源工业科技创新与信息化发展

能源工业是技术密集型产业，科技创新是核心。我国能源科技水平显著提升，但自主创新基础仍较薄弱。为推动能源工业的发展，需从以下几方面着手。

（1）构建能源科技"四位一体"创新体系。构建技术研究、技术装备、示范工程、技术创新平台"四位一体"的国家能源科技创新体系，推动能源科技的发展。

（2）推进能源装备技术研发。完善工作机制，理顺技术研发、装备研发和示范工程之间的关系。发挥企业在自主创新中的主体作用，推动重大科技成果和技术装备的自主化与产业化。

（3）强化技术创新和发展。我国以煤炭为主的能源结构短期内还难以改变，高碳能源、低碳发展是必经之路。重点发展煤炭能源清洁高效利用技术，包括煤炭开采、利用前的预处理、环境控制、新型燃烧、先进发电、清洁转换、煤基多联产以及煤系废弃物处理利用等技术。

（4）促进信息化与工业化融合。运用电子计算机、互联网等高科技手段，与传统生产、销售、管理方式相结合，实现经济、资源、能源的合理利用，发展低碳经济。

4）加强能源工业管理能力建设

当前，我国能源企业管理失调主要源于经济增长依赖固定资产投资扩张、企业科技创新能力不足、供需决定的能源价格机制还未形成。加强能源工业管理能力的主要途径如下。

（1）强化信息化管理。实施管理信息系统，优化企业业务流程，提高运作效率，实现实时动态管理，促进企业节能、节材。

（2）提升科技创新能力管理。科学技术是第一生产力，先进技术是提高企业运作水平的关键。能源行业应加强科技创新，加大科技投入。

（3）优化能源价格机制管理。我国电煤价格居高不下，火电企业全面亏损，影响火电发展，而电力行业垄断导致煤电价格居高不下、售电价格低于成本价。为扭转局面，需均衡电煤价格和上网电价：一是政府限定电煤最高价；二是探索电厂上网电价竞价市场化机制；三是允许民间资本进入发电行业，进行股份制改造，但需考虑民间股东利益，避免影响上网电价和企业经济效益。

（4）推行合同能源管理模式。合同能源管理是一种以减少能源费用支付节能项目成本的节能投资方式，对发展节能服务产业、培育新兴产业、形成经济增长点具有重要意义。

2. 冶金工业绿色低碳发展路径

1）调整冶金工业结构

冶金工业很重要，如图 3-5 所示，如建筑、交通等领域都离不开它。但它也存在自身问题，如资源消耗大、污染严重。为了使冶金工业更好地发展，需要调整其产业结构，具体办法有以下几个。

图 3-5　冶金工业

（1）淘汰落后产能。"十四五"期间是淘汰落后产能的关键时期。要严格按照相关政策，用法律、经济和行政手段，把落后的钢铁、有色金属生产能力和产品都淘汰掉，解决行业中积累的结构问题。

（2）升级工艺装备。工艺装备的好坏，会影响产品质量、资源消耗和污染物排放。我国冶金装备虽然取得了一定的进步，但与国际先进水平相比还有不小的差距，如设备简陋、工艺落后、效率低。所以，要加快升级装备，淘汰落后技术，采用新工艺、新设备，让生产更高效、清洁。具体就是用高新技术改造现有装备，新建生产线要达到国际先进水平，提高信息化控制水平，提升产品质量和劳动生产率。

（3）节约能源。为了节约能源、保护环境，需要加强能源管理。例如，推广节能技术，限制高耗能高污染行业和产品，淘汰落后工艺和产品；建立健全节能规章制度，落实责任制，完善激励机制；在新建和现有的生产装备中配套建设节能减排设施，回收利用二次能源和废弃物，实现生产过程的循环利用，争取冶金生产零排放。

（4）提高创新能力。冶金工业要可持续发展，自主创新很重要。要建立以企业为核心、市场为导向、产学研结合的技术创新体系，让企业成为创新主体，引导创新要素向企业聚集。要集中精力研发关键技术和核心技术，提升科技水平和市场竞争力，推动产业转型升级。

2）加强冶金工业节能减排

冶金工业包括黑色冶金（钢铁工业）和有色冶金工业。钢铁工业是能耗和污染大户，有色冶金工业也是资源密集型和耗能大户。目前，我国冶金工业节能减排主要依靠结构、技术和管理，技术节能最关键。大型企业采用了很多节能技术，但应用体系仍不完善；中小型企业节能技术普及率低，浪费多、污染严重。为了实现绿色低碳发展，需要采取以下措施。

（1）调整产业结构。按照国务院意见，分析产业结构，引导企业资产重组，实现产业整合和资源综合利用。严格执行落后产能淘汰标准，推动优势企业兼并重组，解决企业"小而散"的问题。

（2）推动技术进步与创新。我国中小钢铁企业规模小，工艺装备和环保设施落后，整体水平低。要完善节能环保设施，推广先进节能减排技术，实施示范项目，推动产品更新换代。同时，推进原材料工业技术改造，研发关键技术，用先进技术改造传统产业。

（3）促进资源循环利用。冶金废渣等综合利用很重要。钢铁工业要继续推广干熄焦等技术，探索固体废物利用途径，推进废钢铁资源高效利用。有色金属再生利用方面，要促进有价元素回收，建立利用体系，以降低污染。还要提高工业用水循环率，构建循环经济模式。

（4）加强人才队伍与管理。冶金企业要重视人才，引进和培养管理、科技人才，健全能源管理机构，强化节能管理体系与制度建设。要开展节能减排工作，接受审计审核。建立能源管理负责人制度，完善内部管理制度，开展能源审计并挂钩奖惩。还要引导改善物流管理，提高物流效率。

3）加快绿色低碳冶金工业科技创新与信息化发展

冶金工业涵盖黑色冶金（铁、铬、锰冶金）与有色冶金（除铁、铬、锰外 64 种有色金属，含轻、重、贵有色金属及半金属、稀有金属）。科技进步与创新是企业发展的关键，信息化推动着冶金工业的进步，完善绿色低碳科技创新体制与信息化建设很重要。

（1）把握循环经济重要性。增强自觉性与责任感，理清思路，依靠科技节能降耗、清洁生产，推广先进工艺，建设节水、节能、环保项目，实现水、气、风、热等资源闭路循环与重复利用，从末端治理转为全过程控制。

（2）加强科技组织与投入。企业技术中心是技术创新体系中的重要组成部分，要为产品更新换代和技术升级提供支撑，建立多元化科技投融资机制，加强资金管理，提高科技进步贡献率。

（3）发挥科技人员创造性。树立人才资源观念，加强科技创新文化建设，营造创新氛围，建立人才评价等机制推动行业创新进步。

（4）推动科技自主创新。搭建学术交流平台，发挥其在自主创新中的作用，建立活动机制，活跃思想、激励创新。

（5）加强国际交流合作。深入了解国际钢铁工业趋势，研究冶金科技进步方向，学习先进经验，掌握技术经济指标指导国内科技进步。

（6）改造冶金工业步伐。主要设备和生产线实现基础自动化与过程自动化，提高智能型控制技术应用普及率，实施 ERP 和产销管理系统，优化企业资源配置。

4）加强绿色低碳冶金工业管理能力建设

冶金工业能源和矿产资源消耗大，节能任务艰巨。为了加强管理能力建设，可从以下方面着手。

（1）强化企业信息化管理。完整的冶金企业信息系统包括能源管理、生产调度等系统。能源管理系统可以收集能耗数据，为决策提供依据，帮助企业了解能耗状况。生产调度系统是生产制造企业的核心，能提高生产效率，减少资源浪费。

（2）加快技术革新管理。我国钢铁产业技术装备在升级，但能源利用水平和国外先进企业还有差距。要依靠先进冶炼技术与工艺，如干熄焦技术、炼焦配煤优化、烧结烟气余热发电等，以提高能源利用水平。

（3）优化产品结构管理。冶金企业产品有高附加值和低附加值之分。我国高耗能、低附加值产品占比大，出口多为初级产品，高端产品少。而且铁矿石依赖进口，资源和能源压力大。所以，节能要把技术进步和调整产品结构结合起来。

（4）合理调整企业产能。冶金企业产能要根据市场需求调节。近年来钢铁行业产量过剩，价格下跌，企业损失大，还加剧了空气污染和碳排放。要严格审批程序，关闭小钢铁厂和未达环评标准的钢铁厂，以减少钢铁产量。

3. 制造业绿色低碳发展路径

1）推进制造业结构调整

当前，我国制造业以高投入、高能耗、高污染的能源和劳动密集型为主，呈粗放发展模式，既付出沉重的环境与能源代价，又加大环境与资源约束，影响可持续发展。绿色低碳经济契合制造业结构调整需求，推进其调整是建设绿色低碳社会、转变经济发展方式的必然选择。

（1）聚焦资本技术密集型制造业优先发展。

在制造业发展进程中，应优先发展技术密集型制造业。这需要充分释放技术创新的能量，快速提升制造业的研发水准，助力制造业驶入发展的快车道。同时，优先发展资本密集型制造业也至关重要，要善用金融市场，发挥跨国公司与政府的桥梁作用，吸纳当下充裕的国际资源，大胆"走出去"，开拓全新的国际市场，推动制造业快速发展。对于劳动密集型制造业，需提升有较强竞争力部分的占比，将"廉价劳动力"密集模式转变为"高素质"劳动力密集模式。

（2）推动制造业向高端环节迈进。

要引导企业生产体系向研发设计与销售服务两端延伸。一方面，加大企业技术改造力度，为产业升级筑牢基础；另一方面，积极推进企业技术创新，推广先进适用的工艺技术，提升工业产品品质与生产效率。此外，着力打造产业链优势，培育龙头企业和具有竞争优势的产品群，强化对龙头项目和产业链缺失环节的引进与招商，培育具备完整配套能力的产业链。

（3）促进制造业融合转型升级。

制造业应与信息化、产业链深度融合，实现转型升级。推动制造业与信息化深度融合，借助信息技术改造提升制造业，以信息化全面提升制造业水平。推动制造业与边界产业深度融合，把握传统制造业新特点与需求，创造新产品、开拓新市场，提升品牌价值与附加值，实现跨产业转型升级。推动制造业与生产性服务业深度融合，以生产性服务业推动制造业结构升级。

（4）推进制造业集群集聚发展。

首先，加大兼并重组力度，支持钢铁、汽车等行业龙头企业兼并落后企业，推动上下游、产供销及国际间联合重组，提高产业集中度与资源配置效率。其次，加快淘汰落后产能，依法关闭破坏资源、污染环境及不具备安全生产条件的企业，严格市场准入，压缩高消耗、高污染产能，严控"两高"行业低水平重复建设，防止产能过剩行业盲目扩张。最后，依托产业集群、工业园区和重点骨干企业，发展行业性生产与供应基地，培育国内领先的制造中心，促使中、小企业围绕龙头企业协作配套，拉长产业链，实现关联企业在空间、生产、技术与资源上的协同共享，促进产业集群健康发展。

（5）加强低碳技术研发。

政府应制定政策，推动制造业企业降低碳排放，发挥企业作为技术创新与使用主体的作用，与企业共同加大低碳技术研发经费投入，加快低碳技术创新与突破。同时，加大高层次创新型人才引进与培养力度，建立健全长效机制，鼓励企业引进掌握低碳技术、有持续研发能力的高层次人才。

（6）加大节能减排力度。

加大节能减排力度是促进制造业结构调整与发展低碳经济的直接举措。进一步扶持生态型、节能型先进制造业优先发展，推广节能技改项目，开展重点用能企业能源利用效率评估分析，严格限制并淘汰环境资源依赖程度大、生产工艺落后的产业。加大对节能技术研发与产业化的支持：重点推广节能技术产品在企业的应用，鼓励企业吸收推广关键节能减排技术；加强对纺织等传统制造业减排专项整治，促进产业升级；推广清洁生产方式，发展循环经济。

（7）强化现代服务业支撑。

坚持先进制造业与现代服务业并重，通过服务业发展促进制造业优化升级。大力发展现代物流、金融保险等生产服务业，为制造业提供配套服务。加快现代物流基地建设，依托沿江港口等，发展综合与专业物流中心及配送分拨中心，促进批发交易与物流配送一体化，发展第三方和第四方物流，培育大型物流企业，创新服务模式，搭建信息平台，拉长物流供应链，降低物流成本。积极发展专业性技术服务业、电子商务和特色专业市场等。

2）加强制造业节能减排

我国作为制造大国，经济持续增长使能源需求急剧攀升，能源供给趋紧，温室气体排放总量快速增长，且能源利用效率偏低。节约能源、提高能效、减少温室气体排放，是我国经济可持续发展的必然要求。在能源消费结构中，工业是消费主力，约占能源消费总量的7%，而制造业能源消费占工业能源消费量的80%左右，是节能减排的关键领域。

（1）推进制造业结构优化升级。

相较于第一、第三产业，第二产业中的制造业能耗高，内部各行业能耗差异大。我国制造业存在产品结构单一、市场面窄、资源利用不充分等问题，与国外相比存在差距，未形成规模化发展。产业结构单调使资源综合利用水平低，企业因诸多限制不愿延伸产业链，导致资源利用效率低。产业结构优化升级能推动资源有效利用，是发展可持续经济、提高能源利用效率、实现"十四五"节能目标的关键。要抓住结构调整主线，推动产业和行业结构升级。

（2）加快淘汰落后生产能力，完善退出机制。

加快淘汰落后生产能力是节能减排、应对气候变化、走新型工业化道路的迫切需要。对落后产能企业实行差别电价，坚决关闭"五小"企业。"十三五"期间淘汰落后产能工作取得了一定成效，但"五小"企业比例仍居高不下。需发挥市场作用，综合运用多种手段，建立健全淘汰落后产能长效机制，确保完成目标。以电力、煤炭等行业为重点，依文件要求按期淘汰落后产能。对未完成任务地区，加大执法处罚力度，控制投资项目，实行"区域

限批"制度。各地区可根据实际情况，制订更高标准的淘汰目标。

（3）依靠科学技术推进节能减排。

"十三五"期间，"绿色制造关键技术与装备"项目推动了制造业节能减排技术的发展。"十四五"期间，制造业节能减排面临更大压力，在资源与环境约束下，提高资源利用率、降低能耗、削减排放是必然选择。高效率、少污染排放的产品和清洁制造工艺将成为重点发展领域，产品绿色设计和全生命周期评价体系将广泛应用，无废料加工和回收再制造技术将普及。此外，应加快产学研步伐，提高自主创新能力，发挥国家科技重大专项引领作用，突破关键共性技术，加强成果转化。

（4）健全节能减排统计、监测和考核体系。

制造业涵盖近30个行业，不同行业能源消费水平、环境影响程度及节能减排目标的任务也不同。要根据循环经济发展理念设定行业指标，体现行业优胜劣汰和国家产业政策导向。指标量级标准要体现先进性并兼顾企业历史水平，循序渐进；划分时段要贯彻均衡原则；评价考核要实施纵向评估和横向考核，制定同类考核标准，发挥标杆作用；下达方式建议采用"5年滚动、年度修正"法，兼顾总量不变与实际情况。

3）加快绿色低碳制造业科技创新与信息化发展

自改革开放以来，中国制造业发展迅猛，成为国民经济中增速最快的产业。然而，其自主创新能力较弱，传统制造业高增长带来资源过度占用、供给匮乏及拥挤效应，且因技术水平与产业层次低，污染物排放造成污染与生态失衡。传统制造业发展难以为继，新型制造业需以科技创新为支撑。中国制造业要走"新型制造业"道路，在世界制造价值链中占据高端、在分工中处于有利地位，就必须重视并依靠科技创新。同时，信息技术的飞速发展为我国制造工业绿色低碳发展提供了新手段。

（1）依托科技创新，推动制造业质变。

制造业要实现质的飞跃，科技创新是关键驱动力。科技创新能够提升能源使用效率、降低排放、提高效益。国内外实践表明，科技创新可有效提高生产与能源利用效率，减少生产环节的污染物排放，助力绿色低碳发展目标的实现。绿色低碳发展将重塑我国产业价值链，使其从资源型产业逐渐向高技术产业，即以低碳为核心的新型绿色产业倾斜。借助科技创新加大科技含量，传统制造业将稳步向"微笑曲线"右端迁移，完成产业转型与转移。

（2）打造多元低碳技术新体系。

发展低碳制造业，其核心在于加大可再生能源及替代新能源等低碳技术的研发投入，降低生产过程中的资源消耗与环境污染。要积极开展节能、再利用、绿色消费和生态恢复等技术的研发，构建与循环经济、低碳经济和节能减排相关的技术创新联盟，扩大"外溢效应"，逐步形成多元化的低碳技术体系。

（3）加速企业管理信息化进程。

当下，众多企业运用企业管理信息化系统，依托网络和数据库实现了"产、供、销、人、财、物"的现代化管理。在造纸等高耗能、高污染行业，信息化在排放监测方面应用广泛。许多制造企业安装了废水化学需氧量（COD）在线监测装置，既节省人力、物力，降低成本，又能打破时空局限，提升交易效率。

（4）推动装备与产品信息化升级。

装备和产品的信息化是将信息技术（主要是芯片和软件）与传统工业深度融合，赋予装备和产品自动化、数字化、网络化、智能化特征。嵌入式系统市场前景广阔，国内外均处于快速发展阶段，年均增长约 20%。我国高端嵌入式芯片领域虽与国外存在差距，但发展态势良好。嵌入式系统是提升我国装备和产品自主知识产权与技术含量的重要途径。

（5）培育制造服务业信息技术活力。

在全球化竞争的大背景下，制造企业应利用信息网络技术对产品进行远程在线监测，主动发现并解决问题，实现服务网络化。例如，徐工集团通过呼叫中心等举措延伸产品价值链，实现从产品制造向增值服务的转型；陕西鼓风机厂借助现代信息化手段，开发旋转机械远程监测及故障诊断系统，让全球专家在授权范围内精准掌握产品运行状态，预测趋势和客户需求，制定个性化解决方案，为服务板块提供前瞻性信息。

4）强化绿色低碳制造业管理能力建设

技术进步与结构优化是节能降耗的关键。各个行业需加大科技经费投入，加速高端节能技术创新，推动技术更新与生产工艺改造。同时，要加快产品与能源消费结构调整，增加低能耗高附加值产品及清洁能源比例，逐步替代高耗能低附加值产品以及以煤为主的能源模式。此外，应鼓励中低能耗行业利用外商投资，汲取国外先进技术与管理经验提升自身。

（1）深化信息化管理。

ERP（企业资源计划）作为源于制造业的成熟管理方法，通过计算机系统固化，助力企业合理配置资源、优化业务、提升管理水平与竞争力。它不仅是软件系统，更是现代化管理理念，强调业务与 ERP 软件紧密结合，实现数据驱动决策。ERP 追求人、财、物等全面结合与受控，动态协调各环节，以效益最佳、成本最低为目标，是企业的全面管理工具。成功实施 ERP 可带来显著的经济效益、管理标准化及行业竞争力提升，同时减少能源消耗，促进企业革新技术与节能减排。

（2）提升科技创新管理水平。

先进制造技术融合信息技术与现代管理技术，贯穿产品设计至回收全过程，实现优质、高效、低耗、清洁生产。

①自动化技术：从刚性自动化向柔性自动化发展，提高效率、保证质量、降低能耗。大批量生产自动化通过机床改装等实现，小批量生产则依赖 NC、CAM 等技术。未来自动化将更重视人在系统中的作用，减少资源浪费与能源消耗。

②信息化技术：信息成为制造系统的关键要素，企业利用网络技术实现异地生产，减少实体资源浪费。

③柔性化技术：适应市场多变需求，通过系统方案、人员、设备柔性提升，减少人员交替、设备更换等浪费。

（3）优化能源与产品结构。

我国制造业能源以煤炭为主，应增加风电、水电等清洁能源比例，调整碳排放量。更重要的是调整产品结构，淘汰高耗能低附加值产品。政府与企业应紧密合作，通过税收、财政支持鼓励淘汰落后产品，企业自身则需创新优化产品结构。

（4）积极引进外资与管理经验。

吸引外资与国外管理经验对中国工业化发展至关重要。外资流入可改善生产设备、提升产品科技含量与附加值、降低能耗。西方国家丰富的管理经验，如生产调度、物流规划等，将促进我国制造业健康有序发展，减少资源消耗，提高经济效益。

3.3.2 我国工业低碳化发展的对策

我国工业低碳化发展需多管齐下。政策上，要构建完备低碳政策框架，加大补贴与税收优惠，健全法规监管；技术上，加大低碳技术研发资金投入，促进成果转化应用；产业上，要淘汰落后产能，培育低碳新兴产业；能源上，要降低煤炭消费，加大清洁能源开发；企业要强化低碳管理、培育低碳文化；国际上，要积极参与合作项目，推动低碳产品出口，以实现工业低碳转型。

1. 政策引导与法规保障

政府应构建全面且系统的工业低碳化政策框架，涵盖产业规划、财政补贴、税收优惠等多个维度。例如，制定针对高耗能行业低碳转型的专项产业规划，明确各阶段发展目标与重点任务；对采用低碳技术和工艺的企业给予财政补贴，降低其转型成本；实施税收优惠政策，如减免低碳产品的增值税、企业所得税等，激励企业积极投身低碳发展。

建立健全工业低碳化相关法律法规，明确企业碳排放标准与违规处罚措施。加强对企业碳排放的监测与监管力度，利用先进的监测技术和设备，实时掌握企业碳排放数据。对超标排放企业要依法严惩，提高其违法成本，促使其主动采取节能减排措施。

2. 技术创新与研发推动

政府和企业应共同加大对低碳技术研发的资金投入，设立专项研发基金，支持高校、科研机构与企业开展产学研合作。重点研发可再生能源利用技术、高效节能技术、碳捕获与封存技术等关键低碳技术。例如，鼓励科研机构研发新型太阳能电池技术，提高太阳能的转化效率；支持企业开展工业余热回收利用技术研发，降低能源消耗。

建立完善的技术成果转化机制，搭建技术交易平台，促进低碳技术成果的快速转化与应用。加强对企业技术改造的引导和支持，鼓励企业引进和应用先进的低碳技术和设备。例如，政府可以通过补贴、贴息等方式，支持企业进行节能设备更新和技术改造，提高企业的能源利用效率和低碳生产水平。

3. 产业结构调整与优化

制定严格的落后产能淘汰标准，加大对高耗能、高污染、低效益企业的淘汰力度。通过行政手段和市场机制相结合的方式，推动落后产能有序退出市场。例如，对不符合环保要求和能耗标准的企业，依法责令其停产整顿或关闭；通过提高资源价格、加强环境监管等手段，增加落后产能的生产成本，促使其自动退出。

积极培育和发展新能源、新材料、节能环保等低碳新兴产业，将其作为工业经济新的增长点。加大对低碳新兴产业的政策扶持力度，引导社会资本投向低碳新兴产业领域。例如，设立低碳新兴产业发展专项资金，支持企业开展技术研发和项目建设；建设低碳新兴产业园区，完善基础设施和配套服务，吸引企业集聚发展。

4. 能源结构调整与清洁能源利用

逐步减少煤炭在工业能源消费中的比例，通过提高能源利用效率、发展清洁能源等方式，降低对煤炭的依赖。加强对煤炭清洁利用技术的研发和应用，推广煤炭洗选、型煤加工、煤炭气化等技术，以减少煤炭燃烧过程中的污染物排放。

加大对风能、太阳能、水能、生物质能等清洁能源的开发和利用力度，提高清洁能源在工业能源消费中的占比。鼓励企业建设分布式能源系统，实现能源的就地生产、就地消纳。例如，在工业园区建设太阳能光伏发电项目，为企业提供清洁电力；利用工业废水、废气等生物质资源，建设生物质能发电项目。

5. 企业管理与低碳文化建设

企业应建立健全低碳管理体系，将低碳发展纳入企业战略规划。制订明确的碳排放目标和减排计划，加强对企业生产经营全过程的碳排放管理。例如，建立能源管理体系，对企业能源消耗进行实时监测和分析，采取节能措施降低能源消耗；加强供应链管理，要求供应商提供低碳产品和服务。

通过培训、宣传等方式，提高企业员工的低碳意识和责任感，培育企业低碳文化。鼓励员工积极参与企业的低碳实践活动，提出节能减排的合理化建议。例如，开展低碳知识培训活动，提高员工对低碳发展的认识和理解；设立低碳奖励制度，对在节能减排方面表现突出的员工进行表彰和奖励。

6. 国际合作与交流

积极参与国际低碳合作项目，引进国外先进的低碳技术和管理经验。加强与国际组织、跨国企业的合作与交流，共同开展低碳技术研发和应用示范。例如，参与联合国气候变化框架公约下的清洁发展机制（CDM）项目，通过项目合作获取资金和技术支持；与国际知名企业开展技术合作，共同研发低碳产品和解决方案。

加强我国低碳产品的认证和标准体系建设，提高我国低碳产品的质量和竞争力。积极开拓国际低碳产品市场，推动我国低碳产品出口。例如，鼓励企业申请国际环保认证，如欧盟的 CE 认证、美国的 UL 认证等，提高我国低碳产品在国际市场的认可度；组织企业参加国际低碳产品展览会，展示我国低碳产品的优势和特色。

3.3.3　主要工业领域节能减排技术

在当今全球倡导绿色发展、应对气候变化的大背景下，主要工业领域的节能减排技术已成为推动可持续发展、实现环境保护与经济增长双赢的关键因素。工业作为能源消耗和污染物排放的大户，其节能减排成效直接影响着整个社会的生态环境质量和资源利用效率。

1. 能源工业节能减排技术

（1）煤炭节能减排技术。我国在洁净煤技术开发应用、推广等方面取得了显著的进步。主要表现是：煤炭的深加工有了新的进展，煤炭洗选比例呈现逐年提高趋势；工业型煤和水煤浆技术开发和应用已经起步，并且已有示范性项目投入使用；煤炭气化技术比较成熟，煤气已经成为一般城市民用燃料的重要组成部分。洁净煤技术可以最大潜能地实现煤炭的高效、洁净、经济利用的目的。

实施洁净煤技术是中国未来能源的战略选择，它将解决 3 个方面的问题：污染物及温室气体排放量的控制；降低对进口石油的依存度；提高利用效率。洁净煤技术的构成有洁净开采技术、燃前加工与转化技术、燃中处理及集成技术和燃后处理技术。

（2）石油与天然气节能减排技术。技术进步是节能减排的重要保障，石化工业应大力研发与应用节能减排技术，如复合相变换热、高效螺旋折流板式换热、膜分离回收等技术，并在政策引导下采用先进温室气体监测设施保障数据质量，为技术发展提供支撑。天然气节能减排方面，集输系统需注重节能以降低管道运输能耗；液化技术对我国节能减排、生产安全意义重大，其可移动撬装式装置解决了气源分散难以开发的问题；热电联产是合理利用天然气的有效途径，能满足多元能源需求，实现能源梯级利用，减排降耗、降低成本，削减峰谷差与电力峰值，还能增强电力供应安全性。

（3）电力节能减排技术。电力工业是经济社会发展的重要支撑，但规模扩大使其能源消耗与污染排放问题凸显。我国政府高度重视电力节能减排，构建了全方位体系。一方面加强技术创新与推广应用，发展脱硫、二氧化碳减排等技术，推广新工艺、新设备与新材料；另一方面建立技术支持系统，涵盖电力节能减排交易、节能发电调度决策、能耗与污染物排放监督监测及数据分析、排污数据监测与认证、火电厂生产过程优化以及节能减排指标评价及考核等系统，助力电力工业绿色发展。

2. 冶金工业节能减排技术

黑色冶金工业节能减排技术涵盖节能与减排两个方面。在节能技术上，干熄焦技术回收红焦显热，节水节能且改善焦炭质量；焦化煤调湿利用干熄焦发电后的二级蒸汽，提高焦炉生产能力等；高炉炉顶余压发电 TRT 装置回收煤气能量，降噪且环保；高炉与转炉煤气干法除尘技术节省资源、提高效率；蓄热式加热炉技术节能且减少废气排放；能源管理中心实现能源信息集中监控管理；还有低温余热、炉渣显热回收等技术。在减排技术上，改进工艺淘汰落后设备，从源头减少污染；利用高炉渣在水泥生产中的应用，以节能减排；生产高性能钢材节约资源；形成工业生态链推进循环经济；开展二氧化碳分离、储存与再资源化；未来还可探索非碳能源在冶金中的应用。

3. 制造业节能减排技术

（1）纺织空调节能智能化控制系统。在纺织行业，车间空气质量关乎纺织品质量。纺织空调节能智能化控制系统由此诞生，它全面控制、调节和监控空气处理工艺，借助 D-ctrl 6000 System 专家模块，结合现场传感器、变送器及优化算法，精准计算出最优运行数据。通过现场执行系统，适时调节风机、水泵电机及阀门开度、新回风比例，利用室外空气免费调温调湿。该系统能依气象和工艺变化自主控制，满足车间高精度温湿度需求，提升纺织品质量与企业管理水平，减少制冷机运行时间、风机能耗及设备维护费，延长设备寿命、降低成本。在已装变频器的纺织空调基础上，可节能约 30%。

（2）高效、环保纺织印染助剂开发应用技术。在纺织及相关领域，多项技术正推动行业变革。生物酶前处理技术用于退浆等工序，退浆技术成熟可解决废水污染，但煮练技术及设备还有待完善；我国开发多种新型环保助剂，不过与国际水平相比，还存在消耗低、档次低、通用型过剩、自主知识产权助剂少的问题。紫外线技术从生物研究等领域拓展至印染，可改性纤维材料、提高羊毛性能，其固化处理技术环保，新型光源推动了其发展。纳米材料在纺织节能环保中前景良好，纳米催化剂可消除水中污染物。数字化渐进成形技术顺应市场需求，可应用于多领域产品制造，能加工复杂零件，推动相关学科发展，其前景广阔。

（3）少水、高效、环保、节能染色关键技术。在纺织染色领域，多种创新技术不断涌现。冷轧堆染色技术凭借其低温染色以节省能源，通过筛选染料助剂、解决打样难题、完善关键设备装置，推广配套生产技术。湿短蒸染色技术借助计算机精准控制，实现流程短、固色率高，节能且减少化学品消耗与污染。微悬浮体染色技术作为我国原创，上染率高、流程短，能节省染料、减少废水处理量，已应用于多种纤维，未来将拓展应用领域。常压等离子体技术可替代传统工艺，低温等离子体助染技术还能提高染料上染率、降低废水染料量，并起到增深颜色和提高色牢度的作用。

 案例

博西家电的碳中和实践

　　博西家电通过实施覆盖生产、供应链与产品使用的全价值链碳中和路径，成为全球首家实现运营碳中和的大型家电企业。在生产端，其南京、滁州工厂100%使用绿电，并引入人工智能驱动的能源管理系统，使单位产品能耗降低30%；在供应链方面，联合供应商建立"绿色采购标准"，要求关键零部件碳足迹较行业基准减少25%，并推动铝材供应商采用水电铝替代火电铝；在产品端，则推出搭载智能节能算法的冰箱、洗衣机，较传统机型节能40%，并通过"以旧换新"计划回收超200万台旧家电，实现材料循环利用率达95%。此外，博西家电承诺2030年将产品使用阶段碳排放减半，并投资建设行业首个"零碳未来工厂"，集成光伏、储能与氢能技术。其碳中和实践获评联合国全球契约组织"可持续发展目标先锋企业"，为家电行业低碳转型提供了从技术到管理的全链路解决方案。

　　分析：博西家电以全价值链碳中和为路径，通过绿电替代、人工智能控能、绿色采购及智能节能产品等举措，系统性降低生产、供应链与使用端碳排放，并推动材料循环利用，其全链路技术与管理创新为家电行业低碳转型提供了可落地的标杆范式。

3.3.4　实践任务：我国工业低碳化发展路径探索与技术应用

1. 任务背景

　　我国工业领域碳排放占全国总量比例较大，推动工业低碳化是实现"双碳"目标的关键。通过实践任务，学生可系统学习工业低碳化路径、对策及节能减排技术，培养解决实际问题的能力。

2. 任务目标

　　（1）梳理我国工业低碳化发展的核心路径与对策。

　　（2）调研主要工业领域（如钢铁、水泥、化工、电力）的节能减排技术。

3. 任务步骤

　　（1）查阅《中国工业绿色发展报告》或地方政府低碳发展规划，总结3条核心路径与2项具体对策。制作路径与对策的思维导图，标注政策依据（如"十四五"规划相关条款）。

　　（2）针对所选领域，调研至少2项节能减排技术，填写技术清单表格。

　　（3）模拟政府与企业座谈会，学生扮演"低碳咨询团队"，向"企业负责人"汇报方案。

第4章

绿色交通技术

内容指南

> 在碳中和目标驱动下，绿色交通技术正以电动化、氢能化、智能化为核心，重构交通能源结构与出行模式。从新能源汽车的电池革命到智慧交通系统的能效优化，从氢燃料电池重卡的规模化应用到航空业的可持续燃料突破，技术创新正推动交通领域实现从"高碳依赖"到"零碳引领"的跨越，为全球气候治理注入关键动能。

知识重点

- 了解绿色交通的概念与内涵。
- 掌握交通领域的碳排放现状及降碳技术。
- 了解我国绿色交通发展的机遇与行动。

4.1 绿色交通的概念与内涵

绿色交通是交通领域应对气候变化、资源短缺与环境污染挑战的核心战略，其核心目标是通过系统性变革实现交通系统与生态环境的和谐共生。

4.1.1 绿色交通的概念

绿色交通是在充分保障社会经济发展对交通运输需求得以满足的前提下，秉持可持续发展理念，力求以最少的资源消耗、最低程度的环境污染与生态损害，尽可能削减温室气体排放，有效缓解交通拥堵状况，为人员流动与物资运输提供安全、便捷、舒适且公平的服务。

1. 绿色交通的含义

绿色交通可从以下几个方面深入理解。

（1）绿色交通并非全新的交通方式，而是新兴发展理念与实践目标。作为理念，它贯穿交通全生命周期，涵盖交通工具制造、使用、报废，以及交通建设决策、规划、设计、施工、评价与消费等环节，是人们应秉持的新价值观念。此价值观念要求：一是节约资源，优化交通运输用能结构，降低环境污染与生态损害，减少温室气体排放及交通拥堵，使城市交通体系与发展、空间布局相协调；二是建设节能、环保、通畅、安全的交通设施；三是大力发展步行、自行车、公共交通等低污染、低排放交通方式；四是持续开发环保型与智能型机动车辆，淘汰高能耗、高污染车辆；五是强化智慧交通管理技术应用，实现交通供需动态平衡，推动交通环境友好与社会公平。绿色交通作为交通发展目标，旨在充分合理利用资源，借助绿色交通工具与基础设施，构建低成本、高效率、低排放、低污染、景观宜人且以人为本的多种交通方式协同发展系统，最大限度地为人员与物资运输提供优质服务，满足生产生活对交通的需求。

（2）发展绿色交通需贯彻生态文明理念，制定可持续发展战略。绿色交通建设是系统性工程，需将理念融入规划、建设、维护、运输及工具全生命周期，涵盖制度、技术、出行与消费模式等层面。以"绿色低碳化"改造各环节，促进交通与外部系统和谐共生。城市交通应与自然资源、生态承载力适配，履行减排责任，避免以破坏生态为代价满足需求。宏观上实现经济、交通与资源环境协调发展，微观上达成人、车、路协调可持续。具体需匹配机动车出行率与道路资源供给，控制交通污染强度与环境自净能力，协调环境建设与退化速度，降低出行对环境的影响。交通基建应遵循资源能源消耗最小化，减少排放、污染与生态破坏。

（3）绿色交通建设需适配当地人文发展水平，核心是实现人、物有效移动，契合实际。交通发展应满足经济、财政、社会、环境四重标准。在城镇化加速扩张的背景下，人们机动化出行需求增长，交通建设需摒弃高投入、高污染、高排放模式，统筹土地利用与交通发展。城市规划应优化交通布局，优先考虑步行环境，推进自行车友好、公交导向开发，兼顾城市形象与小汽车便利性。各类交通网络需合理构建且相互协调。

（4）发展绿色交通需以人为本，"人"为主体，交通设施为客体，旨在服务于人。绿色交通应降低对人的负面影响，满足出行"量"与"质"（高效、安全、舒适等）需求。其推进需公众广泛参与，树立节制出行观念，选择绿色低碳出行方式。此外，绿色交通还应促进社会公平，兼顾代内与代际公平，保障当代人交通权益，也要为后代留存良好的交通环境。

（5）城市绿色交通的基本功能，不仅在于最大程度地满足城市经济社会发展对交通运输的需求，为城市中的人流与物流提供安全、便捷、舒适且公平的交通服务，还应具备以下3项重要功能。

①实现资源节约与循环利用。通过优化交通布局与运营模式，提高土地利用效率，降低对土地资源的占用；同时，积极推广清洁能源应用，减少化石能源的使用，促进资源的可持续利用。

②最大限度降低环境与生态影响。采取有效措施，减少交通活动对城市环境的污染、对生态系统的损害以及温室气体排放量，守护城市的生态环境质量，为居民创造宜居的生活空间。

③推动城市经济社会与人文协同发展。以绿色交通为引领，促进城市经济社会的可持续发展，提升城市的综合竞争力；同时，注重人文关怀，提高城市的人文发展水平，增强居民的幸福感与归属感。

2. 绿色交通的动态演进

绿色交通的演进经历了从理论提出到实践应用的深化过程，其发展轨迹与城市交通需求、技术革新及政策导向紧密交织，呈现出阶段性特征与系统性变革。

1）理论萌芽与初步实践（20 世纪末至 21 世纪初）

绿色交通理念源于对交通与环境矛盾的反思。1994 年，加拿大学者克里斯·布拉德肖提出"绿色交通等级层次",将步行、自行车、公共交通等低碳方式置于优先地位,标志着理论框架的初步形成。这一阶段,中国开始探索公交优先战略。例如,北京在 2003 年编制的《北京交通发展纲要(2004—2020 年)》中明确公共客运在城市通勤中的主导地位,推动地铁建设与公交系统升级,为后续发展奠定基础。

2)技术驱动与政策协同(2005—2020 年)

这一阶段,绿色交通进入快速发展期,技术突破与政策引导形成合力。

(1)新能源技术突破。中国新能源汽车产业崛起,2017 年杭州公交车"油改电"实现碳减排 68.917 万吨,2022 年北京冬奥会投入 212 辆氢能源公交车,展示了"零排放"技术潜力,如图 4-1 所示。

图 4-1　氢能源公交车

(2)基础设施升级。全国充电桩保有量从 2012 年的不足万台增至 2024 年的 1 188.4 万台,高速公路服务区充电桩覆盖率达 100%,切实支撑电动汽车规模化应用,如图 4-2 所示。

图 4-2　汽车充电桩

（3）政策体系完善。国家层面出台《新能源汽车产业发展规划》，地方实施碳达峰行动方案，如天津、江苏推动绿色物流认证，形成"顶层设计+地方实践"的协同模式。

3）零碳转型与系统重构（2020 年至今）

在"双碳"目标驱动下，绿色交通进入深度转型阶段，呈现以下三大趋势。

（1）交通与能源深度融合。山东高速集团通过"光伏+高速公路"模式，建成 706 MW 路域光伏，如图 4-3 所示，年发电 7.8 亿度，减排二氧化碳 69 万吨，实现交通基础设施从能源消费者到产销者的转变。

图 4-3　路域光伏

（2）数字化与低碳化双轮驱动。北京人工智能信号控制系统提升通行效率30%，如图 4-4 所示；青岛港引入电动集卡与岸电系统，单船靠泊减排率达 90%，技术赋能降低全链条碳排放。

图 4-4　交通信号系统

（3）全球化标准协同。中国"一带一路"倡议实施绿色交通合作，如中欧班列"光伏+储能"铁路供电系统，为参与国提供低碳解决方案，推动全球交通绿色转型，如图 4-5 所示。

图 4-5　光伏+储能供电

3. 绿色交通与传统交通的对比

绿色交通与传统交通在多个维度上存在显著差异，下面从环保性、能源消耗、交通效率、健康影响、成本效益等方面进行详细对比，如表 4-1 所示。

表 4-1　绿色交通与传统交通的对比

对比维度	绿色交通	传统交通
环保性	①以低污染、环保为基础，降低对环境的不利影响，提升城市空气质量 ②采用清洁能源、低排放技术及高效率交通工具（如电动汽车），减少二氧化碳和有毒气体排放，改善生态环境	①依赖化石燃料交通工具（如燃油汽车、飞机），产生大量尾气排放 ②尾气含二氧化碳、氮氧化物、颗粒物等有害物质，加重温室效应，不利于环保
能源消耗	①交通工具消耗更少能源，减少对能源的依赖 ②以可再生能源（如太阳能、风能）为主体，降低非可再生能源消耗，降低运输成本 ③电动车能源消耗大幅低于传统燃油汽车	①交通工具能耗较高，依赖石油等化石能源 ②高能耗问题日益凸显，不利于能源可持续利用
交通效率	①部分绿色交通方式（如城市轨道交通）具有大运量、高速度、准时性强等特点，不受地面交通拥堵影响 ②优化配送路线、采用智能化路径规划系统等绿色交通管理措施可提高运输效率	①交通拥堵时效率大幅降低，如私家车在高峰时段易拥堵，导致出行时间延长 ②应对突发情况时灵活性较差
健康影响	①鼓励步行、骑行等绿色出行方式，增强身体运动能力，改善健康状况 ②减少汽车尾气排放，降低空气中有害物质浓度，减少对人体健康的危害	①尾气排放对人体健康造成不良影响，如引发呼吸系统疾病、心血管疾病等 ②长时间乘坐交通工具缺乏运动，不利于身体健康

续表

对比维度	绿色交通	传统交通
成本效益	①长期来看具有较好的成本效益 ②初始购买成本可能较高，但运行过程中的能源成本和维护成本相对较低 ③有助于减少环境污染和交通拥堵，带来社会效益	①传统燃油汽车能源成本较高 ②面临更高的排放标准和环保监管成本 ③交通拥堵导致时间和经济成本增加

4.1.2　绿色交通的内涵

绿色交通并非单一交通方式，而是一种全新的交通理念与发展模式。它旨在通过优化交通系统结构、提升交通技术水平、改善交通管理方式等手段，实现交通与资源、环境、社会的协调发展。简单来说，绿色交通就是在满足人们出行需求的前提下，尽可能减少对环境的负面影响，提高资源利用效率，保障社会公平与可持续发展。

1. 绿色交通系统组成

城市绿色交通系统涵盖步行与自行车慢行交通、城市公共交通、小汽车通行、停车管理及交通管理服务等子系统，各子系统之间形成相互协调、制约的有机整体。该系统主要由交通主体（如出行者、运营企业）、物质基础设施（如道路、交通设施）和社会基础设施（如政策法规、管理体系）三类核心元素构成。

1）交通主体

交通主体涵盖所有绿色交通参与者，包括政府、居民、企业及非政府组织，分别扮演系统的组织者、管理者、从业者、出行者及影响者角色。其中，具备绿色低碳意识的交通参与者是构建城市绿色交通系统的核心要素之一，其行为选择与理念认同直接影响系统的运行效率与低碳目标的实现。

2）物质基础设施

绿色交通体系的物质基础设施由交通工具、网络设施、能源设施与信息设施构成。

（1）交通工具。涵盖机动车与非机动车，其污染物及碳排放量差异显著。城市绿色交通系统以低污染、低能耗、低排放的交通工具为主导，如城市轨道交通、地面公交及自行车等，如图 4-6 所示。各类交通工具的构成比例、技术水平与功能状态是系统运转效率的基础，直接影响整体运行效能。机动交通工具的绿色低碳化升级与非机动交通工具的创新优化，为低碳交通提供核心支撑。此外，绿色交通工具通过基础设施提供公平、人本化的出行服务。

（2）网络设施。绿色交通网络设施是在特定地理空间内，由交通线路与节点等组成的综合架构，其空间分布等反映了网络设施系统的水平，如图 4-7 所示。它以城市为载体，依需求与人文水平规划，规模布局合理且内外联动，旨在提高效率、减少资源消耗与生态损害。其环境含城市空间与运营环境及原生自然环境，分别保障出行与净化污染。

（3）能源设施。其包括交通能源的生产、包装、运输、存储与供应等设施。依赖化石能源的机动车交通是城市空气污染、生态破坏与温室气体增加的主要源头之一，因此需加快建设替代燃料车相关能源设施，以推动其逐步替代传统化石燃料机动车。

图 4-6 光伏公交车

图 4-7 绿色交通网络设施

（4）信息设施。其涵盖数据传输、传感、云计算等设施。信息技术、数据传输技术、传感技术与云计算技术的集成应用，可保障人、车、路与环境的交互联通，可大幅降低污染物与温室气体排放。同时，现代信息技术与物联网技术在交通领域的深度融合，也可显著提升交通管理与服务的智慧化水平。

3）社会基础设施

社会基础设施主要包括管理服务、技术创新、标准法规及信息与金融服务等核心要素。

（1）管理服务。通过协调城市土地与交通资源的合理利用、维护交通秩序、监督交通工具低碳化改造，实现对出行者、车辆及路网的动态协同，推动绿色交通系统运行效率优化，促进城市交通供需的动态平衡。

（2）技术创新。涵盖新能源及新能源交通工具开发（如混合燃料汽车、燃料电池汽车、氢动力车、生物乙醇燃料汽车及太阳能汽车等）、绿色交通基础设施技术研发（如低碳道路材料）、机动车尾气排放检测与控制技术等领域，是驱动城市绿色交通发展的核心动能。通过研发推广低能耗车型、应用机动车轻质化材料等创新手段，可显著降低油耗、减少污染物及碳排放。

（3）标准法规。作为绿色交通体系的制度支撑，需构建完善的发展战略规划体系以引导发展方向，建立专门的政策法规与标准规范体系作为基本依据和约束框架，并通过统计监测考核体系保障其健康发展。

（4）信息与金融服务。为绿色交通建设提供必要的信息支撑，助力技术转化与系统优化。

物质基础设施与交通主体构成绿色交通系统的"硬件"，社会基础设施则是其"软件"。系统各组成元素相互影响、协同作用，表现在交通主体的能动性推动物质与社会基础设施建设，基础设施制约交通需求的总量与特性，社会基础设施为物质基础设施提供推动与保障。此外，绿色交通系统与经济社会、环境、资源及政策管理等外部系统存在复杂的耦合关系，需在多维协同中实现可持续发展。

2. 绿色交通的核心内涵要素

1）资源节约型

（1）能源高效利用。传统交通依赖大量化石能源，如汽油、柴油等，不仅能源消耗大，还会产生大量温室气体排放。而绿色交通倡导使用清洁能源，如电力、氢能等。以电动汽车为例，相比传统燃油汽车，电动汽车在行驶过程中几乎不产生尾气排放，且能源转换效率更高。根据相关研究，电动汽车的能源利用效率可达传统燃油汽车的 2~3 倍。

（2）土地资源优化。在城市发展中，交通用地往往占据较大比例。绿色交通注重合理规划交通设施布局，提高土地利用效率。例如，发展公共交通导向的城市开发（TOD 模式），以公共交通站点为核心，进行高密度、混合功能的开发，减少居民对私人汽车的依赖，从而降低城市交通用地需求。

2）环境友好型

（1）减少污染物排放。交通尾气排放是城市空气污染的主要来源之一，其中包含一氧化碳、碳氢化合物、氮氧化物和颗粒物等有害物质。绿色交通通过推广清洁能源交通工具、优化交通结构等方式，有效减少污染物排放。例如，发展轨道交通，如地铁、轻轨等，其具有大运量、低排放的特点，能够显著减少城市道路上的汽车尾气排放。

（2）降低噪声污染。交通噪声不仅影响人们的生活质量，还可能对人们的身心健康造成危害。绿色交通通过采用低噪声交通工具、合理规划交通线路、设置隔声屏障等措施，降低交通噪声污染。例如，新型电动公交车相比传统燃油公交车，其噪声水平可降低 10~15 dB。

3）社会公平型

（1）保障出行权利。绿色交通强调为不同阶层、不同群体提供公平的出行机会。例如，完善公共交通网络，提高公共交通的覆盖范围和服务质量，让低收入群体也能享受到便捷、经济的出行服务。同时，加强无障碍交通设施建设，保障残疾人、老年人等特殊群体的出行权利。

（2）促进区域均衡发展。在区域交通规划中，绿色交通注重平衡不同地区之间的交通发展水平，避免出现交通资源过度集中的现象。通过加强农村和偏远地区的交通基础设施建设，促进区域间的经济交流和人员往来，推动区域均衡发展。

4）可持续发展型

（1）经济可持续。绿色交通的发展不仅关注环境和社会效益，也注重经济效益。通过提高交通系统的运行效率，降低物流成本，促进经济发展。例如，智能交通系统的应用可以优化交通流量，减少交通拥堵，提高运输效率，从而降低企业的运输成本。

（2）长期规划与适应性。绿色交通强调进行长期规划，考虑到未来交通需求的变化和技术的发展趋势。同时，要求交通系统具有一定的适应性，能够根据实际情况进行调整和优化。例如，在城市交通规划中，预留一定的交通发展空间，以适应未来人口增长和城市扩张带来的交通需求增加。

4.1.3　绿色交通体系的建设主体

绿色交通体系建设主体多元化且协同发展。政府部门发挥主导作用，制定政策规划、提供资金支持；企业是重要实施者，如车企研发新能源交通工具、公交公司优化线路与车辆；社会组织参与宣传倡导；公众则以绿色出行践行助力，共同推动其发展。

1. 绿色交通体系的主导者

1）政策制定与规划引领

政府在绿色交通体系建设中扮演着核心角色，首要职责便是制定科学合理的政策与规划。从国家层面来看，会出台一系列宏观政策，明确绿色交通发展的总体目标、战略方向和重点任务。例如，制定绿色交通发展的中长期规划，确定不同阶段要实现的节能减排指标、公共交通出行分担率等关键目标。地方政府则根据本地实际情况，进一步细化政策措施，制订具体的实施方案。比如，一些城市出台鼓励新能源汽车推广的政策，包括购车补贴、免费停车、优先上牌等，引导消费者购买和使用新能源汽车，推动城市交通向绿色化转型。同时，政府还会对城市交通布局进行科学规划，合理规划公交线路、轨道交通线路、自行车道和步行道等，优化交通资源配置，提高交通运行效率，减少交通拥堵和尾气排放。

2）资金投入与财政支持

绿色交通体系建设需要大量的资金投入，政府在这方面发挥着重要的资金保障作用。一方面，政府会直接投入资金用于交通基础设施的绿色化改造和建设。例如，加大对公共交通设施的投资，建设更多的地铁、轻轨线路，更新老旧的公交车，采用新能源公交车替代传统燃油公交车；另一方面，政府会通过财政补贴、税收优惠等方式，引导社会资本参与绿色交通项目建设。比如，对建设充电桩的企业给予补贴，降低企业的建设成本；对购买新能源汽车的企业和个人给予税收减免，提高市场对新能源汽车的接受度。此外，政府还会设立专项基金，支持绿色交通技术的研发和创新，推动绿色交通技术的不断进步。

3）监管执法与秩序维护

为了确保绿色交通体系的有效运行，政府需要加强监管执法力度。在交通运营方面，政府会制定严格的行业标准和规范，对公共交通企业、出租车公司等进行监管，确保其服务质量符合要求，同时督促企业采取节能减排措施。例如，要求公交企业定期对车辆进行维护保养，确保车辆尾气排放达标；对出租车公司的车辆更新计划进行审核，鼓励其采用新能源车辆。在交通秩序维护方面，政府会加强对交通违法行为的查处力度，如超速、闯红灯、违规停车等，保障道路交通安全和畅通。此外，政府还会对交通建设项目的环境影响进行评估和监管，确保项目建设符合环保要求，以减少对生态环境的破坏。

2. 绿色交通体系的实施者

1）交通运输企业的绿色转型

交通运输企业是绿色交通体系建设的直接实施者，需要积极推进绿色转型。公共交通企业要加大新能源车辆的应用比例，优化公交线路和运营调度，提高公交运营效率和服务质量。例如，一些城市的公交公司通过引入智能调度系统，实时监控车辆运行状态，合理调整发车间隔，减少乘客等待时间，提高公共交通的吸引力。出租车企业要鼓励司机使用新能源出租车，同时加强对司机的环保培训，提高司机的节能驾驶意识。物流企业要优化运输路线，采用节能型运输工具，推广共同配送、集中配送等模式，降低物流运输的能耗和排放。例如，一些大型物流企业通过建立物流信息平台，实现货物的实时跟踪和调度，以提高车辆的满载率，减少空驶里程。

2）交通装备制造企业的技术创新

交通装备制造企业是绿色交通技术创新的主体，需要加大研发投入，不断推出更加环保、节能的交通装备。汽车制造企业要加快新能源汽车的研发和生产，提高新能源汽车的性能和质量，降低生产成本。例如，一些汽车企业通过采用先进的电池技术、电机技术和电控技术，提高了新能源汽车的续航里程和充电速度，增强了市场竞争力。同时，企业还要加强对传统燃油汽车的节能减排技术研发，提高发动机的热效率，降低尾气排放。船舶制造企业要研发和应用节能环保的船舶动力系统和推进技术，减少船舶的燃油消耗和污染物排放。

3）交通基础设施建设企业的绿色施工

交通基础设施建设企业在项目建设过程中，要注重绿色施工，减少对环境的影响。在道路建设方面，要采用环保型建筑材料，如再生沥青、温拌沥青等，以降低施工过程中的能耗和污染。同时，要优化施工工艺，减少施工噪声、粉尘和废水的排放。在桥梁建设方面，要采用新型的结构设计和施工技术，以提高桥梁的耐久性和安全性，减少后期维护成本。例如，采用预制装配式桥梁技术，可减少现场施工时间和对周边环境的干扰。此外，企业还要加强对施工现场的管理，做好生态保护和恢复工作，确保项目建设与生态环境相协调。

3. 绿色交通体系的推动者

1）环保组织的宣传倡导

环保组织在绿色交通体系建设中发挥着重要的宣传倡导作用。它们通过举办各种宣传活动，如环保讲座、主题展览、公益广告等，向公众普及绿色交通的理念和知识，提高公众的环保意识。例如，一些环保组织会在世界环境日、全国低碳日等特殊日子，组织志愿者在街头、社区开展宣传活动，向市民发放宣传资料，讲解绿色出行的好处。同时，环保组织还会对交通领域的环境问题进行监督和曝光，推动政府和企业采取措施加以解决。例如，对城市交通拥堵、尾气排放超标等问题进行调研和监测，向社会公布相关数据和报告，引起社会各界的广泛关注。

2）行业协会的规范引导

行业协会是连接政府和企业的桥梁和纽带，在绿色交通体系建设中发挥着规范引导作用。行业协会通过制定行业自律规范和标准，引导企业遵守环保法规，加强节能减排管理。例如，汽车行业协会通过制定新能源汽车的技术标准和安全规范，推动企业提高产品质量和安全性。同时，行业协会还会组织开展行业交流和合作活动，促进企业之间的技术共享和经验交流。例如，举办绿色交通技术研讨会、新产品发布会等，为企业提供一个展示和交流的平台。此外，行业协会还会向政府反映企业的诉求和建议，为政府制定政策提供参考依据。

3）科研机构的创新支持

科研机构是绿色交通技术创新的重要力量，为绿色交通体系建设提供技术支持和创新动力。科研机构会开展绿色交通领域的基础研究和应用研究，探索新的节能减排技术和方法。例如，研究新型的电池材料、燃料电池技术、智能交通系统等，为绿色交通的发展提供技术储备。同时，科研机构还会与企业合作，开展产学研联合攻关，加速科研成果的转化和应用。例如，与企业共同开展新能源汽车的研发项目，将科研成果转化为实际产品。此外，科研机构还会为政府和企业提供技术咨询和评估服务，有助于政府制定科学、合理的政策，帮助企业提高技术水平和管理能力。

4. 绿色交通体系的参与者

1）绿色出行意识的提升

公众是绿色交通体系的使用者和受益者，提升公众的绿色出行意识是建设绿色交通体系的关键。政府和社会组织要通过各种宣传渠道，向公众普及绿色出行的理念和知识，让公众了解绿色出行对环境保护和自身健康的重要性。例如，通过电视、报纸、网络等媒体，宣传步行、骑自行车、乘坐公共交通等绿色出行方式的优点，鼓励公众在日常生活中选择绿色出行。同时，要加强对公众的环保教育，培养公众的环保意识，激发他们对环境保护的责任感和使命感，让公众自觉参与到绿色交通体系建设中来。

2）绿色出行行为的践行

公众不仅要提高绿色出行意识，还要积极践行绿色出行行动。在日常生活中，公众可以根据自己的实际情况，选择合适的绿色出行方式。例如，短距离出行可以选择步行或骑自行车，既锻炼身体又减少碳排放；长距离出行可以选择乘坐公共交通，如地铁、公交车等。此外，公众还可以通过拼车、共享单车等方式，提高交通资源的利用效率，减少交通拥堵和尾气排放。例如，一些上班族通过拼车上下班，既节省了交通费用，又减少了道路上的车辆数量。

3）公众监督与反馈

公众作为绿色交通体系的使用者，对交通领域的环境问题和服务质量有直接的感受。公众可以通过各种渠道，对交通建设和运营中的问题进行监督和反馈。例如，发现交通违法行为可以向交警部门举报；对公共交通服务质量不满意可以向相关部门投诉。公众的监督和反馈可以促使政府和企业及时发现问题，采取措施加以解决，推动绿色交通体系的不断完善。同时，公众还可以参与交通规划和政策的制定过程，通过听证会、问卷调查等方式，表达自己的意见和建议，为绿色交通体系建设贡献自己的力量。

 案例

共享单车、新能源公交车的应用

某一线城市通过"共享单车+新能源公交"的立体化绿色交通网络，实现市民短途与中长途出行的低碳衔接。在短途场景中，全市投放 15 万辆智能共享单车，结合电子围栏与骑行大数据优化停放点布局，年减少私家车短途出行量超 2 亿公里，碳减排达 3.8 万吨；中长途出行方面，将全市 80% 传统公交车替换为氢燃料电池与纯电动车型，并配套建设 200 座光伏充电站，实现公交运营零碳排放，同时通过"车路协同"系统优化线路调度，使公交准点率提升至 92%，吸引 30% 私家车主转向公共交通。此外，该市推出"骑行积分兑换公交折扣"的联动政策，推动共享单车与公交日均换乘量突破 120 万人次，使城市交通碳排放强度较 5 年前下降 27%。这一模式证明，绿色出行工具与智能管理技术的结合，可显著提升低碳交通的便捷性与吸引力，为超大城市交通减碳提供可复制方案。

> **分析：**该城市通过"共享单车+新能源公交"的智能联动，精准覆盖短途与中长途出行场景，以数据优化、能源替代与政策激励提升低碳交通渗透率，实现出行结构转型与碳排放强度大幅下降，验证了绿色技术与管理协同对城市交通减碳的规模化价值。

4.1.4 实践任务：绿色交通调研与宣传方案设计

1. 任务背景

随着城市发展与环境保护矛盾的加剧，绿色交通成为解决交通拥堵、污染和资源消耗问题的关键。学生需通过实践深入理解绿色交通的概念、内涵及建设主体，培养自己的系统思维与社会责任感。

2. 任务目标

通过调研与创意设计，理解绿色交通概念、内涵及建设主体，并形成面向公众的宣传方案。

3. 任务步骤

(1) 查阅资料，分析绿色交通的 3 个核心内涵。

(2) 制作"绿色交通内涵"思维导图，标注环境、资源、社会、效率 4 个方面的关联。

(3) 学生分组扮演政府、企业、公众角色，就"某社区新增自行车道"议题进行辩论。

4.2 交通领域的碳排放现状及降碳技术

交通领域碳排放占全球总量约 1/4，以公路运输为主，且因私家车保有量激增、能源结构依赖化石燃料而持续攀升。当前降碳技术聚焦能源替代（如电动化、氢燃料）、效率提升（智能交通、轻量化材料）及模式创新（共享出行、MaaS 平台），但仍需政策与市场协同突破降碳成本与技术瓶颈。

4.2.1 交通领域的碳排放现状

交通行业是全球能源消耗与温室气体排放的核心领域之一，其碳排放占比长期居高不下。据国际能源署（IEA）统计，2022 年全球交通领域碳排放量达 81 亿吨，占终端能源消费碳排放总量的 24%，其中公路运输（含乘用车、商用车）贡献了超过 75% 的份额。中国作为全球最大的交通能源消费国，交通碳排放约占全国总排放量的 10%，且随着城镇化进程加速与私家车保有量激增，这一比例呈逐年上升趋势。

1. 全球交通碳排放的总体特征与趋势

1) 排放结构

(1) 公路运输的绝对主导地位。全球约 75% 的交通碳排放来自公路运输，其中乘用车贡献 40%，商用车（含重型卡车、客车）贡献 35%。中国公路运输碳排放占比更高，达 85%，主要源于私家车保有量激增（2022 年达 3.19 亿辆）与货运需求刚性增长（2022 年公路货运量占全社会总货运量的 73%）。

(2) 航空与航运的"隐形排放"。航空业碳排放年均增速达 4.3%，国际航运碳排放占全球总量的 3%，且因国际公约监管缺失，其减排进程显著滞后于陆路交通。欧盟已将航空业纳入碳交易体系（EU ETS），但国际航运仍依赖国际海事组织（IMO）的自愿性减排目标。

（3）铁路与水运的低碳优势未充分释放。全球铁路运输单位周转量能耗仅为公路的 1/5，但货运铁路占比不足 10%；内河航运碳排放强度仅为公路的 1/3，但中国内河货运量占比从 2010 年的 12% 降至 2022 年的 8%，反映出运输结构"弃水走陆"的逆向趋势。

2）排放驱动因素

（1）能源结构高度依赖化石燃料。全球约 95% 的交通能源仍由石油主导，中国道路交通中汽油与柴油消费占比超过 80%。尽管新能源汽车渗透率逐年提升（2023 年全球达 14%，中国达 25.6%），但传统燃油车保有量基数庞大（全球超 14 亿辆，中国超 3 亿辆），短期内仍难以扭转能源结构矛盾。

（2）出行需求刚性增长与结构失衡。全球机动车保有量年均增速达 3.2%，中国私家车保有量年均增速达 10%，城市通勤距离延长（中国一线城市平均通勤距离达 9.6 km）与货运需求增加（2022 年中国公路货运周转量达 7.3 万亿吨公里）进一步加剧碳排放压力。与此同时，公共交通分担率不足（中国城市公交分担率平均仅 30%）、慢行系统缺失（步行与自行车出行比例不足 20%）等问题，导致私家车过度依赖，能源利用效率低下。

（3）基础设施低效与区域发展不均。城市道路规划不合理（中国城市道路面积率仅 15%，低于发达国家 20%~25% 的水平）、交通拥堵常态化（中国 36 个重点城市高峰期平均车速仅 22.6 km/h）、农村地区交通基础设施薄弱（农村公路硬化率仅 85%，充电设施覆盖率不足 10%）等问题，制约了低碳技术的推广和应用。

2. 中国交通碳排放的独特性与挑战

中国作为全球最大的交通能源消费国与碳排放国，其交通碳排放呈现"总量大、增速快、结构复杂"的特征，面临多重挑战。

1）排放总量与强度

（1）总量与增速。2022 年中国交通领域碳排放量达 10.3 亿吨，占全国总排放量的 10%，占全球交通碳排放的 12.7%。2000—2022 年间，中国交通碳排放年均增速达 6.8%，远超全球平均水平。

（2）区域差异显著。东部沿海地区交通碳排放强度是西部地区的 1.8 倍，城市交通碳排放占比超过 60%，但农村地区因基础设施薄弱、电动化转型滞后，面临"技术覆盖难、成本承受低"的双重困境。例如，2022 年农村地区新能源车辆渗透率不足城市的 1/3，充电设施覆盖率低于 10%。

2）行业细分：货运与客运的排放矛盾

（1）货运排放占比高、增速快。2022 年中国公路货运碳排放达 6.8 亿吨，占交通总排放的 66%，且因电商物流爆发式增长（2022 年快递业务量达 1 105.8 亿件）、重型柴油车保有量激增（2022 年达 907 万辆），其排放强度持续攀升。重型柴油车氮氧化物与颗粒物排放占比分别达 80% 和 90%，成为空气污染的重要源头。

（2）客运排放结构分化。城市客运中，私家车碳排放占比达 55%，公共交通（含地铁、公交）占比仅 30%；农村客运中，摩托车与低速电动车碳排放占比超过 60%，新能源替代难度大。

3）技术与政策瓶颈：转型压力与成本制约

（1）新能源技术推广面临挑战。尽管中国新能源汽车产销量连续8年位居全球第一（2023年达949万辆），但农村地区充电设施覆盖率低、低温环境下电池性能衰减、氢能产业链不完善等问题，制约了其向全域覆盖的推进。例如，2022年农村地区新能源乘用车渗透率仅8.3%，远低于城市的28.6%。

（2）政策协同不足。交通、能源、环保等部门政策碎片化，导致"车-路-能"协同发展机制缺失。例如，充电桩建设缺乏统一规划，部分城市出现"有桩无车"或"有车无桩"的供需错配；氢能产业标准体系不完善，加氢站审批流程复杂，制约其规模化布局。

3. 交通碳排放的环境与社会影响

交通碳排放不仅加剧了气候变化，还引发空气污染、健康风险与社会不平等问题。

1）空气污染与健康危害

（1）污染物协同排放。交通尾气中的氮氧化物（NO_x）、颗粒物（PM2.5/PM10）、挥发性有机物（VOCs）是城市雾霾的主要成因。中国339个地级及以上城市中，2022年仍有28.6%的城市PM2.5年均浓度超标，交通源贡献率达30%~50%。

（2）健康经济损失。世界卫生组织（WHO）估算，全球每年约700万人因空气污染早亡，其中交通相关污染占比超过20%。中国因交通尾气导致的呼吸系统疾病、心血管疾病年经济负担超千亿元。

2）社会不平等与资源分配矛盾

（1）城乡交通碳足迹分化。城市居民通过公共交通与新能源车辆实现低碳出行，而农村居民因交通基础设施薄弱，被迫依赖高排放的摩托车与低速电动车，形成"碳特权"与"碳贫困"的二元结构。

（2）代际公平挑战。交通基础设施投资周期长（高速公路、地铁建设周期达5~10年），而低碳技术迭代迅速（如固态电池、氢燃料电池），可能导致现有基础设施成为"搁浅资产"，加剧代际资源分配矛盾。

4. 减排目标与现实差距

中国承诺2030年前实现交通领域碳排放达峰、2060年前实现碳中和，但当前进展与目标仍存在显著差距。

1）国际承诺的倒逼压力

（1）全球气候治理框架。欧盟通过《2035年禁售燃油车法案》，美国《通胀削减法案》提供3690亿美元清洁能源补贴，全球130余国承诺2050年实现交通领域净零排放。中国作为《巴黎协定》缔约方，需与国际规则接轨，加速交通低碳转型。

（2）碳边境调节机制（CBAM）风险。欧盟拟于2026年实施CBAM，对高碳进口产品征税。中国汽车、钢铁等交通相关产业若不加快减排，可能面临出口成本上升与市场份额萎缩的双重压力。

2）国内减排行动的成效与不足

（1）政策工具箱逐步完善。中国已出台《新能源汽车产业发展规划（2021—2035年）》《绿色交通"十四五"发展规划》等政策，推动新能源车辆普及（2023年新能源车保有量达2041万辆）、公共交通电动化（深圳公交100%电动化）、铁路电气化率（2022年达74.9%）提升。

（2）结构性矛盾待解。交通能源消费总量仍持续增长（2022 年同比增长 3.2%），货运结构"公转铁""公转水"进展缓慢（2022 年铁路货运量占比仅 9.8%），农村地区交通低碳转型滞后，均制约了碳减排成效。

5. 交通碳排放的达峰路径与挑战

实现交通领域碳排放达峰，需从能源替代、效率提升、模式创新 3 个方面协同发力，但也面临技术、经济、社会等多重挑战。

1）达峰路径的三大支柱

（1）能源替代。2030 年新能源车辆占比超过 40%，氢能、生物燃料等替代能源规模化应用，交通能源消费中可再生能源占比达 20%。

（2）效率提升。推广智能交通系统（ITS）、车路协同（V2X）技术，优化运输结构，提升公共交通与慢行出行分担率至 50%。

（3）模式创新。发展共享出行、MaaS（出行即服务）平台，减少私家车使用频率，推动物流行业集约化、智能化转型。

2）关键挑战与应对策略

（1）技术突破与成本下降。动力电池成本需降至 0.5 元/Wh 以下，氢气成本降至 20 元/kg 以下，生物燃料与合成燃料实现商业化应用。

（2）政策协同与市场机制。完善碳交易、碳税、补贴等政策工具，建立"车–路–能"协同发展机制，推动交通基础设施与新能源系统深度融合。

（3）社会认知与行为改变。培育绿色出行文化，通过积分奖励、碳普惠等方式引导公众参与，同时加强企业 ESG（环境、社会和公司治理）责任落实，推动交通产业链全链条减排。

4.2.2 交通领域的降碳技术

交通降碳技术体系以多维度技术融合与系统性减碳为纲，涵盖交通节能、替代燃料、低碳道路与智慧管理等，通过技术协同与制度创新，构建从车辆到基建的闭环减碳路径，为交通领域实现"双碳"目标提供全链条解决方案。

1. 交通节能技术

1）绿色驾驶技术

驾驶员的驾驶行为对车辆能耗与碳排放具有决定性影响。在相同车型与路况下，因操作差异导致的油耗波动可达 20%~40%，部分极端案例甚至超过 50%，这一特性揭示了驾驶节能的巨大潜力。绿色驾驶技术通过优化驾驶行为及操作策略，可在不增加硬件成本的前提下，实现燃油消耗降低 15%~30%、污染物排放减少 20% 以上的综合效益。该技术以"零投入、高回报"为显著优势，其核心实践路径涵盖以下关键策略。

（1）发动机科学预热与温度管理。

①启动阶段省油关键：发动机刚启动时最耗油（占全程的 15%~20%），科学预热能减少冷启动损耗。避免启动后直接猛踩加速踏板或高负荷运转。

正确做法：

第一步：用电加热或红外加热让冷却液升温到 40 ℃以上（如冬天提前远程启动车辆预热）。

第二步：低速行驶（转速不要超 2 000 r/min）完成剩余预热，等发动机彻底"热身"再正常开。

②预热效果对比。

a. 不预热直接开：起步油耗增加 33%。

b. 规范预热：燃油效率提升 12%～18%，省油又减少磨损。

③行驶中保持最佳温度。

a. 水冷发动机：温度保持在 80～90 ℃ 最省油。

b. 风冷发动机：温度保持在 110～120 ℃ 最省油。

c. 温度影响：温度每偏离最佳值 5 ℃，油耗增加 2%～4%（比如夏天堵车水温过高，或冬天长时间原地热车水温过低）。

（2）动态挡位匹配与加速控制。

①挡位要灵活：载重、爬坡时及时换低挡，但别长期用低挡（车速一样时，低挡比经济挡多耗油 8%～15%）。

②换挡技巧：起步后转速到 1 800～2 200 r/min 就升挡，减速时提前降挡，保持发动机"干活不累"（负荷率为 75%～85%）。

③加速别猛踩：猛踩加速踏板瞬时油耗飙升 40%～60%，还可能触发"费油模式"。

④平稳加速：加速踏板轻踩→保持→再加速，百公里省油 1.5～2.8 L。

（3）车速优化与惯性利用。

①经济车速是关键：别追求"飙车快感"，经济车速（乘用车 60～90 km/h）比最高车速省油 30%～40%。

②车速稳住：波动每多 10 km/h，油耗多 6%～9%。

③滑行省油大法：提前 200～300 m 看路况，释放加速踏板滑行（每次省 0.1～0.3 L 油）。下坡用"发动机制动"（挂 3～4 挡），少踩制动踏板省能量。

（4）安全节能操作规范。

①制动别乱用：频繁紧急制动浪费 15%～25% 的能量，优先滑行减速，紧急制动控制在总减速 10% 以内。

②停车省油：提前 1 min 熄火（怠速 30 s 以上就费油）。停在平坦避阳处（夏天遮阳、冬天通风）。

③保养别偷懒：胎压不足、滤芯脏多耗油 5%～8%，空调每调低 1 ℃ 多耗油 2%～3%（建议温度不低于 26 ℃）。

2）汽车行驶效率提高技术

绿色交通技术的核心在于通过创新技术手段降低车辆能耗与碳排放，其技术路径主要涵盖减少行驶阻力、车辆轻量化、发动机节能及能量回收四大领域。

（1）减少行驶阻力。

①空气阻力：车子跑起来，空气阻力占大头（60%～70%）。车身设计成流线型（风阻降到 0.23 以下），或者用主动式进气格栅，能减少空气阻力 10%～15%，每百公里省 0.15 L 油。

②滚动阻力：低滚阻轮胎（滚阻系数不大于 0.006），优化胎面和材料，能减少滚动阻力 20%～30%，每百公里省 0.2 L 油，还能减少 4 g/km 的碳排放。

（2）车辆轻量化。

①材料替代：用高强度钢（强度不小于 1 200 MPa）、铝合金（比钢轻 1/3）、碳纤维（强度是钢的 7 倍）等新型材料，结合激光拼焊、内高压成型等工艺，能让车子减轻

10%~30%，还安全。

②减重效果：每轻 100 kg，百公里油耗降 0.3~0.6 L，碳排放少 5~8 g/km。

③电动车：用全铝车身和模块化架构，已经能减轻 25%~40%。

（3）发动机节能。

①闭缸节油（VVL）：城市里开，能省 10%~15% 的油。

②稀薄燃烧（GDI+T-GDI）：燃烧更充分，热效率提高到 40% 以上。

③智能热管理：发动机暖机更快，节省 20% 的暖机能耗。

④混合动力：阿特金森循环发动机+电机，城市里开能节省 30%~40% 的油。

（4）能量回收。

①制动能量回收（BRS）：车子减速时，把动能变成电能，回收效率为 60%~70%，纯电动车续航能增加 15%~20%。

②48 V 轻混系统：用 BSG 电机回收滑行能量，能节省 8%~12% 的油。

③热电联产：回收发动机余热（占燃料能量的 30%~40%），能让空调节省 50% 以上的能耗。

2. 车用替代燃料

城市空气污染 70% 源于汽车尾气，传统汽、柴油燃烧加剧环境恶化与气候危机。随着石油危机、城市污染及全球变暖问题凸显，各国加速开发车用替代燃料，聚焦低污染、低碳排、可持续的能源方案。当前替代燃料以石油副产品（LPG、天然气）及非化石能源（氢、生物质、电力）为主，发展替代燃料已成为交通减碳的关键路径。

1）液化石油气（LPG）技术体系

作为石油炼化的副产品，液化石油气主要成分为丙烷与丁烷，常温常压下呈气态，经加压或冷却可液化（体积缩小 250 倍）。其燃烧特性显著优于传统燃料：完全燃烧无粉尘排放，发热量达 46 MJ/kg，且储存运输技术成熟。全球 LPG 汽车保有量已突破 700 万辆，涵盖专用 LPG 汽车与双燃料改装车型，尤其适用于城市公交与出租车领域，成为传统燃油的短期替代优选。

2）天然气（NG）技术路径

天然气以甲烷为核心成分，储量仅次于煤炭，燃烧产物中二氧化硫与颗粒物近乎为零，温室效应强度较汽油降低 25%。技术路线涵盖压缩天然气（CNG，压力为 20 MPa）、液化天然气（LNG，-162 ℃液态）及吸附天然气（ANG）等。全球天然气汽车保有量超过 200 万辆，配套加注站网络持续完善，在重卡、公交等高频使用场景中经济性与环保性显著。

3）氢能技术突破与产业化

氢能作为终极清洁能源，燃烧产物只有水，能量密度达 142 MJ/kg（是汽油的 3 倍）。通过燃料电池技术（效率为 40%~60%），氢能车辆可实现零排放。当前全球氢气年产量 3 600 万吨，制氢路径正从化石能源重整（灰氢）向电解水制氢（绿氢）转型，可再生能源制氢占比以年 8% 增速提升。中国已建成 150 座加氢站，氢燃料电池汽车示范城市群推广规模突破万辆，技术成熟度与成本下降曲线（2025 年成本降至 30 元/kg）推动商业化进程加速。

4）生物质能转化技术

生物质能作为可再生能源的重要分支，通过光合作用每年固定相当于 1 730 亿吨标准煤的太阳能资源（达全球年能耗的 10~20 倍），其转化技术体系已形成多元化应用格局：燃料乙醇以玉米和秸秆为原料，中国年产能达 165 万吨，可按 10%～15% 比例掺混汽油使用；生物柴油产业依托地沟油与微藻油脂原料，7 家万吨级企业实现年产量超过百万吨，产品性能与传统柴油持平；沼气发电领域则通过 460 万千瓦装机容量（含 50 余个并网项目），将农村有机废弃物转化为清洁电力，构建起"废弃物—能源—环保"的循环经济链条。

5）电力驱动与可再生能源整合

电动汽车与可再生能源的深度融合正重塑绿色交通体系：中国光伏产业以 400 GW 装机容量（占全球的 35%）为基础，通过"金太阳示范工程"实现分布式光伏与充电基础设施的协同布局；风力发电领域凭借超过 90% 的 1.5 MW 以上机组国产化率，推动陆上风电成本降至 0.3 元/（kW·h），同时海上风电迈入规模化开发阶段；智能电网技术则通过 V2G（车辆到电网）双向互动，使电动汽车成为移动储能单元，有效平抑了可再生能源波动性，整体提升了能源系统灵活性与利用效率。

3. 新能源车辆

在绿色交通转型进程中，新能源汽车全生命周期的碳排放表现成为评估其环保效益的关键指标。不同技术路线的新能源汽车在碳排放上呈现出显著差异，下面对纯电动汽车、混合动力汽车、燃料电池汽车等主要类型展开深入分析。

1）纯电动汽车

纯电动汽车虽无运行期二氧化碳直排，但其全生命周期碳排放受电力来源制约。若依赖煤电，如 2008 年华北、东北电网供电时，其每公里碳排放达传统汽油车的 1.8～6.4 倍。在煤电占比 80%、65%、50% 的结构下，选择性催化还原技术（SCR）普及率对氮氧化物排放影响显著，普及率从 10% 提至 20% 且煤电占比 50% 时，排放强度可低于汽油车。二氧化碳捕获技术若广泛应用，能减碳近 80%，可有效强化纯电动车低碳优势。

2）混合动力汽车

混合动力汽车（HEV）配备两个以上动力源，可分为串联式、并联式和混联式等类型。相较于传统燃料汽车，混合动力汽车具有更好的燃油经济性，一般可节约燃油 30%～50%。例如，2010 年济南市混合动力公共交通车的运营检测结果显示，其百公里油耗比普通车低 13.5 L，节油率高达 30%。不过，现阶段混合动力汽车仍面临技术难点，如电池技术、电动机技术等还有待突破，且效率提升空间有限，未来将向纯电动汽车方向发展。

3）燃料电池汽车

燃料电池汽车以燃料电池为动力源，将燃料中的化学能直接转化为电能驱动车辆，具有无污染、高能效、低噪声等优点。其中，氢燃料电池汽车被视为未来的重要发展方向。氢气来源广泛，若能利用可再生能源制氢，碳排放将大幅降低。然而，目前燃料电池成本高，制取、运输和储存燃料的技术还不成熟，添加氢燃料的设备也需专门制造，导致燃料电池汽车仍处于研究和试用阶段。

4）不同燃料路径的碳排放对比

（1）醇醚汽车。以甲醇汽油、乙醇汽油等为燃料的醇醚汽车，技术已相对成熟。与传统柴油车相比，以煤基二甲醚为燃料的醇醚汽车在生产环节的一氧化碳排放及能源消耗较高，但在车辆使用阶段污染物排放量和碳排放量显著降低。从全生命周期来看，以天然气制二甲醚为燃料的醇醚汽车二氧化碳排放更低，而生物质制二甲醚的醇醚汽车减碳效果更为显著。不过，目前醇醚汽车燃料制取成本较高，限制了其大规模应用。

（2）天然气汽车。天然气汽车分为压缩天然气汽车（CNG）、液化天然气汽车（LNG）和液化石油气汽车（LPG）等。与传统燃料汽车相比，液化石油气汽车可降低20%的二氧化碳排放，压缩天然气汽车和液化天然气汽车的二氧化碳排放量总体可降低25%。此外，天然气不含铅、苯、硫等成分，具有低污染、安全性高的特点。但天然气汽车发展受限于加气站等基础设施建设，成本较高。

（3）太阳能汽车。太阳能汽车利用车身将太阳能转化为电能驱动车辆，太阳能作为可再生能源，取之不尽、用之不竭。然而，目前太阳能电池技术难以取得突破，且价格昂贵，太阳能汽车在未来10~20年内难以大规模普及，但从长远发展来看，有望成为未来汽车的重要品种。

4. 绿色低碳道路网络技术

绿色低碳的道路交通网络设计，关键在于构建道路微循环。要打破传统大街坊路网，加密支路网，打造密集街道网络，优化出行环境。规划上，市区每平方公里至少50个交叉口，设计多元街区与路面，提供多样交通模式。整合道路，300 m内连接邻里，主干道用单向双分路。建公交专用道与快速网络，减少换乘。集成多元系统，实现无缝换乘，创建慢行专用网，重点突出慢行交通。

慢行交通指步行和自行车交通，是绿色低碳且可持续的出行方式，能缓解拥堵、降低污染、促进资源合理利用，设计原则是安全第一、公正有序等。

步行交通系统方面，宏观上它是城市交通的重要组成部分，要适配城市环境，协调整体交通设计；中观上从空间和土地利用角度分析关系，做好接驳换乘，含6种步行子系统；微观上关注环境品质与建筑协调，人行道有通行和缓冲区域，宽度依道路等级等确定。行人过街设施布局影响便利性与安全性，设置要以人为本，间距依需求设定。

自行车交通曾是主要交通工具，现仍重要。车道系统由多条段组成，规划要考虑分流、骑行者因素，构建骨干路网。车道宽度按规范设计，过宽或过窄均不利。有设置建议，高峰流量大的支路可加宽，还可设快、慢速车道提效。

5. 绿色低碳道路建设技术

1）排水性沥青路面

排水性沥青路面，别名众多，如多孔隙沥青路面、开级配磨耗层（OGFC）、低噪声路面。它以高孔隙率的沥青混凝土替代传统沥青混凝土，粗集料多选用单一粒径碎石，孔隙率在18%~25%之间，铺筑厚度为4~5 cm，设计沥青用量约4.5%的间断级配沥青混凝土，常用于旧路面罩面或新建路面表层。该路面起源于欧洲，德国1960年首次使用，20世纪80年代发展成熟，后在欧洲、北美、日本、澳大利亚等地广泛应用。日本为降低道路噪声大量采用，1998年还执行了相关技术指南；奥地利也制定了设计规范。它适用于公路、城市道路等多种场景的新建与改建，但不宜用于易被杂物污染或掩埋的道路，一般由排水面层、基层、垫层等多层结构构成。

2）透水路面

当下，城市地表生态失衡与环境污染问题备受关注，维持土壤表面原有自然状态、合理利用土壤成为城市可持续发展的焦点。我国城市供水形势严峻，67%的城市供水不足，110座水库严重缺水，可暴雨到来时城市道路却易成"河流"，内涝频发，武汉便是例证。究其原因，城市路面不透水是重要因素。透水路面各层孔隙率大，雨水可渗入地下。德国20世纪 60 年代起开发渗透材料并制定规章，英国视改造硬化地面为大事，美国佛罗里达州规定雨水就地滞留回流，日本提出"雨水地下还原政策"并发布指南。我国也颁布相关标准，多地发布政策法规和技术规程。

3）温拌沥青混合料路面

沥青路面凭借其行车舒适、噪声小、易养护、性能佳等优势，在道路建设中广泛采用。传统热拌沥青混合料强度高、稳定性好，但污染重、能耗大；冷拌沥青混合料性能差，难以符合高等级公路要求。温拌沥青混合料（WMA）便应运而生，它通过物理或化学方法降低沥青黏度，在较低温度下拌和施工，性能也可达到热拌标准，是绿色低碳型材料。

4）冷再生沥青路面

沥青源自煤和石油，用途广泛，是土木、水利、建筑等工程的主要防水材料，需求大且资源稀缺。随着公路里程增加，早期公路进入大、中修期，建设、维修、重建与升级任务交织。沥青路面设计寿命约 10 年需翻修一次，其再生利用是将旧路面处理后与新材料拌和重新铺筑。再生技术按地点可分为集中厂拌和现场就地再生，按加热方式可分为热拌和冷拌再生。热再生可恢复沥青黏结性能，冷再生可常温操作，材料可重复使用，多用于基层、底基层或低等级公路面层。

5）橡胶沥青路面

橡胶沥青作为一种改性沥青胶结材料，是将废旧轮胎磨成橡胶粉粒，添加特定添加剂后，在高温下搅拌混合而成。早在 1941 年，美国橡胶回收公司就推出了干拌 Ramflex™ 脱硫橡胶颗粒。20 世纪 60 年代起，瑞典、美国等国家纷纷开展相关研究，开发出多种生产工艺。橡胶沥青生产分为湿法和干法两类，干法将粗颗粒橡胶粉作填料加入集料后拌制混凝土，湿法先将橡胶粉加入基质沥青改性。美国是橡胶沥青应用大国，经验丰富且规范完备；法国用于排水性路面，瑞典、日本用于防冻路面，南非超六成道路沥青用橡胶沥青。我国 2004 年引进，2008 年发布相关指南与技术著作，施工面积逐年递增。

6. 智能交通技术

1）交通信息采集与处理技术

交通信息采集与处理技术是智能交通系统的基础。通过各种传感器、摄像头等设备，实时采集交通流量、车速、道路状况等信息，并利用先进的数据分析算法对这些信息进行处理和分析。例如，利用大数据技术可以对城市交通流量进行精准预测，为交通管理部门制订科学的交通疏导方案提供依据。同时，交通信息的实时发布可以让出行者提前了解路况，合理规划出行路线，避免拥堵路段，从而减少不必要的碳排放。

2）智能交通管理系统

智能交通管理系统集成了交通信号控制、交通诱导、交通执法等多种功能。交通信号控制系统可以根据实时交通流量自动调整信号灯的配时，优化交通流量的分布，提高道路的通行能力。交通诱导系统通过可变情报板、手机应用等方式，可为出行者提供实时的交通信息和最佳的出行路线建议，引导车辆合理分流，减少交通拥堵。交通执法系统则利用电子警察、卡口等设备，对交通违法行为进行实时监控和处罚，规范交通秩序，提高交通安全和效率。

3）车联网技术

车联网技术实现了车辆与车辆（V2V）、车辆与基础设施（V2I）之间的信息交互。通

过 V2V 通信，车辆可以实时获取周围车辆的速度、位置等信息，提前做出预警和决策，避免交通事故的发生，提高行车安全。V2I 通信则使车辆能够与交通信号灯、路侧设备等进行信息交互，实时获取道路状况、交通管制等信息，以优化车辆的行驶策略。例如，车辆可以根据信号灯的剩余时间调整车速，实现平稳通过路口，减少频繁加、减速带来的能源消耗。

 案例

新能源汽车的应用

深圳通过政策引导与技术赋能，实现新能源汽车在城市交通中的全面渗透。全市累计推广新能源乘用车超 86 万辆，占私家车保有量的 32%，并建成全球最大规模的城市级充电网络（含 2.3 万座快充桩、120 座换电站），覆盖公交、出租、物流等全领域；公共交通领域率先实现 100% 电动化，6 000 余辆氢燃料电池泥头车与纯电动重卡投入运营，年减排二氧化碳超过 150 万吨；并配套推出"绿色出行积分"政策，市民驾驶新能源车可兑换停车优惠、充电补贴等权益，推动新能源私家车日均使用频次较燃油车提升 40%。此外，深圳联合车企研发车网互动（V2G）技术，允许新能源车在用电低谷期反向供电至电网，年调峰电量达 1.2 亿度，相当于减少 3 座火电厂碳排放。这一模式使深圳交通碳排放强度较 2015 年下降 61%，成为全球首个实现公交车、出租车全面电动化的千万级人口城市，为高密度城市交通减碳提供了"技术+市场+政策"三位一体的创新样本。

分析： 深圳以政策驱动、基建先行与技术创新构建新能源汽车生态，通过充电网络覆盖、公共交通电动化、V2G 调峰及积分激励，实现私家车与商用车协同减碳，其"技术—市场—政策"闭环模式为高密度城市交通低碳转型提供了可量化的标杆路径。

4.2.3 实践任务：交通领域碳排放现状调研与降碳技术方案设计

1. 任务背景

随着全球气候变化加剧，交通领域的碳排放已成为主要污染源之一。私家车、货车、飞机等交通工具的尾气排放不仅加剧了温室效应，还导致空气质量下降。为应对这一挑战，各国政府和企业正积极推广新能源汽车、智能交通系统等降碳技术。然而，公众对交通碳排放现状及降碳技术的认知仍不足。本任务旨在通过调研与分析，帮助学生了解交通碳排放的严峻性，并设计可行的降碳方案，培养学生环保意识与创新能力。

2. 任务目标

(1) 调研交通领域的碳排放现状，分析主要碳排放源及趋势。

(2) 研究至少 3 种交通降碳技术，理解其原理与应用场景。

(3) 针对特定场景（如校园、社区或城市）设计降碳技术方案，并估算降碳效果。

3. 任务步骤

(1) 通过政府报告、学术文献、新闻资讯等渠道，收集所在城市或国家的交通碳排放数据。

(2) 调研纯电动车、氢燃料电池车的原理及其环保优势。

(3) 结合调研结果，提出 2~3 种降碳技术，以 PPT 或短视频形式展示方案。

4.3　我国绿色交通发展的机遇与行动

我国绿色交通发展机遇与行动并进。政策上,"双碳"目标引领、地方政策协同,并提供有力支撑;技术上,新能源、智能交通等创新突破带来变革;社会需求增长,公众环保与健康意识提升催生市场发展。在此机遇下,我国正通过优化设施、推广工具、创新管理等行动,推动绿色交通蓬勃发展。

4.3.1　绿色交通发展的时代机遇

1. 政策导向带来的发展契机

近年来,国家高度重视生态文明建设与可持续发展,出台了一系列推动绿色交通发展的政策文件。例如,《交通强国建设纲要》明确提出,要构建绿色高效的现代交通运输体系,强调绿色交通在交通强国建设中的重要地位。这些政策为绿色交通的发展提供了明确的指引和强大的政策支持,从资金扶持、税收优惠到项目审批等方面,都为绿色交通项目落地创造了有利条件。

1) 国家战略规划的强力支撑

"双碳"目标的提出,为绿色交通发展注入了强大动力。交通运输行业作为碳排放的重点领域之一,面临着巨大的减排压力。为实现碳达峰、碳中和目标,国家出台了一系列政策措施,鼓励和支持绿色交通的发展。例如,对新能源汽车购置给予补贴、免征车辆购置税等优惠政策,引导消费者选择绿色出行方式;对绿色交通基础设施建设项目给予资金支持和政策倾斜,推动绿色交通项目的落地实施。

2) 地方政策的协同推进

各地方政府积极响应国家号召,结合本地实际情况,出台了一系列配套政策,推动绿色交通的发展。一些城市制定了绿色交通发展规划,明确了绿色交通在城市交通中的占比目标,加大了对公共交通、慢行交通等绿色出行方式的投入。此外,地方政府还加强了对交通污染的治理,出台了严格的机动车尾气排放标准,限制高污染、高排放车辆的使用。同时,鼓励企业开展绿色运输,对采用新能源车辆进行运输的企业给予奖励和补贴,促进了绿色物流的发展。

3) 政策监管与激励机制的完善

为了确保绿色交通政策的有效实施,国家不断完善监管机制,加强对交通领域的环境监测和执法力度。建立了交通运输碳排放监测体系,对交通运输企业的碳排放情况进行实时监测和评估,对超标排放的企业进行处罚。同时,加强了对绿色交通产品和服务的认证和监管,确保其质量和性能符合标准要求。

在激励机制方面,除了财政补贴和税收优惠外,还探索建立了绿色交通信用体系。将交通运输企业和个人的绿色交通行为纳入信用记录,对信用良好的企业和个人给予奖励和优惠,对信用不良的企业进行限制和惩戒。通过这种激励机制,引导企业和个人积极参与绿色交通发展。

2. 技术创新

1) 新能源技术的突破与应用

新能源汽车技术的不断突破是绿色交通发展的重要驱动力。近年来,电池技术取得了显著进展，电池能量密度不断提高，续航里程大幅增加，充电时间逐渐缩短。同时，新能源汽车的成本也在逐渐降低，市场竞争力不断增强。除了电动汽车外，氢燃料电池汽车也逐渐成为新能源汽车发展的重要方向。氢燃料电池汽车具有零排放、续航里程长、加氢时间短等优点，未来有望在重型卡车、公共交通等领域得到广泛应用。

在能源供应方面，可再生能源在交通领域的应用也越来越广泛。太阳能、风能等可再生能源可以为交通信号灯、充电桩等设施供电，减少对传统能源的依赖。此外，一些地区还在探索建设"光伏 + 交通"项目，将太阳能光伏板安装在高速公路、铁路等交通基础设施上，实现能源的自给自足。

2）智能交通技术的创新发展

智能交通技术的发展为绿色交通提供了强大的技术支持。通过大数据、人工智能、物联网等技术，可以实现交通流量的实时监测和分析，优化交通信号灯配时，提高道路通行能力，减少车辆拥堵和怠速时间，从而降低能源消耗和尾气排放。同时，智能交通技术还可以实现车辆的智能驾驶和车路协同。智能驾驶技术可以提高驾驶安全性和效率，减少交通事故的发生。车路协同技术可以实现车辆与道路基础设施之间的信息交互，为车辆提供实时的交通信息和导航服务，进一步提高交通效率。

3）绿色交通材料的研发与应用

在交通基础设施建设领域，绿色交通材料的研发和应用也取得了重要进展。例如，温拌沥青、再生沥青等环保材料的使用，可以降低能源消耗和污染物排放。温拌沥青技术通过在沥青中添加特殊的添加剂，使沥青在相对较低的温度下具有良好的施工性能，减少了加热过程中的能源消耗和有害气体排放。再生沥青技术则是将废旧沥青路面材料进行回收和再生利用，不仅节约了资源，还减少了建筑垃圾的产生。

此外，新型的环保建筑材料也在交通基础设施建设中得到应用，如高性能混凝土、生态护坡材料等。这些材料具有强度高、耐久性好、环保性能优等特点，可以提高交通基础设施的质量和使用寿命，同时减少对环境的影响。

3. 社会需求

1）公众环保意识的提升

随着人们生活水平的提高和环保意识的增强，公众对绿色交通的需求日益增长。越来越多的人认识到交通污染对环境和健康的影响，开始主动选择绿色出行方式。步行、骑行、公共交通等绿色出行逐渐成为一种时尚和生活方式。在城市中，共享单车、共享电单车的普及，为市民提供了便捷的短距离出行解决方案，受到了广大市民的欢迎。

同时，公众对交通环境的要求也越来越高。他们希望城市交通更加畅通、安静、清洁，对交通噪声、尾气排放等问题更加关注。这种公众环保意识的提升，为绿色交通的发展提供了强大的社会动力。

2）健康生活理念的倡导

在健康生活理念的倡导下，人们更加注重身体的锻炼和健康。步行和骑行作为一种有氧运动，不仅可以锻炼身体，还可以减少碳排放，符合健康生活和绿色出行的双重需求。因此，越来越多的人选择步行或骑行上下班、上下学，或者利用业余时间进行骑行锻炼。

此外，一些城市还举办了各种形式的绿色出行活动，如骑行比赛、徒步行走等，吸引了大量市民参与。这些活动不仅提高了市民的环保意识和健康意识，还营造了良好的绿色出行氛围。

3）企业社会责任的履行

企业和物流行业也面临着降低运营成本和减少环境影响的双重压力，对绿色交通的需求日益迫切。为了履行社会责任，提升企业形象，越来越多的企业开始采用绿色运输方式。例如，一些快递企业开始采用新能源配送车辆，优化配送路线，推广绿色包装，以提高物流效率，降低碳排放。

同时，一些汽车制造企业也加大了在新能源汽车领域的研发投入，推出了一系列性能优良、环保节能的新能源车型，满足了市场对绿色交通工具的需求。企业的积极参与，为绿色交通市场的发展提供了有力支撑。

4. 国际合作

1）国际绿色交通标准的对接

在全球化的背景下，国际绿色交通标准的对接为我国绿色交通的发展提供了机遇。我国积极参与国际绿色交通标准的制定和修订工作，借鉴国际先进经验，推动国内绿色交通标准的完善和提升。通过与国际标准的对接，我国绿色交通产品和服务可以更好地进入国际市场，提高国际竞争力。

同时，与国际绿色交通标准的统一也有利于促进全球绿色交通的发展。各国在交通基础设施建设、交通工具制造、交通运营管理等方面遵循统一的标准，可以减少贸易壁垒，促进技术和经验的交流与合作，共同推动全球交通运输行业的绿色转型。

2）国际技术合作与交流

国际技术合作与交流为我国绿色交通的发展带来了先进的技术和管理经验。我国与欧美、日本等在绿色交通发展方面具有领先水平的国家和地区开展了广泛的合作项目，引进了先进的新能源技术、智能交通技术、绿色交通材料等。通过技术合作与交流，我国企业可以加快技术创新步伐，提高产品质量和性能。此外，国际技术合作与交流还可以促进人才培养和学术研究。我国科研人员可以与国际同行开展合作研究，共同攻克绿色交通领域的技术难题，培养一批具有国际视野和创新能力的专业人才。

3）国际绿色交通项目的参与

我国积极参与国际绿色交通项目，展示了我国在绿色交通领域的实力和成果。例如，我国企业在"一带一路"参与国参与建设了多个绿色交通基础设施项目，如铁路、公路、港口等，采用了先进的绿色技术和理念，受到了当地政府和民众的一致好评。

通过参与国际绿色交通项目，我国不仅可以输出绿色交通技术和产品，还可以学习和借鉴其他国家的项目管理经验和运营模式，提升我国绿色交通项目的建设和管理水平。同时，国际绿色交通项目的实施也有利于促进当地经济发展和环境保护，实现互利共赢。

4.3.2 绿色交通发展的具体行动

绿色交通发展需多管齐下。一方面大力推广新能源汽车，完善充电桩布局，优化公交体系，提升服务并推广新能源公交；另一方面，加强智能交通管理，实施精细化调控。同时，开展绿色出行宣传，鼓励共享交通。此外，积极参与国际合作，引进先进技术，推动我国绿色交通迈向新高度。

1. 基础设施优化升级行动

1）打造绿色交通枢纽综合体

以构建高效低碳交通网络为核心，推进综合交通枢纽绿色化改造新建。选址规划时考虑与周边环境相融合，减少破坏生态敏感区，如新建高铁枢纽与生态景观相结合。枢纽内部优化交通方式布局，实现多种交通无缝衔接，建设智能换乘引导系统实时提供信息，以减少换乘不便而使用私人汽车。同时加强能源管理，采用太阳能光伏板等可再生能源技术为设施供电供热，如某枢纽屋顶安装光伏板满足部分用电，降低对传统能源依赖。

2）完善慢行交通网络体系

加大步行道与自行车道建设改造，打造连续安全舒适的慢行环境。城市规划明确专用空间，拓宽修复步行道、铺设防滑透水材料，建设高品质自行车道网络，如主干道两侧设独立彩色沥青道，并设置自行车专用标志，还设立休息驿站等。加强与公交等衔接，在站点周边设置充足自行车停车设施，开展环境整治，营造整洁有序空间。

3）推进绿色公路建设与养护

公路规划时充分考虑生态保护，避开脆弱区和功能区，用生态选线技术减少对地形、植被的破坏，如山区用隧道、桥梁穿越。建设时推广环保材料和工艺，如温拌沥青，控制扬尘、噪声等污染。养护方面建立科学体系，采用预防性养护技术，推广节能环保设备和材料，加强沿线生态修复保护，种植绿化植物打造生态廊道。

2. 绿色交通工具推广行动

1）加速新能源汽车普及应用

政府加大新能源汽车产业支持，完善购车补贴、税收优惠等政策以降低消费者购车成本，如给予补贴并免征车辆购置税和车船使用税。同时，加强充电桩等基建建设与布局，合理规划城市内位置数量，加快高速服务区充电桩建设。还鼓励率先使用公共交通、出租车、网约车等，通过政策资金推动公交更新新能源车辆，提高占比，为市民提供环保出行服务。

2）发展绿色公共交通体系

加大对公共交通的投入，优化公交线路布局，提高公交服务质量。根据城市发展和居民出行需求，合理调整公交线路，增加公交站点覆盖率。例如，在一些新建小区和商业区，及时开通公交线路，方便居民出行。

推广使用新能源公交车、地铁等绿色公共交通工具。新能源公交车具有零排放、低噪声等优点，可有效改善城市空气质量。地铁具有大运量、快速、准点等特点，是城市公共交通的骨干力量。通过加大对地铁建设的投入，提高地铁运营里程和服务水平，吸引更多市民选择公共交通出行。加强公共交通与其他交通方式的融合发展，实现"零换乘"。例如，建设公交地铁一体化换乘枢纽，让乘客在公交和地铁之间无需出站即可换乘。同时，推广公交一卡通、移动支付等便捷支付方式，以提高公交出行的便利性。

3）推动绿色航运与航空发展

在航运领域，鼓励船舶使用清洁能源。推广使用液化天然气（LNG）动力船舶，LNG动力船舶具有排放低、能效高等优点。政府出台相关政策，对采用LNG动力船舶的航运企业给予补贴和奖励。同时，加强对船舶排放的监管，严格执行船舶排放标准，对超标排放的船舶进行处罚。

在航空领域，鼓励航空公司采用生物燃料等绿色航空燃料。生物燃料具有可再生、低碳排放等特点，可有效降低航空运输的碳排放。航空公司还与科研机构合作，开展生物燃料的研发和应用试验。同时，优化航班航线，提高航空运输效率，减少燃油消耗。

3. 交通管理与服务创新行动

1）实施智能交通精细化管理

利用大数据等构建智能交通管理系统，通过道路传感器、摄像头等实时监测交通信息，深度挖掘分析数据为管理决策提供依据。优化信号灯配时，依不同时段路段流量动态调整时长，如早晚高峰增加主路绿灯时长。推广智能停车系统，手机应用实时提供车位信息。加强违法行为监管，用电子警察、无人机等实时抓拍处罚闯红灯等行为，以维护秩序。

2）加强绿色出行宣传与引导

通过多种渠道，广泛开展绿色出行宣传活动。利用电视、报纸、网络等媒体，宣传绿色出行的意义和好处，提高市民的环保意识和绿色出行意识。制作绿色出行公益广告，在公共场所、交通工具上进行播放。

开展绿色出行主题活动，如"无车日""绿色出行月"等。在活动期间，鼓励市民选择步行、骑行、公共交通等绿色出行方式，对参与活动的市民给予一定的奖励和优惠。例如，在"无车日"当天，对乘坐公共交通出行的市民给予票价折扣。加强学校、社区等基层单位的绿色出行教育，将绿色出行知识纳入学校课程和社区宣传内容，培养市民的绿色出行习惯。

3）发展共享交通新模式

鼓励和支持共享单车、共享汽车、共享电单车等共享交通模式的发展。政府出台相关政策，规范共享交通企业的运营行为，保障用户的合法权益。例如，要求共享交通企业加强对车辆的管理和维护，确保车辆的安全性和可靠性。

加强对共享交通停车点的规划和建设，合理布局停车点，方便用户取还车辆。同时，利用智能技术，实现对共享交通车辆的实时监控和调度，提高车辆的使用效率。例如，通过大数据分析，预测不同区域的车辆需求，及时调配车辆，避免车辆闲置或堆积。

4. 国际合作与交流行动

1）参与国际绿色交通标准制定

积极参与国际绿色交通标准的制定和修订工作，提高我国在国际绿色交通领域的话语权。组织国内科研机构、企业和专家，深入研究国际绿色交通标准的发展趋势和要求，结合我国实际情况，提出合理的标准建议。

加强与国际标准化组织的合作与交流，参与国际标准制定会议和研讨活动，分享我国在绿色交通领域的经验和成果。通过参与国际标准制定，将我国的绿色交通技术和经验推向国际市场，促进我国绿色交通产业的国际化发展。

2）开展国际技术合作与项目引进

加强与国际先进国家和地区在绿色交通领域的技术交流与合作。与欧美、日本等在绿色交通发展方面具有领先水平的国家和地区开展合作项目，引进先进的新能源技术、智能交通技术、绿色交通材料等，以提高我国绿色交通的发展水平。

3）推动绿色交通"走出去"战略

鼓励我国绿色交通企业"走出去"，参与国际绿色交通项目的建设和运营。我国在高铁、公路、港口等基础设施建设方面具有丰富的经验和技术优势，可积极参与"一带一路"

参与国的绿色交通基础设施建设。

4.3.3 加强绿色交通运输管理能力建设

加强绿色交通运输管理能力建设至关重要。需完善相关法规标准，强化监管执法力度，保障绿色交通规范运行；运用先进信息技术提升管理智能化水平，实现精准调度与高效监管；加强人才队伍建设，提高管理人员专业素养，为绿色交通运输发展筑牢管理根基。

1. 完善绿色交通运输战略规划

（1）构建低碳道路运输体系。为加快建立以低碳为特征的道路运输体系，需从多方面着手。一方面，对现有交通运输设施进行优化升级，提升公路级别以改善车辆行驶条件，合理规划场站位置，确保其靠近客流量集中区域且便于乘客换乘。同时，考虑到电动车的发展趋势，在场站内增设充电设施，推动环保电动车的普及；另一方面，搭建智能交通运输信息系统，为客货运输提供全面且精准的交通出行信息服务，涵盖交通方式选择、路径引导、实时况等。这有助于提高货运业的实载率、降低回程空驶率，进而节省油料消耗、削减无效碳排放。

（2）调整运力结构。积极调整运力结构是推进道路运输方式转变的关键，合理规划与投放运力，借助市场准入等行政管理手段，从源头上阻止高耗能、高排放车辆进入道路运输市场。通过提高收费标准，引导运输企业加快老旧和高耗能车辆的更新，鼓励发展专用车型与绿色环保车型，积极推广挂靠运输、集装箱运输等现代化运输方式。在城市客运领域，开展净化能源改造工程，在公交车、出租车等车辆上推广应用天然气燃料，降低碳排放。此外，通过减免税费或提供补贴推广低碳车辆，同时增加私家车购置费用以控制其数量。通过优化道路运输结构和提高运输效率，从宏观层面最大程度地降低碳排放总量、减少能源消耗。

（3）推行市场准入与退出机制。积极推行市场准入和退出机制对于道路运输低碳发展至关重要。全面实施运营车辆燃料消耗量准入制度，严格核查车辆配置和参数，对不符合要求的车辆一律不予准入，并将核查报告纳入车辆技术档案，建立责任追究制度。同时，大力推行I/M制度，对车辆进行定期或随机检查，精准确定排放超标原因，并采取针对性维修措施，使车辆污染物排放大幅减少，保障道路运输的绿色低碳发展。

2. 完善绿色交通运输法规及标准体系

（1）法规标准是绿色低碳交通运输的基石。实现绿色低碳交通运输，法规标准是不可或缺的支撑力量。建立健全相关法规及标准体系，能够加强交通运输与能源资源、生态环境等方面协调发展的宏观管理，这是一个需要持续改进、不断完善的长期过程。通过法规标准的引导和约束，推动交通运输行业朝着绿色低碳的方向稳步迈进。

（2）完善节能法规与配套规定，构建标准体系。当前，我国在交通运输节约能源方面尚缺乏专项法规，相关技术标准和规范也有待进一步完善。为了推动交通运输行业的绿色发展，需要健全发展规划、设施建设、车辆配备、服务监管、补贴补偿等方面的标准与规范体系。通过制定明确的法规和配套规定，引导交通运输企业积极采用节能技术和设备，提高能源利用效率，降低能源消耗，为绿色低碳交通运输提供坚实的制度保障。

（3）制定规划环境影响评价规范，强化环保管理。在交通基础设施建设中，环境影响评价（EIA）是确保项目与环境协调发展的重要手段。西方发达国家在EIA方面不断发展和扩充，引入了区域评价和生态评价，并采用社会效益费用分析方法进行环境负效应的计量。我国应借鉴这些先进经验，制定符合国情的环境影响评价的技术规范，特别是生态环境影响评价标准。通过加强环境影响评价的研究和实践，确保交通基础设施建设对生态环境的影响最小化，实现交通运输与生态环境的和谐共生。

（4）健全燃料消耗与排放限值标准，削减温室气体排放。建立绿色低碳交通模式，燃料消耗量限制和污染物排放量限制是两大核心指标。我国应制定严格的燃油经济性标准和低碳燃油标准，通过改进交通工具的发动机装置，提高燃油经济性，减少温室气体排放。同时，加强对机动车尾气排放的监管，制定合理的排放限值标准，全力削减机动车污染物排放总量。此外，还应从行业发展规划、城市公共交通、清洁燃油供应等方面采取综合措施，缓解机动车尾气排放对大气环境的影响。

（5）制定资源、能源消耗与环保卫生标准，促进可持续发展。近年来，交通运输对资源的使用标准主要关注土地利用效率、工程造价等方面，但在资源、能源控制和环保卫生标准方面还重视不足。随着交通运输消耗的能源占国民经济能源消耗的比例日益增长，以及交通运输活动产生的温室气体对环境的影响日益严重，我国应加强交通运输对能源结构影响的分析，加快制定交通工具的能源允许消耗指标和寻找新替代能源的步伐。同时，制定环保卫生标准，确保交通运输活动不对环境造成不利影响，促进交通运输行业的可持续发展。

（6）制定市场准入与退出机制，优化营运车辆结构。为了进一步提高营运车辆的运输效率和实载率，我国应制定市场准入与退出机制。通过完善配套法规和标准，加强执法监督检查和管理，明确交通工具相关的能耗和排放指标，把能耗作为营运车辆准入和退出的重要指标。制定营运车辆燃料消耗量限值标准和准入退出制度，加大运力调整力度，使不达标新车不能进入市场，超能耗车在规定时间内逐步退出市场。通过这一机制的实施，可优化营运车辆结构，推动交通运输行业向绿色低碳方向转型升级。

3. 完善绿色交通运输统计监测考核体系

（1）深刻认知体系完善之要义，直面国际挑战。在全球气候变暖形势下，减少温室气体排放已成全球共识。交通运输行业能耗与碳排放量大，为降低石油依赖、保障能源安全及践行责任使命，需承担节能减排重任，推行绿色低碳战略。国际社会对减排环保关注度提升，多国出台征收碳排放税、推行 EEDI（船舶能效设计指数）等措施，给我国交通运输业带来压力。在此背景下，完善绿色低碳交通运输统计监测考核体系刻不容缓，其为制定政策提供依据，助力行业可持续发展。

（2）多管齐下，扎实推进统计监测考核工作。做好交通运输节能减排统计、监测与考核，需多管齐下。

①完善国家节能减排统计制度，依规做好能源和污染物指标统计监测，按时报送准确数据，建立科学、高效的流程以保障数据全面、及时。

②强化数据质量控制，加强执法检查巡查，严打数据造假，确保数据真实可靠，为决策提供正确参考，避免政策失误。

③完善能耗统计监测报表制度，推进能耗在线监测机制及数据库平台建设，利用信息技术实现能耗实时监测与动态管理，同时加强交通环境统计平台和监测网络建设，掌握行业对环境的影响。

④开展重点用能单位能源管理体系建设和能源审计，建立能源管理师职业制度以更好地

培养人才，并研究建立绿色循环低碳发展指标体系、考核办法和激励约束机制，引导行业朝着绿色低碳方向发展。

4. 积极探索参与碳排放权交易机制

（1）运输行业减排新路径探索。在应对全球气候变化的征程中，碳排放权交易机制已在发达国家得到实践验证，被证实确为一种行之有效的减排手段。对于我国交通运输行业而言，研究如何引入并开展碳排放权交易，具有不可忽视的重要意义。这不仅能够助力运输行业实现节能减排目标，还将对国家整体宏观减排目标的达成起到积极的推动作用。

（2）运输行业减排的既有尝试与局限。当前我国交通运输行业减排主要依托清洁发展机制（CDM）项目，可申请类型多样，包括城市交通节能示范、燃料转换交通工具提效、公共交通系统扩展及生物燃料应用等项目，但实际参与多集中在燃料转换和生物燃料方面。CDM 项目虽助力我国借助发达国家技术开发新能源、降低碳排放，但我国在国际碳市场处境尴尬，提供的碳排放权价格远低于国际市场，缺乏自主权，交易受制于发达国家，难以获取应有利益。

（3）碳排放权交易机制形成的关键。交通运输行业碳排放权交易机制形成的关键在于科学、合理、公平地确定企业碳排放权的数量与交易价格，当下流行 4 种分配方式：按历史责任分配，我国提出此方式，主张发达国家因历史排放多应多承担减排任务；按人口分配强调人人平等，企业不论规模每人碳排放权相同；"祖父制"依据前一周期企业碳排放占比确定下一周期额度，较稳定但或阻碍新企业发展；"产能制"按企业产能比例分配，交通运输行业可依运输量大小分配。

（4）初始碳排放权分配的原则。我国运输行业初始碳排放权分配需兼顾公平与效率原则，公平原则要求按相同比例分配保障企业平等发展的机会，效率原则主张让边际治理成本小的企业多减排以优化行业整体减排成本。但实际操作中两者可能产生矛盾，如新技术企业因成本小按效率原则需多减排，从公平角度看却不合理，所以分配时要将两者有机结合，既保障企业平等发展，又激励企业用新技术降低成本，促进行业可持续发展。

4.3.4 绿色交通的愿景

绿色交通的愿景是构建一个"零碳、高效、公平、韧性"的未来交通体系，实现人与自然、城市与交通的和谐共生。这一愿景以技术创新为驱动，以政策引导为保障，以公众参与为基础，最终目标是让交通系统成为全球可持续发展的核心支撑。

1. 绿色低碳交通体系的构建与效能

绿色低碳交通体系以"低污染、低排放、高效率、安全畅通"为核心目标，通过空间利用效率与生态化程度的双重优化，将城市交通网络重塑为一个功能完善、衔接畅通的有机整体。在这一体系中，交通设备设施的绿色化转型成为关键驱动力：清洁能源（如电力）的广泛应用已成常态，而氢能、太阳能等可再生能源的逐步渗透，正推动能源利用效率迈向新高度。交通领域的碳排放与污染物排放被严格控制在最低标准内，二氧化碳总量、PM2.5 等颗粒物浓度显著下降，交通噪声污染大幅缓解，城市空气质量因此而得到根本性改善。同时，资源利用效率的全面提升，包括土地、能源、材料与水的循环利用，不仅缓解了资源压力，更促进了城市交通与人口规模、土地利用的动态平衡。交通各子系统间的均衡协调，以及交通枢纽对多模式出行的无缝整合，使城市交通拥堵从"被动治理"转向"主动预防"，居民的通勤、购物与休闲活动得以在安全、便捷、经济的环境中高效衔接，使出行品质实现质的飞跃。

2. 休憩与交通的共生之道

步行不仅是人类的基本移动方式，更是城市公共生活的灵魂载体。作为交通与休憩的融合体，步行网络通过连接城市中的步行空间（如人行道、广场、绿地），构建了一个以人为本的安全、公平、舒适的步行体系。这一体系不仅承载着交通功能，更成为市民健身、社交与文化体验的公共舞台。步行道上的每一次驻足、每一次对话，都在无形中编织着城市的信任网络，增强社会凝聚力与安全感。步行交通系统的价值不仅体现在物理空间的连通性，更在于其对城市历史、建筑与文化的深度唤醒——通过高品质的步行环境（如宽阔的步道、遮荫的绿树、趣味性的铺装），人们得以重新感知城市的肌理与温度，商业街区因步行人流的汇聚而焕发活力，历史建筑在步行的丈量中重获新生。步行网络的存在，使城市从"机动车优先"的冰冷空间，转变为"人本主义"的温暖容器。

3. 步行交通系统的多维价值与社会意义

步行交通系统是城市文明的微观镜像，其设计理念与实施效果直接映射着城市的治理水平与人文关怀。从物质层面看，步行网络由人行道、天桥、地下隧道、步行街等要素构成，形成独立于机动车干扰的安全空间；从社会层面看，它不仅仅涉及市民的日常行为和风俗习惯，政策法规也与之紧密相关，成为城市公共生活的"毛细血管"。在汽车主导的城市中，步行系统通过促进紧凑型城市结构、鼓励非机动车与公共交通使用，成为缓解交通污染、提升生活品质的核心抓手。步行街区的商业价值与土地增值效应，进一步证明了步行网络对城市经济的拉动作用。而更深层次的意义在于，步行环境通过无障碍设计、舒适座椅、醒目标识等细节，传递着城市对人的尊重与关怀——无论是儿童嬉戏、老人休憩，还是青年社交，步行道都成为城市活力的源泉。正如《布恰南报告》所倡导的，步行者不仅是城市的使用者，更是城市文化的传承者与创造者。步行交通系统的每一处设计，都在诉说着城市对"人本主义"的坚守，以及对历史、自然与未来的深刻理解。

4. 绿色步行系统的实践路径与城市愿景

绿色步行系统的构建，需以"连续性、无障碍、高舒适"为原则，将步行道打造成为城市生活的"第三空间"。具体而言，步行道需具备足够的宽度（至少 3 m）、连续的遮荫系统（如行道树或遮阳棚）、无障碍通行设计（坡道、盲道）以及智能化的安全设施（照明、监控）。同时，步行环境需融入文化元素（如历史建筑展示、街头艺术）、生态元素（雨水花园、垂直绿化）与功能元素（休息座椅、充电设施），形成兼具实用性与美学价值的公共空间。在这一系统中，步行不仅是移动方式，更是一种生活方式的选择。人们可以在上班途中感受绿意盎然，在购物间隙享受片刻宁静，在休闲时光与友人畅谈古今。绿色步行系统的最终目标，是让城市回归"步行友好"的本质，使每一条街道都成为承载历史记忆、激发社会互动、彰显人文关怀的公共领域。当步行者成为城市的主角，城市便不再是冰冷的建筑群，而是一个充满温度与活力的生命共同体。

5. 安全、便捷的自行车骑行环境

自行车交通以其灵活机动、低碳高效的特性，成为现代城市短途出行的理想选择：它不仅几乎不受机动车拥堵影响，还可在专用道上自由保持骑行节奏，更以零化石能源消耗、零排放、零噪声的环保优势，以及单辆汽车占地可停放 10 辆自行车的空间效率，成为城市交通的"绿色引擎"；在动态运输中，同等路面宽度下自行车运送人数可达汽车的 5 倍，兼具健身与"门到门"出行的便利性，沿途购物更添生活趣味。通过构建高密度、系统化的自行车专用道网络，辅以色彩丰富、生态融合的硬化路面与景观设计，政府以免费租赁服务与全城覆盖的智能停车点，让骑行如北欧般便捷——居民可轻松穿梭于城市中心、社区、公园与商圈，不仅破解了短途出行难题，更以"最后一公里"的畅通带动交通拥堵缓解、能耗污染下降，同时以骑行文化的普及提升城市文明气质，让自行车道成为串联绿色生活与城市活力的动脉。

6. 愉悦、舒适的公共交通出行

当前我国部分城市仍延续《雅典宪章》的功能分区范式，虽曾有效缓解工业化时代的公共卫生与贫民窟问题，但过度依赖私人汽车的规划逻辑已衍生出"城市割裂症"——机械的分区隔离导致生活场景碎片化、通勤距离拉长，居民被迫在"居住—工作—消费"间疲于奔命，城市活力如贫血般衰减。对此，《马丘比丘宪章》以"有机共生"理念破局，强调公共交通应成为城市发展的"骨架"，而非私人汽车的"附庸"。绿色低碳的公共交通体系正重构城市脉络：通过"轨道+公交+慢行"的三网融合，地铁、轻轨如动脉般贯穿城市，公交微循环如毛细血管般渗透社区，配合全域覆盖的共享单车网络，实现"500 m 必有站、1 km 可换乘"的零碳出行生态；智慧调度系统与无障碍设施的普及，让老年群体、残障人士及携带重物者均能平等享受"门到门"服务，而艺术化站台、文化主题车厢与社区微景观的嵌入，更将通勤转化为沉浸式城市漫游。有数据显示，此类系统可使人均出行能耗降低70%，道路资源利用率提升 3 倍，同时将通勤幸福感指数提高40%，真正让公共交通从"生存工具"进化为"生活载体"，重塑人与城市的亲密关系。

 案例

深圳建设绿色交通体系

深圳通过"政策—技术—市场"三端协同，建成全球首个超大型城市全域绿色交通体系。全市公交、出租、网约车及环卫车实现 100% 电动化，累计推广新能源车辆超过95 万辆，建成 3.1 万座充电桩与 150 座光储充一体化电站，形成"5 km 充电圈"；依托5G 与车路协同技术，打造 178 km 智慧公交示范线，实现车辆精准调度与能耗优化，使公交能耗降低 18%；创新推出"绿色出行碳普惠"平台，市民骑行、公交出行等低碳行为可兑换数字人民币或商业优惠，吸引超过 800 万人参与，年碳减排量达 46 万吨；同步推动氢能重卡、无人机物流等低碳技术试点，建成全球首个氢能港口集卡车队，年减排二氧化碳超过 12 万吨。该体系使深圳交通碳排放强度较 2015 年下降 63%，成为全球绿色交通密度最高、技术融合最深的城市之一，为超大城市交通可持续发展提供"深圳方案"。

分析：深圳以政策驱动全域电动化、技术赋能智慧交通、市场机制激活碳普惠，构建"车-桩-网-人"协同减碳生态，实现交通能耗与碳排放双降，其规模化应用与前沿技术融合模式，为超大城市绿色转型提供了可复制的低碳发展范式。

4.3.5 实践任务：绿色交通发展机遇与行动方案设计

1. 任务背景

全球气候变化加剧，传统交通方式的高碳排放已成为制约可持续发展的关键问题。与此同时，技术进步（如新能源、智能交通）、政策支持（如碳中和目标）和公众环保意识提升为绿色交通发展带来历史性机遇。然而，绿色交通的推广仍面临技术落地难、管理效率低、公众参与不足等挑战。本次任务旨在引导学生结合时代机遇，设计绿色交通发展的具体行动方案，并思考如何通过管理能力建设实现愿景，培养学生创新思维与社会责任感。

2. 任务目标

（1）分析绿色交通发展的时代机遇，理解政策、技术与市场趋势。

（2）设计至少 3 项具体行动（如政策建议、技术应用、公众活动等），推动绿色交通落地。

（3）提出加强绿色交通运输管理能力建设的措施（如监管、数据管理、应急响应等）。

（4）畅想绿色交通的未来愿景，并用创意形式表达（如绘画、短视频、标语等）。

3. 任务步骤

（1）通过新闻、政策文件、行业报告，总结绿色交通发展的机遇。

（2）针对学校、社区或城市，设计 3 项具体行动。

（3）提出 2~3 条管理能力建设建议。

（4）每组展示 PPT、视频或绘画作品，并现场答辩。

第 5 章

绿色建筑技术

内容指南

> 绿色建筑技术正通过光伏一体化、地源热泵、智能微电网、碳捕集及数字孪生等前沿创新，推动建筑从"能源消耗体"向"生态能量站"转型。从建材生产到运营维护，从能源自给到碳排放管控，技术集成与数字管理正重塑建筑全生命周期的可持续性，为城市碳中和目标提供关键载体。

知识重点

- 了解绿色建筑的概念与内涵。
- 了解绿色建筑材料及降碳技术。
- 了解我国绿色建筑发展的机遇与行动。

5.1　绿色建筑的概念与内涵

绿色建筑是指在建筑的全生命周期内，最大限度地节约资源（如节能、节地、节水、节材）、保护环境和减少污染，为人们提供健康、适用和高效的使用空间，以及与自然和谐共生的建筑。它不仅关注建筑的功能与美观，更强调对生态环境的友好，注重能源高效利用、水资源循环利用以及选用环保建材，实现可持续发展，如图 5-1 所示。

图 5-1　绿色建筑

5.1.1 绿色建筑的概念

绿色建筑并非单纯指建筑外观的绿色植被覆盖或是建筑周围环境的绿化，而是一种贯穿于建筑全生命周期的先进理念与实践模式。国际上，不同组织对绿色建筑有着相近但各有侧重的定义。美国绿色建筑委员会（USGBC）提出的 LEED（能源与环境设计先锋）认证体系，将绿色建筑定义为在建筑的设计、施工、运营和维护过程中，综合考虑环境影响和资源效率，为人们提供健康、舒适且高效的建筑空间。

我国《绿色建筑评价标准》明确指出，绿色建筑是在全生命周期内，节约资源、保护环境、减少污染，为人们提供健康、适用、高效的使用空间，最大限度地实现人与自然和谐共生的高质量建筑。这一定义强调了绿色建筑在资源节约、环境保护以及提供优质使用空间等多方面的综合特性。

1. 绿色建筑的主要特征

1）资源节约

资源节约是绿色建筑的核心要素之一，涵盖能源、土地、水资源和建筑材料等多个方面。

（1）在能源节约方面，绿色建筑注重采用高效的保温隔热材料和节能设备，如太阳能光伏板、地源热泵系统等，提高能源利用效率，减少对传统化石能源的依赖。例如，一些绿色建筑通过优化建筑朝向和窗墙比，充分利用自然采光和通风，以减少照明和空调能耗。

（2）土地资源方面，绿色建筑倡导合理规划建筑布局，提高土地利用率。在城市中，通过建设高层建筑、地下空间开发等方式，增加建筑密度，减少土地占用，如图5-2所示。同时，注重保护周边的生态环境，避免对土地的过度开发和破坏。

图5-2 城市高层绿色建筑

（3）水资源节约方面，绿色建筑采用雨水收集和中水回用系统，如图5-3所示，将雨水收集起来用于绿化灌溉、道路冲洗等，将生活污水经过处理后回用于冲厕等非饮用水用途，提高水资源的循环利用率。

（4）在建筑材料的选择上，优先选用本地材料、可再生材料和可回收材料，减少材料运输过程中的能源消耗和环境污染。例如，使用竹材、秸秆板材等可再生材料，以及废旧钢材、木材等可回收材料。

图 5-3　雨水回收

2）环境保护

绿色建筑致力于减少对环境的负面影响，从建筑设计到施工运营的各个环节都充分考虑环境保护。在建筑设计阶段，通过合理选址和规划，避免对生态敏感区域和自然景观的破坏。例如，不选择在湿地、森林等生态脆弱区域建设建筑，以保护生物多样性。

施工过程中，采取有效的污染防治措施，减少扬尘、噪声、废水等污染物的排放。采用绿色施工技术，如装配式建筑技术，如图 5-4 所示，减少现场湿作业，降低施工对环境的影响。运营阶段，绿色建筑通过优化能源管理系统、垃圾分类处理等措施，减少建筑运行过程中的污染物排放和废弃物产生。例如，设置垃圾分类收集设施，将可回收物、有害垃圾和其他垃圾进行分类处理，以提高资源回收利用率。

图 5-4　装配式建筑

3）健康舒适

绿色建筑以提供健康、舒适的室内环境为目标，关注室内空气质量、热环境、声环境和光环境等方面。

（1）在室内空气质量方面，采用环保的装修材料和家具，以减少甲醛、苯等有害物质的释放。同时，设置良好的通风系统，保证室内空气的新鲜和流通。

（2）热环境方面，通过合理的保温隔热设计和空调系统控制，保持室内温度的适宜和稳定。例如，采用智能温控系统，根据室内外温度变化自动调节空调运行参数，以提高室内热舒适度。

（3）声环境方面，采取有效的隔声降噪措施，减少外界噪声对室内的影响。例如，采用隔声门窗、吸声材料等，以降低室内噪声水平。

（4）光环境方面，充分利用自然采光，合理设计窗户的大小和位置，使室内光线充足且均匀。同时，采用节能的照明设备，提供舒适的照明环境。

2. 绿色建筑与传统建筑的区别

表 5-1 是关于绿色建筑与传统建筑区别的对比，清晰呈现两者在核心特征上的差异。

表 5-1　绿色建筑与传统建筑的区别

对比维度	传统建筑	绿色建筑
设计理念	关注建筑的功能、美观和成本，忽视对环境和资源的影响	将环境因素和资源效率放在重要位置，从建筑的全生命周期出发，追求建筑与自然和谐共生
能源利用	依赖传统化石能源（如电力、燃气），能源利用效率低，消耗大	积极采用可再生能源（如太阳能、地热能）和高效节能技术，提高能源效率，减少碳排放
环境影响	建设和运营过程中对环境破坏较大（如土地浪费、水污染、空气污染）	采用环保材料、绿色施工技术和污染防治措施，减少对环境的负面影响，实现协调发展
使用体验	室内空气质量差、热环境不舒适、噪声干扰，影响健康和舒适度	注重提供健康、舒适的室内环境，通过优化设计和管理，提高生活品质和工作效率

3. 发展绿色低碳建筑的战略意义

在全球积极应对气候变化、推动可持续发展的时代背景下，低碳经济应运而生，并逐渐成为引领世界经济发展的新潮流。低碳经济以低能耗、低污染、低排放为基础，旨在实现经济社会的可持续发展。随着低碳经济理念的深入人心，低碳城市的发展理念也随之兴起。低碳城市强调在城市规划、建设、运营等各个环节，通过优化能源结构、提高能源利用效率、推广绿色交通、加强生态保护等措施，降低城市的碳排放强度，打造宜居、宜业、可持续发展的城市环境。而在低碳城市的建设过程中，低碳建筑作为其中的关键组成部分，正越来越多地走进我们的视野，成为未来城市发展的重要方向。

1）顺应节能减排潮流

现在与建筑相关的能耗问题越来越严重，如建筑本身、居民生活、采暖空调等方面的能耗加在一起，比工业能耗还多，成了社会能耗"老大"，占总能耗的近 50%。特别是我国住宅，用能效率低，在相同技术条件下能耗是发达国家的 2~3 倍。而且建筑排放的二氧化碳也很多，占到排放总量的近 50%，比运输和工业领域都高。

要发展低碳经济，建筑节能减排就成为不得不考虑的重要问题。建筑行业需要承担起这一责任，要积极行动起来。发展建筑节能减排是建筑业发展的必然方向，减碳潜力巨大，这也与全球节能减排的主题相匹配，可以通过推广绿色低碳建筑、用节能材料、优化建筑设计、提高能源利用效率等方法，降低建筑能耗和碳排放，为应对气候变化贡献自己的力量。

2）城市与产业发展的必然需求

我国探索绿色建筑已有 10 年，虽然起步较晚但步履坚定。如今经济、城市化发展迅猛，环境问题便成了全球焦点，气候变暖让人类意识到可持续发展迫在眉睫。建筑领域"可持续"研究从节能拓展到绿色建筑，再到低碳建筑。未来 10 年，低碳建筑会是新的发展方向。它符合国家经济措施，可缓解能源需求、保障安全，还顺应国际趋势，带动相关产业发展，可形成新的经济增长点。

3）抢占全球经济制高点的战略选择

目前已进入碳强度控制时代，"碳标准"的出现，使经济行为都要衡量是否为低能耗、低碳排放。低碳建筑节能减排显著，符合低碳社会标准，它的推行是历史的必然。中国是建材大国，城镇化关键期出现巨大的低碳建筑市场。虽然技术起步较晚，但和国际差距不大，且市场需求很大，便于弯道超车。通过发展技术、创新和培养人才，我国有望成为全球低碳建筑技术大国，提升自身的国际地位。

4）激活内需发展的新引擎

目前，我国城镇房屋存量近 200 亿平方米，其中约 40 亿平方米为危房、旧房，如图 5-5 所示，未来 10~20 年内部分建筑寿命将到期且建筑质量亟待改进，同时农村还有 340 亿平方米房屋存在改造需求，若能把这两部分房屋改造成低碳建筑，将催生巨大的低碳建筑市场需求；低碳建筑再造意义重大，不仅能大幅降低能耗与温室气体排放、改善居民生活环境，还将为启动我国消费市场、扩大内需提供关键突破口，其改造过程涉及建筑材料、设备、施工等多个环节，能带动相关产业发展并创造大量就业机会。此外，低碳建筑的推广还有助于促进居民消费观念的转变，推动绿色消费市场发展，为我国经济持续增长注入新动力。

图 5-5　等待改造的旧房

4. 发展绿色低碳建筑对我国房地产业的影响

1）改变规划与技术标准

在建筑行业迈向低碳发展的进程中，规划与技术标准正经历着深刻变革。低碳建筑对建筑采暖、制冷、通风、照明、给排水等各个环节都提出了更为严格的能耗与减排要求。这意味着在建筑设计阶段，就需要充分考虑如何通过优化系统设计来降低能源消耗、减少碳排放。同时，低碳建筑还对土地与空间的利用设定了节约、高效的目标。例如，在条件允许的情况下，尽可能利用自然光进行照明，这不仅能减少人工照明的能耗，还能营造出更为舒适、健康的室内环境。这些新的要求与目标，无疑会对未来房地产领域的建筑规划产生深远影响，促使建筑师和开发商重新审视传统的建筑规划理念，进而提高建筑产品的技术标准，以满足低碳建筑的发展需求。

2）更多采用新材料与新技术

新材料与新技术的应用是建筑实现低碳节能的关键所在。在建筑用能与构造方面，新技术在能源供给、外立面结构、废水循环等系统中的应用发挥着重要作用。例如，先进的能源供给技术可以提高能源利用效率，减少能源浪费；创新的外立面结构设计能够增强建筑的保温隔热性能，降低空调和暖气的能耗；高效的废水循环系统则可以实现水资源的重复利用，减少对自然水资源的依赖。与此同时，环保耐久的建筑新材料也在不断涌现，这些材料不仅具有良好的性能，还能在生产、使用和废弃处理过程中减少对环境的影响。在未来，随着低碳建筑成为一种发展趋势，节能减排的新材料和新技术将迎来广阔的市场前景，具有巨大的市场潜力。

3）大幅度提高建设成本与售价

低碳建筑对能耗与碳排放的高要求，决定了在建设与运营过程中必须采用新技术与新材料。然而，新技术和新材料的研发、生产和应用往往需要投入大量的资金和人力，这势必会导致建筑的建设成本大幅提高。对于开发商来说，为了维持与普通建筑相当的利润水平，在成本增加的情况下，提高产品的售价就成为一种必然选择。因此，从市场角度来看，低碳建筑的建设成本和售价相较于普通建筑会有一定程度的上升。虽然这可能会在一定程度上影响消费者的购买意愿，但从长远来看，低碳建筑所带来的节能减排效益和环境效益是无法用金钱来衡量的。

4）增加建筑物的运营费用

延长建筑物的使用寿命是建筑实现低碳发展的重要途径之一。通过采用高质量的建筑材料和先进的施工技术，可以提高建筑物的耐久性和稳定性，从而延长其使用寿命。然而，在长寿命的使用过程中，由于采用了低碳节能的新技术和新材料，建筑产品的运营费用也会相应增加。例如，一些先进的节能设备可能需要定期进行维护和更新，以确保其正常运行；新型的建筑材料可能需要特殊的保养方法，以延长其使用寿命。这些额外的运营费用会增加业主的生活成本，但从整体社会效益来看，这是为了实现建筑的低碳发展所必须付出的代价。同时，随着技术的不断进步和成本的逐渐降低，未来建筑物的运营费用也有望得到一定程度的控制。

5. 发展绿色低碳建筑面临的问题

低碳建筑作为低碳经济的关键构成部分，本应与低碳经济协同发展，但在我国，要将两者紧密联系起来，仍面临诸多亟待解决的困难与问题。

（1）现阶段，我国还缺乏完整有效的鼓励政策与监督机制，在一定程度上挫伤了市场各方参与低碳建筑建设的积极性，阻碍其发展。建材制造商无体系激励，技术和资金又受限，使研发能力不足，且低碳材料成本高会抬升建造成本。开发商因成本高、利润薄，在房价高、认知度低且于卖方市场下，会更注重短期利益，使推行动力不足。消费者购房成本增加，若税收优惠难抵，低碳建筑便难以进入大众市场。

（2）除鼓励政策和监管机制缺失外，缺乏完善的产业技术标准也是我国低碳建筑与低碳经济联动的难题。我国绿色建筑起步晚、经验少、数据缺乏，现有评估标准问题多。其偏重设计和建设过程引导，忽视评估结果的权威性、科学性及可靠性。指标定性居多，主观判断多，影响评估质量，不同人员评估结果差异大，给推广应用带来不确定性。且评估体系侧重环境质量，忽视经济性与舒适性，不利于实现绿色效应最大化，影响低碳建筑的推广，如部分低碳建筑因成本高、舒适性差而难以立足市场。

（3）低碳建筑发展需专业设计支撑，但我国目前在这方面能力明显不足。低碳建筑需在全周期兼顾环保、节能等诸多因素，以实现与生态协调发展。然而，设计体制和人员资质均未达到要求。设计体制上，现有流程和管理模式难以满足低碳建筑跨学科协作需求，缺乏有效协调机制，各专业沟通合作不畅，难以形成统一方案。设计人员资质上，大多缺乏专业知识与实践经验，培训教育不足，难以胜任工作，阻碍低碳建筑在设计阶段提升水平及规模化发展。

（4）推广低碳建筑时，既有建筑低碳节能改造至关重要，但目前我国低碳改造面临资金难题。民用建筑节能激励措施缺失，补贴、金融、税收激励有限，推进工作困难重重。业主改造需大量资金，无政府激励便动力不足。同时，低碳建筑融资平台未搭建，政府风险补偿、信用担保等机制还不完善，改造资金来源不稳定，仅依赖地方财政，资金有限且难以满足需求，部分地方甚至无法启动项目，严重阻碍低碳建筑的发展和推广。

5.1.2 绿色建筑的内涵

绿色建筑作为现代建筑领域的重要发展方向，正逐渐改变着人们对传统建筑的认知。它不仅仅是一种建筑形式，更是一种融合了环保、节能、可持续发展等理念的综合体现。深入理解绿色建筑的内涵，对于推动建筑行业的绿色转型、实现人与自然的和谐共生具有重要意义。

1. 绿色建筑的意义

建筑是能源消耗与资源利用的"大户"，对环境影响深远。全球半数能源用于建筑，超半数物质原料用于建造各类建筑及附属设施，虽然部分基础设施难以用绿色建筑标准衡量，但居住区、办公大厦等对资源利用具有循环性。同时，建筑引发的空气、光、电磁污染占环境总污染超过 1/3，人类活动产生的垃圾中 40% 为建筑垃圾。对于发展中国家，大量人口涌入城市，对住宅、道路等基础设施需求激增，能源消耗不断攀升，这与日益匮乏的石油、煤炭等资源矛盾加剧，凸显了节约能源资源、减少二氧化碳污染及发展绿色建筑的紧迫性。

2. 绿色低碳建筑是发展低碳经济的重要内容

低碳建筑贯穿于建筑材料、设备制造、施工建造及使用全生命周期，旨在提高能效、减少化石能源使用与二氧化碳排放，是发展低碳经济的关键，意义重大。研究显示，中国每建造 1 m² 房屋约释放 0.8 t 碳，建筑运行中采暖等环节碳排放量高。加快其发展、创新节能技术、构建碳排放控制体系并实现可持续发展，经济、社会和生态价值显著。

未来，低碳建筑发展有三大重点：新建建筑节能，我国城镇化率年均增加 1%，严格按节能 50% 或 65% 标准建造可助力节能减排；现有建筑节能改造，涵盖住宅与大型公共建筑，后者能耗高，是改造的重点；北方城镇供热计量改革，秦岭淮河以北城市年户均排放超 2.5 t，秦岭淮河以南未集中供热城市低于 1.5 t，改造潜力巨大。

推动发展需发挥政策合力：加强宣传，明晰节能、绿色、低碳住宅概念关系；制定并严格执行建筑节能标准，完善体系，改进施工环节及中小城市、村镇执行情况；树立全生命周期理念，材料上技术革新、加大研发，施工上推动产业化、工业化，使用上注重可再生能源应用；制定经济激励政策，供应端给予研发、生产、使用补贴或优惠，需求端在住宅消费政策中引导购买。

3. 环境保护与污染减少

绿色建筑在环境保护方面成效显著，针对传统建筑带来的多种污染问题采取积极举措：施工时，为减少对周边空气质量的影响，采取设置围挡、洒水降尘、使用低排放施工机械等环保措施；运营阶段，借助清洁能源与高效通风系统，如新风净化系统过滤污染物、降低室内外空气污染排放。在照明设计上，注重合理性与科学性，运用节能灯具和智能控制系统，避免过度照明与眩光，商业建筑安装智能感应灯具，节约能源的同时降低光污染。鉴于电子设备广泛应用带来的电磁污染问题，绿色建筑在电气设计和选型时控制电磁辐射，合理规划线路、设置屏蔽设施，医院、学校等场所采取更严格的防护。此外，为减少传统建筑施工产生中大量占用土地且污染环境的建筑垃圾，绿色建筑优化工艺、采用预制装配式技术、加强管理以减少垃圾产生，并对垃圾分类回收再利用，如将废弃混凝土块处理后作为再生骨料用于道路或混凝土制品生产。

4. 提供健康舒适的室内环境

绿色建筑致力于打造优质的室内环境，全方位提升人们的舒适与健康体验。为保障室内空气质量，采用自然与机械通风相结合的方式，并严格选用无甲醛板材、环保涂料等低有害物质释放材料；凭借高效保温隔热与空调系统，精准调控室内温湿度，四季营造宜人氛围；设计时充分考虑自然采光，借合理朝向、窗户及采光井等引入光线，减少人工照明；运用隔声材料与合理布局，降低室内外噪声干扰，为生活和工作营造安静空间。

5.1.3　绿色建筑的发展现状

随着人类的文明、社会的进步、科技的发展以及对高质量住房的需求，房屋建设正在如火如荼地进行当中，而以牺牲环境、生态和可持续发展为代价的传统建筑和房地产业已经走到了尽头。发展绿色建筑的过程本质上是一个生态文明建设和学习实践科学发展观的过程。其目的和作用在于促进与实现人、建筑和自然三者之间高度的和谐统一；经济效益、社会效益和环境效益三者之间充分的协调一致；国民经济、人类社会和生态环境又好又快地可持续发展。

1. 环保意识引领新方向

当下社会进步快、科技发展迅猛，大家对住房需求大增，房屋建设热火朝天。但传统建筑和房地产靠牺牲环境、生态来发展，很难走远，由此绿色建筑就出现了。

现在大家环保意识越来越强，开发商和建筑师都争先恐后地建造绿色建筑、健康住宅。人们对建筑的要求更高了，不仅要看房子质量，还关心小区环境；不仅关注结构安全，室内空气流通性也很重要；选用材料时，除了考虑坚固耐用和价格外，材料对环境、能源的影响也是需要考虑的因素。人们的自我保护意识也提高了，对煤气、电器等隐患更加注重，对慢性危害健康的因素也更了解，意识到"绿色"和生活紧密相连，这给绿色建筑发展提供了强大动力。

2. "绿色建材"研发成果初显

绿色建筑的发展离不开"绿色建材"的支撑。近年来，通过引进、消化和借鉴国外先进技术，我国在"绿色建材"领域取得了一系列研发成果。先后开发出环保型、健康型的壁纸、涂料、地毯、复合地板等多种装饰建材。

3. 施工过程环境问题受到重视

在绿色建筑的发展过程中，施工环境问题越来越受到关注。现在建筑行业环境挑战众多，像施工噪声大、粉尘多，运输物会遗撒，产生大量建筑垃圾，油漆涂料和化学品还可能泄漏，资源能源消耗大，装修时还会排放甲苯、甲醛等有害物质。这些问题既污染周边环境，又影响居民生活。

为应对这些问题，一些企业行动起来，通过相关环境管理标准认证，加强施工环境管理。他们制定严格的制度，使用环保设备和工艺，还注重加强现场监测监管，有效地减少了环境污染和资源浪费，让绿色建筑在施工阶段能更好地发展。

 案例

被动式超低能耗建筑示范项目

河北高碑店列车新城建成全球最大规模被动式超低能耗建筑集群，总建筑面积达120万平方米，涵盖住宅、学校及商业设施。项目采用高保温外墙［传热系数不大于 $0.15\ W/(m^2 \cdot K)$］、三玻两腔被动窗及无热桥设计，结合高效热回收新风系统（热回收效率不小于75%），实现建筑全年无需传统供暖制冷设备，能耗较常规建筑降低90%以上；通过建筑形体优化与遮阳系统，减少夏季太阳辐射热量60%，并利用地埋管换热器辅助调节室内温湿度，使室内环境全年保持在 $20\sim26\ ℃$、湿度40%~60%的舒适区间。此外，社区配套太阳能光伏发电与雨水回收系统，可再生能源利用率达35%，年减少碳排放超5万吨。该项目获德国被动房研究所（PHI）认证，成为北方高寒地区超低能耗建筑规模化应用的标杆，验证了被动式技术在中国气候条件下的经济性与普适性。

分析： 河北高碑店列车新城通过被动式技术集成（高保温墙体、高效热回收系统等）与可再生能源配套，实现建筑能耗锐减90%、碳排放年降5万吨，验证了超低能耗建筑在北方气候下的规模化经济性，为高寒地区绿色建筑推广提供技术验证与标准范本。

5.1.4 实践任务：绿色建筑调研与可持续发展方案设计

1. 任务背景

全球资源短缺与气候变化加剧，传统建筑行业高能耗、高污染模式难以为继。绿色建筑通过节能设计、采用环保材料与智能管理，实现全生命周期低碳、高效与健康，成为应对温室气体挑战的关键路径。目前，多国已将绿色建筑纳入政策规划，但公众认知不足、技术成本高、标准不统一等问题仍制约其推广。本任务旨在引导学生理解绿色建筑核心概念，调研发展现状，并设计校园或社区推广方案，培养学生环保意识与创新能力。

2. 任务目标

（1）理解绿色建筑的概念、内涵及核心原则。

（2）调研国内外绿色建筑的发展现状。

（3）针对校园或社区，设计一项绿色建筑推广或改造方案。

3. 任务步骤

通过文献或纪录片总结绿色建筑定义。

5.2 绿色建筑材料及降碳技术

绿色建筑材料及降碳技术是推动建筑行业可持续发展的重要力量。绿色建筑材料以环保、健康、资源节约等特性为核心，涵盖新型墙体材料、环保涂料、再生建材等众多品类，它们在生产、使用和废弃处理全过程中对环境影响小，且能提升建筑性能与居住品质；降碳技术则聚焦于建筑全生命周期的碳排放控制，通过优化建筑设计以增强自然采光通风、应用高效节能设备降低能源消耗、利用太阳能等可再生能源替代传统能源、采用碳捕捉与封存技术减少碳排放等多元手段，助力建筑行业减少碳足迹，实现绿色低碳转型，达成经济效益、社会效益与环境效益的有机统一。

5.2.1 绿色建筑材料概述

在当今追求可持续发展的时代背景下，绿色建筑材料已成为建筑行业转型升级的关键要素。绿色建筑材料是指在原料选取、生产制造、使用过程以及废弃物处理等全生命周期内，对环境的负荷小、资源消耗低，且具备良好使用性能和健康特性的建筑材料。与传统建筑材料相比，绿色建筑材料更加注重与自然环境的和谐共生，强调资源的循环利用和能源的高效利用。

绿色建筑材料的发展是应对资源短缺、环境污染和气候变化等全球性挑战的重要举措。随着人们环保意识的不断增强和对高品质居住环境需求的增加，绿色建筑材料在建筑市场中的占比逐渐提高。从住宅建筑到商业建筑，从公共设施到工业厂房，绿色建筑材料的应用范围越来越广泛，不仅提升了建筑的整体品质，还为人们创造了更加健康、舒适的生活和工作环境。

1. 绿色建筑材料的分类与特性

1）新型墙体材料

（1）分类。新型墙体材料种类繁多，常见的有加气混凝土砌块、蒸压粉煤灰砖、空心砖等。加气混凝土砌块以水泥、石灰、砂、粉煤灰等为主要原料，通过特定的工艺制成；蒸压粉煤灰砖则以粉煤灰和石灰为主要原料，经高压蒸养而成；空心砖有烧结空心砖和非烧结空心砖之分，烧结空心砖以黏土、页岩等为原料，非烧结空心砖则多采用工业废渣等材料。

（2）特性。新型墙体材料具有轻质、高强、保温隔热、防火等优良性能。轻质的特点可以减轻建筑物的自重，降低基础工程的造价；高强性能保证了墙体的结构安全性；良好的保温隔热性能能够有效减少室内外热量的传递，降低建筑物的采暖和制冷能耗；防火性能则提高了建筑物的消防安全性。

2）环保型装饰装修材料

（1）分类。环保型装饰装修材料包括环保涂料、无醛板材、天然石材替代品等。环保涂料如水性涂料、粉末涂料等，以水或固体粉末为介质，减少了挥发性有机化合物（VOCs）的排放；无醛板材采用无醛胶黏剂生产，避免了甲醛等有害物质的释放；天然石材替代品如人造石材，具有与天然石材相似的外观和性能，但生产过程中对环境的影响较小。

（2）特性。环保型装饰装修材料的主要特性是无毒无害、环保健康。它们不含对人体有害的物质，如甲醛、苯、重金属等，能够为室内提供清新、健康的空气环境。同时，这些材料还具有良好的装饰性能，能够满足人们对室内美观的需求。

3）节能门窗材料

（1）分类。节能门窗材料主要有断桥铝合金门窗、塑钢门窗、玻璃钢门窗等。断桥铝合金门窗通过在铝合金型材中间插入隔热条，阻断了热量的传导；塑钢门窗以聚氯乙烯（PVC）树脂为主要原料，加上一定比例的稳定剂、着色剂、填充剂、紫外线吸收剂等，经挤出成型材，然后通过切割、焊接或螺接的方式制成门窗框扇；玻璃钢门窗则是以玻璃纤维及其制品为增强材料，以不饱和聚酯树脂为基体材料，通过拉挤工艺生产而成。

（2）特性。节能门窗材料具有优异的保温隔热、隔声降噪性能。它们能够有效阻止室内外热量的交换，降低空调和暖气的能耗；同时，还能减少外界噪声的传入，提高室内的安静程度。此外，这些材料还具有良好的密封性能，能够防止风雨的侵入。

4）再生建筑材料

（1）分类。再生建筑材料是指利用废弃建筑材料经过加工处理后重新制成的建筑材料，如再生骨料混凝土、再生砖、再生钢材等。再生骨料混凝土是将废弃混凝土经过破碎、筛分、清洗等工艺处理后得到的再生骨料，部分或全部替代天然骨料配制而成的混凝土；再生砖以建筑垃圾、工业废渣等为原料，经过破碎、配料、成型、养护等工艺制成；再生钢材则是通过对废旧钢材进行回收、加工和再利用得到的。

（2）特性。再生建筑材料的主要特性是资源循环利用、环保节能。它们的生产减少了对天然资源的开采，降低了对环境的破坏；同时，解决了废弃建筑材料的处理问题，减少了垃圾的填埋和焚烧，降低了环境污染。此外，再生建筑材料在性能上也能够满足一定的建筑要求。

2. 绿色建筑材料的应用优势

1）环境效益

（1）减少资源消耗。绿色建筑材料在生产过程中更加注重对资源的节约和循环利用。例如，再生建筑材料的使用可以大量减少对天然砂石、黏土等资源的开采；新型墙体材料和节能门窗材料等也采用了轻质、高强的设计，减少了原材料的使用量。

（2）降低环境污染。绿色建筑材料在生产和使用过程中产生的污染物较少。环保型装饰装修材料减少了甲醛、苯等有害物质的排放；新型墙体材料和节能门窗材料的生产过程也更加环保，降低了粉尘、废气、废水的排放。此外，再生建筑材料的应用减少了建筑垃圾的产生和填埋，降低了对土壤和水源的污染。

2）经济效益

（1）降低建筑成本。虽然一些绿色建筑材料在初始投资上可能相对较高，但从长期来看，它们能够降低建筑物的运行成本。例如，节能门窗材料和新型墙体材料的保温隔热性能好，可以减少采暖和制冷的能耗，从而降低能源费用；再生建筑材料的价格相对较低，可以降低建筑材料采购成本。

（2）提高建筑价值。采用绿色建筑材料的建筑物具有更高的品质和市场竞争力。随着人们对环保和健康的关注度不断提高，绿色建筑越来越受到市场的青睐。使用绿色建筑材料的建筑物在出售或出租时，往往能够获得更高的价格和租金。

3）社会效益

（1）改善室内环境质量。绿色建筑材料无毒无害、环保健康，能够为室内提供清新、舒适的空气环境。环保型装饰装修材料减少了有害物质的释放，降低了人们患呼吸道疾病、过敏等疾病的风险；节能门窗材料和新型墙体材料的隔声降噪性能好，提高了室内的安静程度，有利于人们的身心健康。

（2）推动建筑行业可持续发展。绿色建筑材料的应用促进了建筑行业的技术创新和产业升级。它推动了建筑行业向绿色、环保、节能的方向发展，提高了建筑行业的整体素质和竞争力。同时，也为社会创造了更多的就业机会，促进了经济的可持续发展。

3. 绿色建筑材料的发展趋势与挑战

1）发展趋势

（1）智能化。未来的绿色建筑材料将朝着智能化的方向发展。例如，智能调温材料可以根据室内外温度的变化自动调节材料的保温隔热性能；智能调湿材料可以根据室内湿度的变化自动调节空气湿度。此外，还有一些智能材料可以感知建筑物的结构安全状况，及时发出预警信号。

（2）多功能化。绿色建筑材料将具备更多的功能，除了基本的保温隔热、隔声降噪等功能外，还将具有防火、防潮、防霉、抗菌等功能。例如，一些新型的墙面材料不仅具有良好的装饰性能，还具有抗菌、防霉的功能，能够有效改善室内卫生环境。

（3）标准化与规范化。随着绿色建筑材料市场的不断扩大，对其标准化和规范化将显得越来越重要。未来将制定更加完善的绿色建筑材料标准和规范，加强对绿色建筑材料生产、销售和使用的监管，以确保绿色建筑材料的质量和性能。

2）面临的挑战

（1）成本问题。目前，一些绿色建筑材料的生产成本相对较高，导致其市场价格也较高，这在一定程度上限制了绿色建筑材料的推广和应用。降低绿色建筑材料的生产成本是当前面临的一个重要挑战。

（2）技术难题。虽然绿色建筑材料已经得到了一定的发展，但在一些关键技术上仍存在不足。例如，再生建筑材料的性能还需要进一步提高，以满足更高品质的建筑要求；一些新型绿色建筑材料的生产工艺还不够成熟，也需要进一步优化和完善。

（3）市场认知度。部分消费者和建筑企业对绿色建筑材料的认知度还不够高，对其性能和优势了解不足。这导致在建筑设计和施工过程中，对绿色建筑材料的应用不够积极。提高市场对绿色建筑材料的认知度和接受度是推动绿色建筑材料发展的重要任务。

5.2.2　绿色建筑降碳技术

提高绿色建筑降碳技术意义重大。它贯穿建筑设计、施工、运营各个阶段，涵盖优化布局朝向、选用高效节能设备、利用可再生能源、加强能源管理等举措。能有效降低建筑全生命周期碳排放，推动建筑行业绿色转型，助力实现碳达峰、碳中和目标。

1. 绿色建筑降碳技术的重要性与紧迫性

1）应对全球气候变化

全球气候变化已成为当今世界面临的最为严峻的挑战之一，碳排放是导致气候变化的主要因素。建筑行业作为能源消耗和碳排放的大户，其碳排放量在全球总碳排放量中占据相当大的比例。绿色建筑降碳技术的应用，能够有效减少建筑在全生命周期内的碳排放，对于缓解全球气候变化、实现碳达峰和碳中和目标具有重要意义。通过降低建筑碳排放，可以减少温室气体在大气中的浓度，降低全球气温上升的速度，保护生态系统的平衡和稳定。

2）推动建筑行业可持续发展

传统建筑行业在发展过程中存在着资源消耗大、环境污染严重等问题，难以满足可持续发展的要求。绿色建筑降碳技术注重资源的节约和循环利用，强调建筑与环境的和谐共生。采用这些技术可以降低建筑对自然资源的依赖，减少建筑废弃物的产生，提高建筑的能源利用效率，推动建筑行业向绿色、低碳、环保的方向转型，实现建筑行业的可持续发展。

3）提升建筑品质与使用体验

绿色建筑降碳技术不仅能够降低碳排放，还能提升建筑的品质和使用体验。例如，高效的保温隔热技术可以使室内温度更加稳定，减少空调和暖气的使用频率，为居住者提供更加舒适的室内环境；良好的自然采光和通风设计可以改善室内的光环境和空气质量，有利于居住者的身心健康。此外，绿色建筑降碳技术的应用还可以降低建筑的运行成本，提高建筑的经济效益。

2. 建筑设计阶段的降碳技术

1）建筑布局与朝向优化

合理的建筑布局和朝向设计可以充分利用自然采光和通风，减少人工照明和空调的使用，从而降低建筑的能源消耗和碳排放。在建筑布局方面，应考虑建筑之间的间距和遮挡关系，避免建筑物之间相互遮挡阳光和通风通道。例如，采用行列式、错列式等布局方式，可以增加建筑物的采光和通风面积。在建筑朝向方面，应根据当地的地理环境和气候条件，选择最佳的朝向。一般来说，南北朝向的建筑可以获得更多的自然采光和通风，减少了东西向的太阳辐射热，降低室内空调负荷。

2）体型系数控制

建筑的体型系数是指建筑物与室外大气接触的外表面积与其所包围的体积的比值。体型系数越大，意味着建筑物的外表面积越大，与外界的热交换就越频繁，能源消耗也就越大。因此，在建筑设计中应合理控制体型系数。通过优化建筑的形状和尺寸，减少不必要的凸凹和转折，降低体型系数。例如，采用规整的矩形、方形等形状的建筑，其体型系数相对较小，有利于节能降碳。

3）围护结构保温隔热设计

围护结构是建筑物与外界环境进行热量交换的主要界面，其保温隔热性能直接影响建筑的能源消耗和碳排放。在建筑设计中，应采用高效的保温隔热材料和技术，提高围护结构的保温隔热性能。例如,在墙体、屋顶和地面等部位采用加气混凝土砌块、聚苯板、岩棉板等保温材料,以减少热量的传递。同时,还可以采用双层玻璃、中空玻璃等节能门窗,提高门窗的保温隔热性能。此外,还可以通过设置遮阳设施,如遮阳板、遮阳帘等,减少太阳辐射热进入室内,降低室内空调负荷。

3. 建筑能源系统降碳技术

1)高效节能设备应用

在建筑的供暖、通风、空调、照明等系统中,采用高效节能的设备和技术,可以显著降低能源消耗和碳排放。

2)可再生能源利用

可再生能源具有清洁、可再生、无污染等优点,在建筑能源系统中的应用越来越广泛。太阳能是建筑中最常用的可再生能源之一,可以通过太阳能光伏板将太阳能转化为电能,为建筑提供部分电力供应;利用太阳能热水器提供生活热水,可减少对传统能源的依赖。风能也是一种重要的可再生能源,在一些风力资源丰富的地区,可以安装小型风力发电机,将风能转化为电能。此外,地源热泵技术是一种利用地下浅层地热资源进行供热和制冷的技术,如图 5-6 所示,具有高效、节能、环保等优点,在建筑中的应用前景广阔。

图 5-6　地热泵供热

3)能源管理与监控系统

建立完善的能源管理与监控系统,可以实时监测建筑的能源消耗情况,及时发现能源浪费问题,并采取相应的措施进行调整和优化。能源管理与监控系统可以采集建筑内各种设备的能源消耗数据,如电、水、气等,并通过数据分析软件对数据进行处理和分析,生成能源消耗报表和趋势图。管理人员可以根据这些报表和趋势图,了解建筑的能源消耗状况,制定合理的能源管理策略。同时,能源管理与监控系统还可以与建筑内的设备进行联动控制,根据能源消耗情况自动调节设备的运行状态,实现能源的优化配置。

4. 建筑施工阶段的降碳技术

1)绿色施工工艺与材料选择

在建筑施工过程中,应采用绿色施工工艺和材料,以减少施工过程中的能源消耗和碳排放。例如,采用预制装配式建筑技术,将建筑构件在工厂预制完成后运输到施工现场进行组装,可以减少现场施工的湿作业量,降低施工过程中的能源消耗和粉尘排放。在选择施工材料时,应优先选用绿色建筑材料,如再生骨料混凝土、再生砖等,以减少对天然资源的开采和浪费。

2）施工机械节能管理

施工机械是建筑施工过程中的主要能源消耗设备之一，加强施工机械的节能管理可以有效降低施工过程中的碳排放。应选用节能型的施工机械，并定期对施工机械进行维护和保养，确保其处于良好的运行状态，以提高施工机械的利用效率。同时，还可以采用智能化的施工机械管理系统，对施工机械的运行状态进行实时监测和控制，合理安排施工机械的使用时间和任务，避免其空转和闲置。

3）施工现场废弃物管理

建筑施工过程中会产生大量的废弃物，如建筑垃圾、废旧材料等。需加强施工现场废弃物的管理，实现废弃物的减量化、资源化和无害化处理，可以减少对环境的污染和碳排放。应制定完善的废弃物管理制度，对废弃物进行分类收集和存放。对于可回收利用的废弃物，如废旧钢材、木材等，应进行回收再利用；对于不可回收利用的废弃物，应按照相关规定进行妥善处理，避免随意堆放和填埋。

5. 建筑运营阶段的降碳技术

1）智能化能源管理系统

在建筑运营阶段，建立智能化能源管理系统可以实现对建筑能源消耗的实时监测、分析和优化控制。该系统可以通过传感器和智能仪表采集建筑内各种设备的能源消耗数据，并利用大数据分析和人工智能算法对数据进行处理和分析，预测建筑的能源需求，制定最优的能源管理策略。例如，根据室内外温度、湿度、人员活动等因素自动调节空调、照明等设备的运行状态，实现能源的精准供应和节约。

2）用户行为引导与节能宣传

建筑用户的能源使用行为对建筑的碳排放有着重要影响。通过开展节能宣传和教育活动，引导用户养成良好的节能习惯，可以有效降低建筑的能源消耗和碳排放。例如，向用户宣传节能知识和技巧，如合理设置空调温度、随手关灯、减少电梯使用等；建立用户节能激励机制，对节能表现优秀的用户给予一定的奖励，以提高用户的节能积极性。

3）建筑设备维护与更新

定期对建筑内的设备进行维护和保养，确保设备处于良好的运行状态，可以提高设备的能源利用效率，降低能源消耗和碳排放。同时，对于一些老旧、高能耗的设备，应及时进行更新和改造，采用更加节能、高效的新设备。例如，将老旧的空调设备更换为变频空调或地源热泵空调，将传统的照明灯具更换为 LED 灯具等，如图 5-7 所示。

图 5-7　投射灯和显示屏都采用 LED 灯具

6. 绿色建筑降碳技术面临的挑战与应对对策

1）面临的挑战

（1）技术成本较高。一些绿色建筑降碳技术，如可再生能源利用技术、智能化能源管理系统等，其初始投资成本相对较高，导致建筑项目的成本增加，这在一定程度上限制了这些技术的推广和应用。

（2）技术标准与规范不完善。目前，绿色建筑降碳技术的标准和规范不够完善，还缺乏统一的评价标准和认证体系。这使市场上的绿色建筑降碳产品质量参差不齐，难以保证其性能和效果。

（3）专业人才短缺。绿色建筑降碳技术的应用需要具备相关专业知识和技能的人才。然而，目前建筑行业中这类专业人才相对短缺，导致绿色建筑降碳技术的设计、施工和运营管理存在一定的困难。

2）应对对策

（1）政策支持与激励。政府应出台相关的政策支持和激励措施，如财政补贴、税收优惠、贷款优惠等，降低绿色建筑降碳技术的应用成本，鼓励建筑企业和用户采用绿色建筑降碳技术。

（2）完善技术标准与规范。加快制定和完善绿色建筑降碳技术的标准和规范，建立统一的评价标准和认证体系。加强对绿色建筑降碳产品的质量监管，以确保其性能和效果符合相关要求。

（3）加强人才培养与引进。建筑行业应加强对绿色建筑降碳技术专业人才的培养和引进。高校和职业院校应开设相关专业和课程，培养一批具备绿色建筑降碳技术知识和技能的专业人才。同时，建筑企业应积极引进外部优秀人才，提高企业自身的技术水平和创新能力。

 案例

新型环保材料在建筑中的应用

在新建的生态社区里，新型环保材料得到了广泛应用。建筑外墙采用了一种新型的保温隔热复合材料，其由再生聚酯纤维与纳米气凝胶复合而成，不仅保温性能比传统材料提升 40%，还能有效阻挡外界噪声，让室内环境更静谧舒适。室内装修大量运用了竹纤维板材，这种板材以天然竹子为原料，经过特殊工艺加工，无甲醛释放，且具有天然纹理，美观又环保，用于墙面和家具制作，可为居民打造健康绿色的居住空间。地面铺设则选用了生物基塑胶地板，以可再生植物资源为原料，质地柔软，防滑耐磨，同时具备良好的减震性能，降低了居民行走时的噪声，也减少了意外摔倒的风险。屋顶安装了新型太阳能瓦片，这种瓦片集成了太阳能发电功能，外观与传统瓦片无异，却能将太阳能转化为电能，为社区公共设施供电，每年可减少大量碳排放。通过这些新型环保材料的应用，该生态社区在节能、环保、健康等方面表现出色，成为当地绿色建筑的典范，吸引了众多市民前来参观和学习。

分析：生态社区广泛应用新型环保材料。外墙复合材料提升保温、阻隔噪声；竹纤维板材无甲醛且美观；生物基塑胶地板防滑减震；太阳能瓦片供电减排。多管齐下，社区在节能、环保与健康方面成效显著，成为绿色建筑典范获市民关注。

5.2.3 实践任务：绿色建材与降碳技术方案设计

1. 任务背景

绿色建筑材料与降碳技术是推动建筑低碳转型的核心手段。当前学生对绿色技术认知多停留在理论，缺乏实践应用能力。本任务通过调研绿色建材特性与降碳技术原理，结合校园或社区场景设计低碳改造方案，以提升学生对绿色降碳技术的理解与实践能力。

2. 任务目标

（1）掌握绿色建材分类、特性及应用场景。

（2）理解降碳技术原理与实施路径。

（3）设计校园/社区低碳建筑改造方案，估算减碳效果。

3. 任务步骤

（1）调研绿色建材（如环保涂料、再生材料）的环保优势和成本。

（2）针对校园/社区建筑，提出绿色建材替代方案（如外墙用再生混凝土）与降碳技术集成（如屋顶光伏+高效保温）路径。

（3）估算改造后的减碳量（如年减碳 40 t）、节能率及成本回收周期。

（4）以 PPT 展示方案，包含调研数据、设计细节与预期效果，答辩环节回答提问。

5.3 我国绿色建筑发展的机遇与行动

我国绿色建筑发展迎来诸多机遇，包括政策大力扶持、民众环保意识提升、市场需求渐增。在此背景下，应积极行动，完善绿色建筑标准体系，加强技术研发与创新，培养绿色建筑专业人才，鼓励企业参与建设，同时加大宣传推广力度，营造良好氛围，推动绿色建筑高质量发展。

5.3.1 我国绿色建筑发展的机遇

我国绿色建筑发展机遇众多。政策上，国家战略规划引领，财政补贴与税收优惠激励，法规标准严格约束。市场方面，消费者环保意识增强，房企有转型需求，公共建筑节能改造需求大。技术上，新型材料、可再生能源利用及智能化管理系统不断进步。国际合作中，可引进国外的先进经验和技术，拓展市场并参与标准制定。

1. 政策红利持续释放

1）战略规划引领方向

在国家宏观战略里，绿色建筑地位十分重要。"十四五"等规划把绿色建筑当作建筑行业转型、可持续发展的关键。从国家到地方，各级政府响应规划，将绿色建筑纳入城市规划，保障其有序发展。比如，有些城市新区开发，规定新建建筑要达到一定绿色星级标准。

2）补贴优惠激发热情

政府出台财政补贴和税收优惠，鼓励建设绿色建筑。财政补贴上，对符合条件的项目直接给予资金支持，如有些地区对高星级绿色建筑住宅项目按面积补贴，以降低开发商成本。税收优惠方面，对绿色建筑相关企业给予减免所得税、增值税等优惠政策，消费者购买绿色建筑在契税、房产税上也有优惠，刺激了市场需求。

3）法规标准严格约束

我国应完善绿色建筑法规标准体系，推动其发展。一方面制定强制节能和绿色建筑评价标准，提高新建建筑节能设计要求，如围护结构保温、提高空调能效等；另一方面加强建筑市场监管，处罚不符合标准的项目，促进行业向绿色化、低碳化发展。

2. 市场需求蓬勃兴起

1）消费者环保意识增强

随着生活水平的提高和环保意识的增强，人们对居住和工作环境要求更高。绿色建筑节能、环保、舒适、健康，深受消费者青睐。消费者选房或办公场所时，更加关注室内空气质量、采光通风、能源消耗等。调查显示，多数消费者愿为绿色建筑多花钱，为市场发展提供动力。

2）房企转型需求迫切

房地产市场调控和竞争加剧，房企面临转型压力。绿色建筑是房企提升竞争力、差异化发展的重要途径。建绿色建筑能树立良好形象，吸引消费者，还能降低运营成本，提高经济效益。所以，越来越多房企加大在绿色建筑领域的投入。

3）公共建筑改造需求大

我国大量公共建筑能耗高、效率低，节能改造需求迫切。绿色建筑技术可提供解决方案，如采用高效保温材料、智能化能源管理系统、可再生能源技术等降低能耗。政府也出台优惠政策和资金扶持，鼓励公共建筑节能改造，为绿色建筑技术应用提供市场空间。

3. 技术创新推动绿色建筑

1）新型绿色建筑材料不断涌现

材料是建筑的基础，新型绿色建筑材料研发应用为绿色建筑发展提供了支撑。我国在绿色建材领域有显著进展。例如，新型保温材料有真空绝热板、气凝胶毡，节能门窗有断桥铝合金门窗、Low-E中空玻璃门窗，环保装饰材料有水性涂料、无醛板材等，这些材料提高了绿色建筑性能和质量。

2）可再生能源技术成熟

可再生能源利用是绿色建筑的重要特征。我国在太阳能、风能、地热能利用技术上进步很大。太阳能光伏发电、热水系统，风能发电技术，地源热泵技术等，降低了绿色建筑能源消耗和碳排放。

3）智能管理系统升级

智能化建筑管理系统是绿色建筑高效运行和节能管理的重要手段。随着信息技术的发展，该系统不断升级，能实时监测、控制和优化管理建筑设备，提高能源利用效率，如智能照明、空调系统等，为绿色建筑精细化管理提供了保障。

4. 国际合作助力绿色建筑

1）国际经验与技术引进

全球应对气候变化和推动可持续发展，绿色建筑成为国际合作热点。我国积极参与国际合作交流，引进国外先进理念、技术和标准，并结合国情创新应用，提升了绿色建筑发展水平。例如，引进国外绿色建筑评价体系并本土化改进，引进先进技术和产品，推动技术进步。

2）项目合作拓展市场

我国绿色建筑企业走出了国门，参与国际项目的竞争和建设。与国际知名企业积极展开合作，学习他们的先进经验和技术，提升自身的国际竞争力。在国际市场上不断取得成绩，现已承接大型国际绿色建筑项目，提升了国际影响力，为产业国际化发展奠定了基础。

3）参与标准制定

我国积极参与国际绿色建筑标准制定，并且发挥了重要作用。将自身经验和技术成果纳入国际标准体系，提升话语权，同时促进产业与国际接轨，推动产品和技术出口。例如，我国专家参与国际标准化组织相关标准制定，为国内产业国际化创造条件。

5.3.2　加快普及绿色建筑

为加快普及绿色建筑，需多管齐下。政策上，完善法规标准、加大补贴与税收优惠、优先土地审批；技术端，强化研发合作、打造示范项目、推广绿色建材；市场中，加强宣传教育、完善评价标识、引导金融支持；监管中，强化全流程监管、建立评估反馈、严肃责任追究。全方位推动绿色建筑走进大众生活。

1. 促进城镇绿色建筑规模化发展

在绿色建筑发展的征程中，需采取多元化、系统化的推进策略，以实现绿色建筑在更广范围、更深层次的普及与应用。

（1）规模化推进。我国地域辽阔，各地区在气候、资源、经济和社会发展等方面存在显著差异。基于此，要依据不同地区的独特特点，精心开展绿色生态城区的规划与建设工作。对于先行地区以及新建的各类园区，如学校、医院、文化园区等，应逐步推动新建建筑全面执行绿色建筑标准。通过这种方式，形成规模效应，带动周边区域绿色建筑的发展，实现绿色建筑从点到面的规模化拓展。

（2）新旧结合推进。新建区域与旧城更新是绿色建筑规模化发展的关键。新建区域建设勿局限于单项技术，应集成能源、交通等多项技术创新，提升资源利用与整体效率。旧城更新要在保护文化遗产基础上规划，整治老旧小区环境、更新基础设施、改造老旧建筑，让旧城焕新绿。

（3）梯度化推进。因东、中、西部经济发展与产业基础有别，宜梯度化推进绿色建筑。东部沿海资金充足、产业优质，可优先试点强制推广，发挥示范作用；中部结合实际规划重点区域发展，塑造特色格局；西部先扩大单体示范，积累经验技术，逐步规模化，实现区域协同共进。

（4）市场化、产业化推进。培育创新能力是绿色建筑产业化发展的核心。要加大关键技术研发，突破瓶颈、推广成果，开发节能环保建材等产品，淘汰高能耗、高污染产品，推广可再生能源应用。同时，推动从政府引导向市场推动转变，发挥市场作用，激发企业活力、加大融资，促进产业市场化产业化。

（5）系统化推进。系统化推进绿色建筑发展需要统筹规划城乡布局。结合城市和农村的实际情况，在城乡规划、建设和更新改造过程中，因地制宜地将低碳、绿色和生态指标体系纳入其中。严格保护耕地、水资源、生态与环境，优化城乡用地、用能、用水、用材结构，推动城乡建设模式从传统的高能耗、高污染向绿色、低碳、可持续方向转型，实现城乡建设的绿色协调发展。

2. 推动农村绿色建筑发展

（1）宣传教育筑根基。农村受教育水平与城市存在差距，绿色节能理念在偏远农村薄弱。推动农村绿色建筑，首要任务是宣传教育，让村民知晓绿色建筑概念、自身经济收益及对集体的便利实惠，这是开启绿色建筑发展的关键一步。

（2）经济可行定方向。农村发展绿色建筑受到经济基础薄弱制约，与城市差距渐大，农村居民收入远低于城市居民。不能用高成本换取绿色节能，否则既背离绿色建筑本意，也难获村民认可，经济可行性是根本。

（3）因地制宜探路径。农村地理人文环境独特，如贵州省山村多丘陵、少数民族聚居、生产力水平低、旅游业促进农宅建设但问题多。应因地制宜、就地取材，如用当地石材建房，发展沼气净化环境、节省能耗。被动式设计也重要，通过场地规划、通风组织、墙体门窗保温等利用自然资源，如图 5-8 所示。

图 5-8 贵州的地理资源条件

（4）经济政策强保障。农村发展绿色建筑时间短，村民积极性与认识不足。政府需政策引导与经济支持，简化用地审批程序，以示范工程引导建设，给予符合标准建筑的经济补偿，限制高耗能建筑审批，加强监督。

3. 推进不同行业与地域绿色建筑发展

我国地域广袤、气候多样，横跨四大气候带，自然环境差异大，为此成立了"热带及亚热带地区"等 3 个区域性绿色建筑联盟，搭建工作网络与交流平台推动各地区绿色建筑发展，各地区应积极参与交流共性，提出方案以加速其"普及化"。同时，我国许多传统建筑是依当地条件建造，实用且生态，应总结其智慧，结合现代发展因地制宜推动绿色建筑，打破固有观念。

4. 严格绿色建筑建设全过程监督

（1）策划决策阶段监管。策划决策阶段是绿色建筑建设的起点，其主要任务是明确绿色建筑定位、确定星级目标、提出节能方案。基于此开展项目可行性研究，分析项目特点、区域环境、用能状况和能耗水平，论证节能技术、分析增量成本，并作出合理预评估。为从源头加强绿色建筑管理，需严格把关项目立项报告，综合评估项目选址、区域环境、建设方案、用能情况、能耗水平、节能方案、工程造价和项目效益等多方面因素，确保绿色建筑项目方案切实可行。

（2）设计阶段监管。绿色建筑设计包含初步设计、深化设计与施工图设计阶段，因规划设计阶段决定全生命周期的 80% 费用，所以加强监管对投资控制意义重大。初步设计依可行性报告等编制方案图等，解决技术与经济问题，主管部门应严格审查方案图与概算；深化设计确定技术要求、各专业深入探讨，完成报告并审核论证；施工图设计时要绘制图纸，施工前要严格审查，以确保技术、功能与造价兼顾。

（3）施工阶段监管。施工阶段作为将绿色建筑蓝图转化为实体的关键环节，对成品质量与使用效果起着决定性作用，必须强化监管。施工组织设计审核由监理单位组织，必要时要专家评审，经总监签字方可实施；施工现场管理需多方监管，除了质量、进度、造价外，更要注重绿色施工相关落实情况；施工技术与材料监管也至关重要，从方案审查到抽检巡检，要全方位保障绿色建筑建设质量。

（4）验收阶段监管。验收阶段是绿色建筑从建设转入运营的必经环节，只有通过验收的绿色建筑才能投入使用。验收应注重绿色建筑特有内容的评估，根据建设目标和预期效益，结合《绿色建筑评价标准》，对建设用地占用、建设过程能耗和资源能源消耗等情况进行评价。

（5）运营阶段监管。绿色建筑竣工验收合格后方可投入使用，运营一段时间后需评估运营效果，看是否达到节能减排目标和使用效益。运营阶段的监管主体包括建设单位、监理单位和建设行政主管部门，除监管质量、进度、造价外，还应着重监管绿色施工政策、技术、措施和组织方案的落实情况。

5.3.3 推动绿色建筑的工业化和产业化发展

推动绿色建筑的工业化和产业化发展，是实现建筑行业绿色低碳转型的关键路径。绿色建筑强调在全生命周期内节约资源、保护环境、减少污染，而工业化和产业化则通过标准化设计、工厂化生产、装配化施工和信息化管理，提升建筑生产效率和质量，两者融合可实现建筑业的可持续发展。

1. 加强绿色建筑标准化体系建设

（1）优化标准整合架构。当前，我国绿色建筑标准存在分散、缺乏系统性的问题。需对现有标准进行深度整合，依据标准适用范围与功能，构建目标、工程、产品三大层次标准体系。将特定气候区、建筑类型的节能目标与性能标准归为目标层次；把工程设计、施工、验收及运行管理等环节标准整合为工程层次；将节能建筑产品、施工机具、设备仪器等标准归为产品层次，使标准体系更加清晰、合理。

（2）加速标准完善进程。我国绿色建筑标准在评价方面相对集中，设计、施工、验收及运行管理等配套标准匮乏。现有相关专业标准对绿色建筑要求不明确或覆盖不全面。同时，评价标准针对性差、指标不合理，部分节能建筑产品标准滞后。应加快制定绿色建筑在各环节的标准，并优化评价指标，更新节能建筑产品标准，以适应技术发展需求。

（3）强化政府引导职能。政府在标准化发展中应发挥宏观指导作用，对重大事项进行决策和引导。各级地方政府要把标准化工作纳入重要议事日程，各有关部门按照"统一管理，分工负责"的原则，做好本领域标准化工作，形成"统一管理、依托各方、各司其职、合力推进"的新局面，为标准化建设提供有力的政策保障。

（4）拓宽资金支持渠道。发挥公共财政的引导作用，通过专项资金、部门预算等方式，加大对绿色建筑标准的研究、制定和推广的资金投入，逐步建立政府资助、行业和企业等多方参与的经费保障机制。此外，各级政府可设立标准创新贡献奖，结合激励政策，奖励在标准化领域有突出贡献的组织和个人。相关行业组织、社会团体和有条件的企业也应建立配套奖励制度，激发标准化工作者的创新活力。

（5）深化宣传培训工作。借助网络、电视、广播等媒体，广泛宣传绿色建筑标准体系知识及实施意义。组织开办各类培训班，培养宣传、贯彻绿色标准体系的骨干力量。充分调动生产者、经营者、消费者实施绿色标准的积极性，提升全社会的标准化意识，营造学标准、讲标准、用标准的良好社会氛围，推动绿色建筑标准化工作深入开展。

2. 推动绿色建筑工业化发展

绿色建筑工业化是利用现代化制造、运输、安装及科学管理等大工业生产方式，在设计、生产、施工等各个环节都按照节能标准实施，形成一条完整又配合默契的产业链，让建房的整个过程都工业化、集约化、社会化，不仅能提高建筑工程质量和效益，还可节能减排、高效利用资源。为促进绿色建筑工业化发展，需从多方面发力。

（1）完善标准。标准化是工业化的基础，对保证工程质量、提高效率、节约资源、降低成本和推动技术进步都很重要。现在我国还缺乏统一的工业化建筑认定标准，技术标准也不完善。可以学习借鉴瑞典、日本等国家的经验，结合我国实际情况，建立完善的工业化建筑标准体系。

（2）完善技术设施。科技是推动建筑工业化的核心动力。建筑工业化程度高的国家，不仅有标准体系，还有先进技术。要引进和推广适合我国国情的先进技术，如装配式工业化建造、部品生产、构件安装和管理等技术，同时发展机械化，加强科学管理，提高资源利用率。有数据显示，预制装配式施工比传统建造方法能节省人工、降低造价、缩短工期。积极引进和开发适合不同地区的成套技术，对推动我国建筑工业化十分关键。

（3）加强行业管理。要改革完善适合建筑工业化发展的工程建设管理制度，保证构件、安装等工作符合验收标准；健全质量检查制度，为新技术、新工艺制定质量标准；建立规划和培训制度，提高产业工程业务技术水平，鼓励技术创新；培育技术过硬、节能环保的企业生产产品和研发新工艺，建立构件和部品信息系统。另外，还要加强建筑、建材、轻工、化工、冶金等行业之间的合作，一起朝着统一目标迈进。

5.3.4　加快绿色建筑科技创新与信息化发展

在可持续发展理念深入人心、全球气候变化挑战日益严峻的背景下，加快绿色建筑科技创新与信息化发展已成为建筑行业转型升级的必由之路，对于推动建筑领域实现节能减排、提升资源利用效率、改善人居环境质量具有至关重要的意义。

1. 加强绿色建筑技术研发

近年来，在全球倡导绿色低碳发展的大趋势下，我国政府各部门对绿色建筑技术的发展给予了前所未有的高度重视。随着城市化进程的加速和建筑能耗的持续增长，加快既有建筑改造、绿色建材研发以及建筑物耐久性提升等绿色建筑共性和关键技术的突破，已成为推动建筑行业转型升级、实现可持续发展的紧迫任务。这些技术的进步不仅能够降低建筑能耗、减少环境污染，还能提高建筑的使用寿命和居住舒适度，为人们创造更加健康、宜居的生活环境。

（1）强化跨部门协同合作。推动绿色建筑技术研发，强化跨部门、跨领域、跨环节统筹协调配合是关键。该技术创新涉及多领域环节，需打破部门壁垒。一方面，要推进其与能源、交通、信息等交叉领域主管部门深度合作，如在能源领域优化建筑能源系统配置、提高可再生能源利用比例以及在交通领域研究建筑与周边交通设施协同规划以降低居民出行能耗；另一方面，要调动地方积极性，加强与地方研发衔接，地方政府熟悉当地情况，能助力研发成果落地，推动地方相关技术发展。

（2）创新管理模式与运行机制。遵循绿色建筑技术创新规律，推进各环节管理模式与运行机制创新，是提升研发效率的关键。对重大应用基础研究，应给予持续、稳定的支持，实行长周期、弹性化考核，因其需长期投入且短期难见经济效益，稳定机制能让科研人员安心钻研。产业化关键技术研发攻关则要"跨学科合作""大兵团作战"，该技术涉及多学科，跨学科合作可整合资源形成合力。此外，要落实相关规划纲要，建立以企业为主体、市场为导向、产学研相结合的技术创新体系，发挥企业主体作用，让成果更贴合市场需求。

（3）深化产学研用实质结合。产业技术创新复杂，推进产学研用实质结合是提升绿色建筑技术创新能力的关键。要强化国家科技计划在人才培养、团队、平台及联盟建设中的作用，借此培养人才、打造团队、完善平台。在完善利益与信用保障的机制下，产学研用各方建立长期稳定关系，利于推进成果商业化。同时，结合国家技术创新工程，依托相关项目推动联盟形成，实现资源共享、优势互补，不断攻克技术难题。

（4）实施知识产权与标准战略。加强知识产权保护，推进技术标准工作，是培育和提高绿色建筑技术创新能力的必然要求。健全知识产权制度，能够有效保护科研人员的创新成果，激发他们的创新积极性。实施核心专利与技术标准战略，鼓励企业和科研机构加大研发投入，形成一批具有自主知识产权的核心技术和专利。同时，加强技术标准工作，建设技术领域自主创新体系，优化创新环境。通过制定和完善绿色建筑相关技术标准，规范市场秩序，引导企业提高产品质量和技术水平，推动绿色建筑产业的健康发展。

2. 加强绿色建筑新技术与新产品推广和应用

随着工业化和城镇化提速，加强建筑建设与运行期节能成为建筑节能的关键。为此，需从节能材料、技术和产品发力，借助政策引导、经济刺激及推行节能标准等举措，推动建筑向绿色节能方向迈进，实现可持续发展。

（1）加强政策引领。政策是建筑节能发展的引擎，政府需出台诸多鼓励政策。产业结构调整上，鼓励新型建材研发生产、废弃物利用及节能改造项目；发展规划层面，强调低碳技术研发，抓好建筑等重点领域节能；《绿色建筑行动方案》对推进可再生能源建筑应用，提出了具体目标与举措。

（2）增强经济激励。经济激励是建筑节能发展的强动力。《绿色建筑行动方案》完善了财政支持，对绿色建筑等项目及绿色建材等工作给予支持，对二星级及以上绿色建筑给予奖励；税收上制定优惠政策，引导房企和消费者参与；金融机构贷款利率优惠；对土地使用权转让和容积率奖励方面也有政策，有力地推动了建筑节能向绿色可持续迈进。

3. 加强绿色建筑信息化和智能化建设

1）推进绿色建筑信息化建设

（1）构建管理体系。搭建安全、灵活、高效的绿色建筑数据采集、传输、加工、存储及使用一体化消费统计系统，更好地反映消费结构，为区域和建筑业管理提供数据支撑。建立节能目标责任评价、考核与奖惩体系，按量化方法考核管理机构和重点用能单位，强化政府与使用者责任，推动"十四五"节能目标实现。

（2）创建信息资源数据库。建立绿色建筑信息资源数据库，对节能监管、审计、监察、项目审批等工作进行过程管理，存储大量信息资源，实现便捷、高效的检索、查询与传输体系，促进信息资源的深度应用。

（3）推动执法公开化与自动化。建设节能监察电子政务系统，实现节能监察行政执法办公自动化。建立绿色建筑案件审理数据库，全面记录和存储案件审理信息，方便涉案各方跟踪检查。同时，建立节能行政执法门户网站，公开案件审理全过程并公布结果。

（4）促进信息资源共享。可让更多政府机关、企业单位、节能服务公司查询、浏览绿色建筑信息资源。将数据库与相关政府机关联网，提升部门履职效率，强化服务、监督与规范职能；与企业联网，助力企业了解国内外能耗水平与节能技术，提升技术与管理能力。

2）推进绿色建筑智能化建设

（1）完善政策法规体系。绿色建筑智能化发展离不开政策与法律支撑。借鉴发达国家经验，需构建强有力的法律保障体系，从国家与行业法律层面凸显智能化对绿色建筑和建筑节能的重要性。应尽快成立专门立法委员会，组织建筑、法律、经济专家开展立法咨询，为相关单项法律提供司法解释。

（2）健全管理机制与激励政策。当前绿色与智能化技术虽能带来显著的社会经济效益，但民众需求不旺盛，开发商及设计、施工单位缺乏使用动力。政府职能部门应明确发展绿色建筑智能化的战略目标、规划及技术经济政策，制定鼓励扶持政策，融合市场机制与财政鼓励政策，综合运用财政、税收等多种经济手段推动发展。同时，整合市场准入、过程监管及宏观调控等业务，建立统一管理部门，避免管理混乱。

（3）转变智能化技术发展思路。我国绿色建筑智能化发展需转变技术思维，从"以人为本"转向"以自然为本"，将自然利益置于首位。能源利用理念也应从传统节约向可再生转变，从节流转向开源，开发替代能源和可再生能源以解决根本问题。

（4）依托现有技术开发新型智能化技术。我国建筑节能技术主要有降低能耗、资源再利用和利用新能源 3 类。随着建筑业的发展，网络、新能源、再生能源及新材料处理等现代工业技术为绿色建筑智能化提供了硬件支持，其中新型能源和现代建筑材料处理技术正成为发展的主流。

5.3.5　加强绿色建筑的管理能力建设

绿色建筑作为推动建筑行业可持续发展、实现节能减排与资源高效利用的重要方向，其管理能力建设至关重要。加强绿色建筑管理能力建设，有助于确保绿色建筑从规划、设计、施工到运营维护的全生命周期都符合绿色理念与标准，提升绿色建筑的实际效益与市场竞争力。

1. 完善制度体系

（1）制定统一标准。目前，绿色建筑相关标准在不同地区和领域存在差异，这给管理带来了一定困难。应制定全国统一的绿色建筑评价标准，涵盖能源利用、水资源管理、室内环境质量、材料资源利用等多个维度，并明确各维度的具体指标和评价方法。例如，在能源利用方面，规定不同类型建筑的单位面积能耗上限，以及可再生能源在建筑能源消耗中的占比要求。同时，随着技术的不断进步和绿色建筑理念的深入发展，需定期对标准进行修订和完善，确保其科学性和前瞻性。

（2）健全法规政策。出台专门针对绿色建筑管理的法律法规，明确各部门在绿色建筑管理中的职责和权限，规范绿色建筑项目的审批、建设、验收等环节。例如，规定新建建筑必须达到一定的绿色建筑星级标准，否则不予通过审批；对违反绿色建筑相关规定的建设单位、施工单位等，依法给予严厉处罚。此外，制定鼓励绿色建筑发展的政策措施，如财政补贴、税收优惠、容积率奖励等，引导市场主体积极参与绿色建筑建设。

（3）加强部门协作。绿色建筑管理涉及建设、规划、环保、能源等多个部门，需要加强部门之间的协作与沟通。建立跨部门的绿色建筑管理协调机制，定期召开联席会议，共同研究解决绿色建筑管理中的重大问题。例如，在项目审批阶段，各部门应协同工作，确保项目在规划、设计等方面符合绿色建筑要求；在建设过程中，加强对施工质量和绿色建筑措施落实情况的监督与检查。

2. 强化人才培养

（1）开展专业教育。在高校和职业院校中开设与绿色建筑相关的专业和课程，培养具备绿色建筑设计、施工、管理等方面知识和技能的专业人才。例如，设置绿色建筑设计原理、绿色建筑材料、建筑节能技术、绿色建筑施工管理等课程，加强实践教学环节，提高学生的实际操作能力。同时，鼓励高校与企业开展合作，建立实习基地，为学生提供实践锻炼的机会。

（2）加强在职培训。针对现有建筑行业从业人员，开展绿色建筑管理相关的在职培训。培训内容可以包括绿色建筑政策法规、标准规范、新技术应用等方面。例如，定期组织绿色建筑管理培训班，邀请行业专家进行授课，通过案例分析、现场观摩等方式，提高从业人员的绿色建筑管理水平。此外，鼓励企业开展内部培训，提高员工对绿色建筑的认识和重视程度。

（3）建立人才激励机制。建立绿色建筑管理人才激励机制，对在绿色建筑管理工作中表现突出的人员给予表彰和奖励。例如，设立绿色建筑管理优秀个人奖、优秀团队奖等，对获奖人员给予物质奖励和荣誉证书。同时，在职称评定、岗位晋升等方面，对具备绿色建筑管理能力和经验的人员给予优先考虑，激发从业人员的工作积极性和主动性。

3. 推广技术应用

（1）引入信息化管理手段。利用建筑信息模型（BIM）、地理信息系统（GIS）、物联网等技术，建立绿色建筑信息化管理平台。通过该平台，实现对绿色建筑项目全生命周期的信息集成和管理，包括项目规划、设计、施工、运营与维护等各个环节。例如，在规划设计阶段，利用BIM技术进行建筑性能模拟分析，优化建筑设计方案；在施工阶段，通过物联网技术对施工现场的能源消耗、水资源利用、材料使用等情况进行实时监测和管理；在运营与维护阶段，利用信息化平台对建筑设备的运行状态、室内环境质量等进行远程监控和预警。

（2）推广绿色建筑新技术。积极推广应用先进的绿色建筑技术和产品，如太阳能光伏发电、地源热泵、高效保温材料、智能照明系统等。加强对新技术、新产品的宣传和推广力度，组织技术交流会、产品展示会等活动，让建设单位、施工单位等了解新技术、新产品的优势和应用方法。同时，建立绿色建筑技术示范项目，通过实际案例展示新技术、新产品的应用效果，引导市场主体积极采用。

（3）加强技术研发与创新。加大对绿色建筑技术研发的投入，鼓励科研机构、高校和企业开展产学研合作，共同攻克绿色建筑领域的关键技术难题。例如，开展新型节能建筑材料、高效能源利用技术、建筑智能化控制技术等方面的研究，提高绿色建筑的技术水平和性能。同时，建立绿色建筑技术创新激励机制，对在绿色建筑技术研发方面取得突出成果的单位和个人给予奖励。

4. 加强监督评估

（1）建立监督机制。加强对绿色建筑项目的全过程监督检查，建立绿色建筑监督机制。在项目审批阶段，严格审查项目的绿色建筑设计方案是否符合相关标准和要求；在施工过程中，定期对施工现场进行检查，确保施工单位按照绿色建筑施工规范进行施工；在项目竣工验收阶段，组织专业人员对项目的绿色建筑性能进行评估和验收，对不符合要求的项目不予通过验收。

（2）开展绩效评估。建立绿色建筑绩效评估指标体系，对绿色建筑项目的实际运行效果进行评估。评估指标可以包括能源消耗、水资源利用、室内环境质量、用户满意度等方面。定期对绿色建筑项目进行绩效评估，根据评估结果及时发现问题并采取改进措施。例如，对能源消耗较高的建筑，分析原因并采取节能改造措施；对用户满意度较低的建筑，改进室内环境质量和设施设备。

（3）加强社会监督。鼓励社会公众参与绿色建筑监督，建立绿色建筑投诉举报机制。公众可以通过电话、网络等方式对违反绿色建筑相关规定的行为进行投诉举报，相关部门应及时进行调查处理，并将处理结果反馈给投诉人。同时，加强对绿色建筑项目的信息公开，通过政府网站、媒体等渠道公布绿色建筑项目的相关信息，接受社会监督。

 案例

上海某绿色建筑项目

上海某绿色建筑项目坐落于城市新兴生态片区，该项目占地面积约 3 万平方米，旨在打造集节能、环保与舒适于一体的现代化办公与商业综合体。建筑外立面采用高性能隔热玻璃与垂直绿化系统相结合，既有效阻挡紫外线、降低室内能耗，又通过植物的光合作用净化空气、调节微气候。内部配备智能能源管理系统，实时监控并优化电力、水资源的使用，同时引入地源热泵技术，利用地下浅层地热资源进行供热与制冷，比传统空调系统节能达 30% 以上。此外，项目还设有雨水收集与中水回用设施，将收集的雨水处理后用于绿化灌溉、道路冲洗等，实现水资源的循环利用。凭借一系列绿色创新举措，该项目不仅获得了 LEED 金级认证，更成为上海绿色建筑领域的标杆典范，吸引众多企业与投资者关注。

分析：上海此绿色建筑项目选址精准，占地 3 万平方米打造多功能综合体。其外立面融合隔热玻璃与垂直绿化，内部采用智能系统、地源热泵节能，还有雨水回收利用。凭借绿色创新获 LEED 金级认证，成为行业标杆，吸引企业与投资者目光。

5.3.6 实践任务：区域绿色建筑推广与产业化方案设计

1. 任务背景

"双碳"目标下，我国绿色建筑迎来了政策、市场与技术的发展机遇，但仍面临普及率低、工业化不足、创新滞后、管理薄弱等挑战。为推动高质量发展，需结合区域特点探索工业化路径，强化科技创新与信息化应用，完善管理体系。本任务引导学生调研现状，分析机遇与挑战，设计某区域（如城市/社区）绿色建筑推广与产业化方案，提升自己的政策、技术与管理实践能力。

2. 任务目标

（1）梳理绿色建筑发展机遇与现存问题。

（2）结合区域需求，设计工业化、产业化与科技创新方案。

（3）制定绿色建筑全生命周期管理体系。

3. 任务步骤

（1）查阅政策文件，总结国家对绿色建筑的支持方向（如财政补贴、税收优惠）。

（2）调研绿色建筑普及率低的原因（如成本高、认知不足）。

（3）选择某城市或社区作为案例区域，分析其气候、经济、建筑存量的特点（如南方湿热地区、老旧社区改造需求）。

（4）以 PPT 展示方案，包含现状分析、设计路径与可行性评估，答辩环节回答提问。

第 6 章

碳汇林业技术

内容指南

在全球积极应对气候变暖、探寻可持续发展路径的大环境下，碳汇林业技术正成为关键力量。它融合了前沿的生物学、生态学以及信息技术，从优化树种配置提升碳汇效率，到运用智能监测手段精准掌握碳汇动态，为森林碳汇功能的强化与拓展提供了坚实支撑，引领着林业发展的新方向。

知识重点

- 了解林业碳汇的概念与内涵。
- 了解我国林业碳汇发展概况。
- 了解我国林业碳汇发展的机遇与行动。

6.1 林业碳汇的概念与内涵

林业碳汇是利用森林储碳功能，通过植树造林、森林经营管理、减少毁林、保护和恢复森林植被等活动，吸收和固定大气中的二氧化碳，并按照相关规则与碳汇交易相结合的过程、活动或机制。它强调人的参与，碳汇量经监测、计量、核证后可参与碳交易，在降低温室气体浓度、减缓气候变暖等方面发挥着重要作用。

6.1.1 林业碳汇的概念

林业碳汇就是森林通过"光合作用"吸走空气里的二氧化碳，像"空气海绵"一样把碳"锁"进植物和土壤里，形成稳定的"碳仓库"。森林用太阳能把二氧化碳和水变成"食物"（如葡萄糖），同时释放氧气（化学式：$6CO_2+6H_2O+光→糖+6O_2$）。每长 1 t 干物质，森林能吸收 1.63 t 二氧化碳，吐出 1.19 t 氧气！与碳汇相反的是碳源（如烧煤、砍树）。种树、护林能让"碳源"变"碳汇"，帮助地球降温，如图 6-1 所示。

1. 林业碳汇的起源与基础定义

1）林业碳汇概念的起源背景

在全球气候变暖问题日益凸显的 20 世纪末至 21 世纪初，国际社会开始积极探寻应对气候变化的可行路径。传统工业减排面临技术瓶颈与经济成本高昂的双重挑战，在此背景下，人们将目光投向了自然生态系统。森林作为陆地生态系统的主体，其强大的固碳能力逐渐受到重视，林业碳汇概念应运而生。它反映了人类对自然生态功能在应对气候变化中作用的重新认识，标志着从单纯依赖工业减排向综合利用自然与人工手段应对气候变化的转变。

图 6-1　森林光合作用

2）林业碳汇的权威定义解析

根据《联合国气候变化框架公约》（UNFCCC）及相关国际组织的定义，林业碳汇是指利用森林的储碳功能，通过植树造林、森林管理、植被恢复等措施，吸收和固定大气中的二氧化碳，并按照相关规则与碳汇交易相结合的过程、活动或机制。这一概念强调了林业碳汇的双重属性：一方面是生态属性，即森林对二氧化碳的吸收与储存；另一方面是经济属性，即通过碳汇交易将森林的固碳功能转化为经济价值。

3）林业碳汇与相关概念的辨析

与林业碳汇容易混淆的概念包括森林碳储量和碳汇造林。森林碳储量是指森林生态系统中储存的碳总量，是一个静态的存量概念；而林业碳汇强调的是森林吸收和固定二氧化碳的过程，是一个动态的流量概念；碳汇造林则是指在确定了基线的土地上，以增加碳汇为主要目的，对造林及其林分（木）生长过程实施碳汇计量和监测而开展的有特殊要求的造林活动，它是实现林业碳汇的一种具体手段。

2. 林业碳汇的生态学原理

1）森林的光合作用与碳吸收

森林植物通过光合作用，利用叶绿素吸收太阳能，将二氧化碳和水转化为有机物，并释放氧气。这一过程是森林吸收二氧化碳的主要途径。不同树种的光合作用效率存在差异，一般来说，阔叶树的光合效率高于针叶树，且幼龄林的光合作用强度通常大于成熟林。此外，光照、温度、水分、二氧化碳浓度等环境因素也会影响森林的光合作用效率，进而影响碳吸收能力。

2）森林生态系统的碳循环过程

森林生态系统的碳循环包括碳的输入、储存和输出 3 个环节。碳输入主要来自森林植物的光合作用，此外，大气沉降、有机物的输入等也会带来一定的碳输入。碳储存主要存在于森林植被、土壤和枯落物中。其中，土壤是森林生态系统中最大的碳库，其碳储量远高于植被碳储量。碳输出主要通过森林植物的呼吸作用、土壤微生物的分解作用以及森林火灾、病虫害等自然干扰和人类活动导致森林破坏而释放二氧化碳。

3）林业碳汇的长期稳定性机制

林业碳汇的长期稳定性取决于森林生态系统的健康和可持续性。合理的森林经营管理措施，如适时的采伐更新、病虫害防治、森林防火等，可以维持森林生态系统的结构和功能，保障碳汇的长期稳定性。此外，森林的年龄结构、树种多样性等因素也会影响碳汇的稳定性。年龄结构合理的森林，不同年龄阶段的林木相互补充，能够持续稳定地吸收和储存碳；树种多样性高的森林，具有较强的抗干扰能力和生态适应性，有利于碳汇的长期维持。

3. 林业碳汇的计量与监测方法

1）林业碳汇计量的基本原则与方法

林业碳汇计量应遵循科学性、准确性、可操作性和可比性等原则。常用的计量方法包括生物量法、蓄积量法、生物量清单法等。生物量法是通过测定森林植被的生物量，再根据生物量与含碳率的转换系数计算碳储量；蓄积量法是利用森林蓄积量与生物量的关系，先计算生物量，再进一步计算碳储量；生物量清单法则是通过建立不同树种、不同林龄的生物量模型，结合森林资源调查数据，计算碳储量。

2）林业碳汇监测的技术手段与流程

林业碳汇监测主要采用地面调查、遥感监测和模型模拟等技术手段。地面调查是通过设置样地，对森林植被的胸径、树高、株数等进行实地测量，获取生物量和碳储量的基础数据。遥感监测利用卫星、飞机等遥感平台获取森林的影像数据（图6-2），通过图像处理和分析，提取森林的面积、覆盖度、生物量等信息。模型模拟则是利用生态系统模型，结合气象、土壤等数据，模拟森林生态系统的碳循环过程，预测碳储量的变化。监测流程一般包括前期准备、数据采集、数据处理与分析、结果报告等环节。

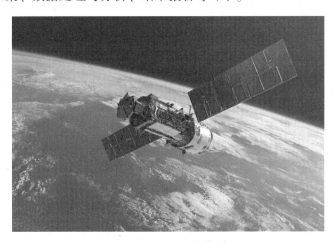

图 6-2　卫星遥感监测

3）计量与监测中的不确定性与质量控制

林业碳汇计量与监测过程中存在诸多不确定性因素，如测量误差、模型参数的不确定性、环境因素的波动等。为了确保计量与监测结果的准确性和可靠性，需要加强质量控制。这包括制定统一的计量与监测标准和方法、对监测人员进行专业培训、建立数据审核和验证机制、开展质量保证和质量控制活动等。

4. 林业碳汇的经济价值

1）林业碳汇的经济价值评估

林业碳汇的经济价值主要体现在其作为减排手段可以替代部分工业减排成本，以及通过

碳汇交易获得经济收益。经济价值评估方法包括市场价值法、替代成本法和影子工程法等。市场价值法是根据碳汇在碳市场上的交易价格评估其经济价值；替代成本法是计算采用工业减排手段达到相同的减排效果所需的成本，以此作为林业碳汇的经济价值；影子工程法是建设一个与林业碳汇具有相同功能的工程所需的成本，来估算林业碳汇的价值。

2）国内外林业碳汇交易市场现状

国际上，林业碳汇交易主要在清洁发展机制（CDM）和自愿碳市场等框架下进行。CDM 是《京都议定书》下建立的灵活机制之一，允许发达国家通过在发展中国家实施林业碳汇项目获得核证减排量（CERs），用于履行其减排承诺。自愿碳市场则是由企业、社会组织等自愿参与的碳交易市场，林业碳汇项目在其中也占据一定份额。国内方面，中国建立了多个区域碳市场，并开展了国家核证自愿减排量（CCER）交易，林业碳汇项目是 CCER 的重要组成部分。然而，目前国内林业碳汇交易市场仍存在交易规模较小、市场活跃度不高等问题。

3）林业碳汇市场发展的影响因素与政策建议

林业碳汇市场发展受到政策法规、市场需求、项目成本、技术标准等多种因素的影响。为了促进林业碳汇市场的健康发展，需要完善相关政策法规，明确林业碳汇的产权归属和交易规则；加强市场培育，提高企业和公众对林业碳汇的认知度和参与度；降低项目成本，通过技术创新和规模化发展提高项目的经济效益；制定统一的技术标准，确保林业碳汇项目的质量和可信度。

5. 林业碳汇的社会意义与发展前景

1）林业碳汇对气候变化应对的贡献

林业碳汇在应对气候变化中发挥着不可替代的作用。它不仅可以吸收和固定大气中的二氧化碳，减缓温室气体浓度上升的速度，还可以通过改善生态环境，增强生态系统的服务功能，提高应对气候变化的能力。例如，森林可以调节气候、保持水土、涵养水源、保护生物多样性等，这些生态功能的提升有助于降低气候变化带来的负面影响。

2）林业碳汇对生态保护与可持续发展的推动

林业碳汇项目往往与生态保护和可持续发展目标紧密结合。通过植树造林、森林管理等措施，可以增加森林面积，改善森林质量，保护生物多样性，促进生态系统的平衡与稳定。同时，林业碳汇项目还可以带动农村经济发展，增加农民收入，促进就业，实现生态效益、经济效益和社会效益的有机统一。

3）林业碳汇的未来发展趋势与挑战

随着全球对气候变化问题的关注度不断提高，未来林业碳汇将迎来更广阔的发展空间。一方面，碳市场将不断完善和扩大，林业碳汇的需求将持续增长；另一方面，技术创新将推动林业碳汇计量、监测和管理水平的提高，降低项目成本，提高碳汇效率。然而，林业碳汇发展也面临着诸多挑战，如森林资源有限、项目开发周期长、风险较大等。需要加强国际合作，共同应对挑战，推动林业碳汇事业的可持续发展。

6.1.2 林业碳汇的内涵

林业碳汇内涵丰富，它是森林生态系统通过光合作用吸收固定大气中二氧化碳这一自然固碳功能的体现，关乎生态平衡、气候调节；在经济上可作为碳交易商品，推动绿色经济发展；在社会层面能提升公众环保意识，促进国际合作，承载着生态文化与全球环保的责任。

1. 林业碳汇的本质属性

1）自然生态固碳功能的核心体现

林业碳汇本质上是森林生态系统所具备的一种独特自然功能，即通过森林植被的光合作用，将大气中的二氧化碳转化为有机物并固定在植被与土壤之中。森林作为陆地生态系统的主体，其庞大的生物量和复杂的生态结构使其成为地球上最大的碳库之一。从微观层面看，森林植物的叶片细胞通过叶绿体吸收光能，将二氧化碳和水合成葡萄糖等有机物，这一过程不仅为植物自身生长提供了物质和能量基础，同时也将大量的碳元素从大气中转移到了生物体内。从宏观层面看，森林生态系统中的树木、灌木、草本植物以及土壤中的微生物等共同构成了一个复杂的碳循环网络，使碳元素在生态系统内不断地循环和积累，从而实现了对大气中二氧化碳的长期固定。

2）与人类活动交织的复合属性

林业碳汇并非纯粹的自然现象，它与人类活动密切相关，具有显著的复合属性。一方面，人类通过植树造林、森林抚育、森林保护等林业活动，可以直接增加森林面积、提高森林质量，从而增强森林的碳汇能力。例如，大规模的植树造林工程可以在短时间内快速增加森林植被的覆盖度，提高森林对二氧化碳的吸收能力。另一方面，人类的经济活动和社会发展也会对林业碳汇产生影响。例如，不合理的土地利用方式，如森林砍伐、开垦荒地等，会导致森林面积减少、森林质量下降，进而削弱林业碳汇功能。比如，人们非常关注的印尼和巴西的热带雨林砍伐，导致大面积森林毁损，必将给全世界的气候变化带来严重的影响，如图 6-3 所示。因此，林业碳汇是人类与自然相互作用的结果，其内涵既包含了自然生态系统的固碳规律，也反映了人类活动对生态环境的影响。

图 6-3　森林砍伐

3）动态变化的生态过程特征

林业碳汇是一个动态变化的生态过程，它受到多种自然因素和人为因素的影响。自然因素如气候条件（光照、温度、降水等）、土壤类型、地形地貌等都会影响森林的生长和发育，进而影响林业碳汇能力。例如，在光照充足、温度适宜、降水充沛的地区，森林植物的光合作用效率较高，碳吸收能力也较强；而在干旱、寒冷或土壤贫瘠的地区，森林生长受到限制，碳汇能力相对较弱。人为因素如林业管理措施、政策法规、市场需求等也会对林业碳汇产生重要影响。例如，科学的森林抚育措施可以促进森林的健康生长，提高森林的碳汇潜力；而合理的政策法规可以引导社会资本投入林业碳汇项目，推动林业碳汇产业的发展。

2. 林业碳汇的生态价值内涵

1）减缓全球气候变暖的关键作用

林业碳汇在减缓全球气候变暖方面发挥着关键作用。随着人类活动的不断增加，大量温室气体排放到大气中，导致全球气候变暖问题日益严重。森林作为陆地生态系统中最大的碳库，其强大的固碳能力可以有效地吸收和固定大气中的二氧化碳，减少温室气体浓度，从而减缓全球气候变暖的速度。据研究表明，全球森林每年吸收的二氧化碳量约占人类活动排放二氧化碳总量的 1/3 左右。因此，保护和扩大森林面积，提高森林碳汇能力，是应对全球气候变暖的重要战略举措。

2）维护生态系统平衡与稳定的重要支撑

林业碳汇对于维护生态系统的平衡与稳定具有重要意义。森林生态系统是一个复杂的生物群落，它不仅为众多生物提供了栖息地和食物来源，还具有调节气候、保持水土、涵养水源、净化空气等多种生态功能。林业碳汇作为森林生态系统的重要功能之一，与其他生态功能相互关联、相互影响。例如，森林通过吸收二氧化碳，调节了大气中的碳氧平衡，为生物的生存提供了适宜的环境条件；同时，森林的植被覆盖可以减少水土流失，保护土壤肥力，维持生态系统的物质循环和能量流动。因此，林业碳汇的稳定和增强有助于维护整个生态系统的平衡与稳定。

新疆雪岭云杉林就是一个非常典型的案例。雪岭地区的气候寒冷多雨，年平均气温较低，而云杉喜欢寒冷湿润的环境，这种气候条件非常适合云杉的生长。同时，雪岭地区的地形复杂，多山丘和峡谷，这提供了丰富的生长空间和水源，为云杉林的形成提供了良好的条件。云杉林则反过来又为当地环境提供了重要的生态价值。首先，云杉林是一个重要的水源涵养区。云杉林能够有效保持土壤湿度和水源，减少水土流失，保护水资源的供给和水质的改善。其次，云杉林是一个重要的生物多样性保护区。云杉林为许多动、植物提供了生活空间，其中包括一些濒危物种，保护云杉林也就是保护了这些珍稀物种的栖息地。此外，云杉林还能吸收大量的二氧化碳，起到减缓气候变化的作用，如图 6-4 所示。

图 6-4 雪岭云杉林

3）促进生物多样性保护的有效途径

林业碳汇与生物多样性保护密切相关，是促进生物多样性保护的有效途径。森林是生物多样性的重要载体，丰富的森林植被为各种生物提供了多样化的栖息环境。在林业碳汇项目中，通过植树造林、森林恢复等措施，可以增加森林面积和植被类型，为更多的生物提供生存空间。同时，健康的森林生态系统具有更强的抗干扰能力和生态适应性，能够更好地保护生物多样性。例如，一些珍稀濒危物种往往依赖于特定的森林生态环境，通过加强林业碳汇建设，保护和恢复这些森林生态系统，可以为这些物种的生存和繁衍提供保障。

3. 林业碳汇的经济价值内涵

1）碳交易市场中的核心商品属性

在碳交易市场中，林业碳汇具有核心商品属性。随着全球对气候变化问题的关注度不断提高，各国纷纷制定了减排目标和碳交易机制。林业碳汇作为一种可量化的减排成果，可以通过碳交易市场进行交易，成为一种具有经济价值的商品。企业可以通过购买林业碳汇指标来抵消自身的碳排放，实现碳中和目标；而林业碳汇项目开发者则可以通过出售碳汇指标获得经济收益。这种市场机制不仅为企业提供了一种灵活的减排方式，也为林业碳汇项目的发展提供资金支持，促进了林业碳汇产业的发展。

2）推动绿色经济发展的新兴动力

林业碳汇是推动绿色经济发展的新兴动力。林业碳汇产业的发展可以带动相关产业的繁荣，如林业种植、森林旅游、碳汇金融等。在林业种植方面，大规模的植树造林和森林抚育活动需要大量的苗木、肥料、农药等生产资料，这将促进林业相关产业的发展。在森林旅游方面，优美的森林生态环境吸引了大量的游客，带动了当地旅游业的发展，增加了就业机会和地方财政收入。在碳汇金融方面，金融机构可以为林业碳汇项目提供融资支持，开发碳汇期货、碳汇保险等金融产品，为林业碳汇产业的发展提供多元化的金融服务。

3）助力乡村振兴与区域发展的经济引擎

林业碳汇对于乡村振兴和区域发展具有重要的经济引擎作用。在农村地区，林业碳汇项目可以为农民提供新的收入来源。农民可以通过参与植树造林、森林管护等活动获得劳务收入；同时，农民还可以通过林地流转、入股等方式参与林业碳汇项目的开发，分享项目收益。此外，林业碳汇产业的发展还可以带动农村基础设施建设和公共服务水平的提升，促进农村产业结构的调整和优化，推动乡村振兴战略的实施。在区域发展方面，林业碳汇产业可以成为区域经济发展的新亮点，吸引投资和引进人才，促进区域经济的可持续发展。

4. 林业碳汇的社会价值内涵

1）提升公众环保意识与参与度的教育载体

林业碳汇项目可以作为提升公众环保意识与参与度的教育载体。通过开展林业碳汇宣传教育活动，可以向公众普及林业碳汇的概念、作用和意义，让公众了解森林在应对气候变化中的重要作用，增强公众的环保意识和责任感。同时，鼓励公众参与林业碳汇项目，如植树造林、认养树木等，让公众亲身体验林业碳汇建设的全过程，提高公众的参与度和积极性。这种公众参与不仅可以为林业碳汇项目提供人力支持，还可以形成全社会共同参与应对气候变化的良好氛围。

2）促进国际合作与交流的重要纽带

林业碳汇是全球性问题，需要各国共同合作与交流。在国际层面，各国可以通过开展林业碳汇技术合作、项目合作等方式，共同应对气候变化的挑战。例如，发达国家可以向发展中国家提供资金、技术和管理经验，支持发展中国家开展林业碳汇项目；发展中国家则可以分享自身的林业资源和生态优势，为全球林业碳汇事业作出贡献。通过国际合作与交流，各国可以相互学习、彼此借鉴，共同推动林业碳汇技术的发展和应用，提高全球林业碳汇能力。

3）传承生态文化与弘扬绿色价值观的精神象征

林业碳汇承载着丰富的生态文化内涵，是传承生态文化与弘扬绿色价值观的精神象征。森林作为人类文明的摇篮，孕育了众多的生态文化和传统智慧。在林业碳汇建设中，可以挖掘和传承这些生态文化，弘扬绿色价值观，倡导人与自然和谐共生的理念。例如，一些地区至今仍然保留着传统的森林崇拜和生态保护习俗，这些习俗体现了人类对自然的敬畏和尊重，与林业碳汇的理念相契合。通过传承和弘扬这些生态文化，可以增强人们对林业碳汇的认同感和归属感，推动全社会形成绿色发展、低碳生活的良好风尚。

5. 林业碳汇内涵的拓展与延伸

1）应对新型气候挑战的内涵拓展

随着全球气候变化的加剧，林业碳汇面临着新的挑战和机遇。例如，极端气候事件的增加、病虫害的频发等都会对森林的生长和发育产生影响，进而影响林业碳汇能力。为了应对这些新型气候挑战，林业碳汇的内涵需要不断拓展。一方面，需要加强森林生态系统的适应性和韧性建设，通过选择适应性强的树种、优化森林结构等措施，提高森林应对气候变化的能力；另一方面，需要开展林业碳汇的监测和评估研究，及时掌握林业碳汇的变化情况，为制定科学的应对策略提供依据。

2）融合多领域技术的创新发展内涵

林业碳汇的发展需要融合多领域的技术，实现创新发展。例如，在林业碳汇计量与监测方面，需要运用遥感技术、地理信息系统技术、模型模拟技术等，以提高计量的准确性和监测的实时性；在林业碳汇项目开发方面，需要结合金融技术、信息技术等，开发多样化的碳汇金融产品和服务模式，提高项目的经济效益和市场竞争力。通过融合多领域技术，可以推动林业碳汇产业向智能化、数字化、绿色化方向发展。

3）构建人类命运共同体的全球责任内涵

林业碳汇是全球性问题，关系到人类的未来和命运。在构建人类命运共同体的背景下，林业碳汇具有全球责任内涵。各国应共同承担起保护森林、增加林业碳汇的责任，加强国际合作与协调，共同应对气候变化的挑战。同时，应推动全球林业碳汇治理体系的完善，制定公平、合理、有效的国际规则和标准，促进全球林业碳汇事业的健康发展。通过履行全球责任，可以为人类创造一个更加美好的生态环境，实现可持续发展目标。

 案例

森林碳汇项目

在西南某生态脆弱但森林资源潜力较大的山区，当地政府联合专业环保机构启动森林碳汇项目。通过大规模植树造林、对现有林分（木）进行科学抚育等措施提升森林质量与蓄积量。项目实施后，森林每年吸收大量二氧化碳，经专业机构核算形成可交易的碳汇指标。企业为履行减排责任，积极购买这些碳汇指标，项目资金部分用于支付当地村民参与植树护林的劳务报酬，部分投入到森林生态监测与保护设施建设中。村民们既可获得收入，又增强了生态保护意识，森林生态功能显著提升，实现了生态效益与经济效益的双赢，为区域可持续发展注入了新动力。

> **分析**：该森林碳汇项目因地制宜，针对生态脆弱山区开展。通过植树造林与林分抚育提升森林碳汇能力，以碳汇交易实现生态价值转化。资金反哺村民与生态建设，既促增收又加强保护意识，达成生态与经济效益双赢，推动区域可持续发展。

6.1.3 实践任务：林业碳汇概念解析与内涵探究

1. 任务背景

全球气候变暖加剧，减少温室气体排放迫在眉睫。林业碳汇通过森林吸收并固定二氧化碳，形成"碳库"，是缓解气候变化的天然方案。但许多人对其概念（如如何吸碳）和内涵（如生态、经济价值）还缺乏了解。本任务引导学生通过查资料、分析案例和实地调研，理解林业碳汇的核心原理，并探索其在生态保护和经济发展中的双重作用。

2. 任务目标

（1）明确林业碳汇的定义、碳吸收机制（如光合作用）。
（2）分析其生态价值（如改善空气质量）和经济潜力（如碳交易）。
（3）结合区域需求，提出林业碳汇项目的初步思路。

3. 任务步骤

（1）查阅资料，总结林业碳汇的定义、作用和方式。
（2）选择某区域（如学校周边荒山），分析其植被现状。
（3）设计植树造林方案，估算年碳汇量及经济收益。
（4）以 PPT 展示方案，包括概念总结、区域分析和设计思路。

6.2 我国林业碳汇发展概况

我国林业碳汇发展态势良好且前景广阔。近年来，国家高度重视这一举措，出台了一系列政策推动林业碳汇项目开展，如鼓励植树造林、森林可持续经营等。目前，我国林业碳汇项目数量不断增加，类型日益丰富，在碳交易市场也逐步崭露头角。同时，相关技术与管理不断进步，为林业碳汇可持续发展筑牢根基，助力"双碳"目标实现。

6.2.1 林业碳汇发展背景

在全球气候变暖、极端气候频发，国际社会积极应对气候变化达成减排共识的大环境下，我国面临经济增长与高能耗带来的减排压力，且传统林业模式急需转型，同时国际碳交易市场发展迅速，在此背景下，林业碳汇发展迎来了新的契机与使命。

1. 全球气候危机催生碳汇需求

1）温室气体浓度攀升与气候变暖

自工业革命以来，人类活动大量燃烧化石燃料，如煤炭、石油和天然气，导致二氧化碳等温室气体排放量急剧增加。这种温室气体浓度的快速上升，如同给地球裹上了一层越来越厚的"棉被"，使地球表面温度不断升高。全球平均气温在过去一个多世纪里已经上升了约 1.1 ℃，并且升温速度还在加快。

2）极端气候事件频发与生态失衡

气候变暖引发了一系列极端气候事件，给人类社会和自然生态系统带来了巨大破坏。暴雨、洪涝灾害在一些地区频繁发生，导致城市内涝、农田被淹，造成人员伤亡和财产损失。例如，近年来我国部分地区遭遇的特大暴雨，引发了严重的洪涝灾害，许多城市基础设施受损，居民生活受到严重影响。图6-5所示为2025年6月发生在贵州榕江的大洪水将整个县城淹没的情形。同时，干旱、高温天气也日益增多，使水资源短缺问题加剧，导致农作物减产甚至绝收。飓风、台风等热带气旋的强度和频率也在增加，给沿海地区带来了巨大的风暴潮并造成了破坏。此外，冰川融化、海平面上升也在威胁着沿海地区的生态和人类居住安全，许多岛屿国家和沿海城市面临着被淹没的风险。生物多样性也遭受严重破坏，许多物种因无法适应快速变化的气候而面临灭绝的危险。

图6-5　贵州榕江洪水

3）国际社会应对气候变化的共识与行动

气候危机严峻，国际社会已达成共识并行动起来。1992年联合国通过《联合国气候变化框架公约》，控制温室气体排放；1997年的《京都议定书》给发达国家制定减排目标；2015年的《巴黎协定》提出控温目标。各国都在积极制定目标、减少排放、促进能源转型。林业碳汇作为自然固碳的重要方式，在全球应对气候变化中是关键的一环，也是各国减排的重要手段。

2. 我国经济社会发展与减排压力

1）经济增长与能源消耗的矛盾

我国作为世界上最大的发展中国家，在过去几十年里实现了经济的快速增长。然而，这种快速增长在很大程度上依赖于高能耗的产业模式。在工业领域，尤其是钢铁、水泥、化工等重工业，是能源消耗和温室气体排放的大户。随着城市化进程的加速，建筑、交通等领域的能源需求也在不断增加。这种以高能耗为代价的经济增长模式，使我国温室气体排放量位居世界前列，面临着巨大的减排压力。

2）"双碳"目标的提出与战略意义

为了积极应对气候变化，推动经济社会可持续发展，我国提出了"双碳"目标，即二氧化碳排放力争于 2030 年前达到峰值，努力争取 2060 年前实现碳中和。这一目标的提出，彰显了我国作为负责任大国的担当，也为我国经济社会发展指明了方向。实现"双碳"目标，将推动我国能源结构调整和产业升级，促进绿色技术创新和发展，提高经济发展的质量和效益。同时，也有助于改善生态环境，提升人民群众的生活质量。

3）林业碳汇在"双碳"目标中的关键作用

林业碳汇是实现"双碳"目标的重要途径之一。森林是陆地生态系统中最大的碳库，具有强大的固碳功能。通过植树造林、森林经营等措施，可以增加森林面积和蓄积量，提高森林的碳汇能力。图 6-6 所示为中国人创造的毛乌素沙漠变森林的植树造林奇迹。与工业减排相比，林业碳汇具有成本低、效益高、可持续等优点。它不仅可以吸收和固定大气中的二氧化碳，还能改善生态环境，提供生态产品和服务。因此，发展林业碳汇对于我国实现"双碳"目标具有重要意义。

图 6-6 毛乌素沙漠变森林

3. 传统林业发展模式的局限与转型需求

1）传统林业以木材生产为主的弊端

长期以来，我国传统林业发展模式主要以木材生产为主，注重森林的经济效益，而忽视了森林的生态效益。这种发展模式导致森林资源过度开发，森林质量下降，生态功能减弱。一些地区为了追求短期的经济利益，大量砍伐天然林，使森林生态系统遭到严重破坏，水土流失、土地沙化等问题日益严重。同时，单一的木材生产模式也使林业产业结构单一，抗风险能力较弱。

2）生态需求提升对林业发展的新要求

随着人们生活水平的提高和环保意识的增强，社会对林业的生态需求不断提升。人们越来越关注森林的生态功能，如涵养水源、保持水土、调节气候、净化空气等。这就要求林业发展必须从以木材生产为主向以生态建设为主转变，注重森林的生态效益和社会效益。林业不仅要提供木材等林产品，还要为人们提供良好的生态环境和生态服务。比如，著名的大兴安岭林场在砍伐林木几十年后，如今改为种植树木就是以木材生产为主向以生态建设为主转变的良好示范，如图6-7所示。

图6-7 大兴安岭的怡人秋色

4. 林业碳汇引领林业发展模式转型

林业碳汇的发展为林业发展模式转型提供了新的契机。通过发展林业碳汇，可以将森林的生态价值转化为经济价值，实现生态效益和经济效益的双赢。林业碳汇项目可以吸引社会资本投入林业建设，促进林业产业的多元化发展。同时，林业碳汇的发展也推动了林业技术的创新和管理水平的提升，有助于提高森林质量和生态功能。因此，林业碳汇成为引领林业发展模式转型的重要力量。

6.2.2 我国林业碳汇发展现状

我国林业碳汇发展态势良好，政策支持体系渐趋完善，项目数量与规模持续增长，虽然碳汇市场交易活跃度有待提升，但技术支撑不断强化，社会认知和参与度逐步提高，企业、社会组织等积极助力，正朝着实现"双碳"目标稳步迈进。

1. 政策支持与战略规划推进现状

1）国家层面政策体系构建

近年来，我国从国家战略高度出发，逐步构建起完善的林业碳汇政策体系。"双碳"目标提出后，政策支持力度进一步加大。国家发展和改革委员会、生态环境部等多部门联合发布了一系列文件，明确将林业碳汇作为实现碳减排的重要手段。例如，《关于完整准确全面贯彻新发展理念做好碳达峰碳中和工作的意见》中强调了森林碳汇在应对气候变化中的关键作用，为林业碳汇发展指明了方向。同时，相关政策还对林业碳汇项目的开发、监测、交易等环节进行了规范，为林业碳汇市场的健康发展提供了制度保障。

2）地方政策配套与实施

各地政府积极响应国家政策，结合本地实际情况出台了一系列配套政策。一些林业资源丰富的省份，如黑龙江、云南等，制定了林业碳汇发展规划，明确了发展目标和重点任务。在资金支持方面，地方政府设立了专项资金，用于林业碳汇项目的建设和运营。例如，黑龙江省每年安排一定资金用于森林抚育和造林项目，以提高森林碳汇能力。此外，部分地区还探索建立了林业碳汇补偿机制，对因保护森林资源而受到经济损失的地区和群众进行补偿，激发了社会各界参与林业碳汇建设的积极性。

3）战略规划与目标落实情况

我国在林业碳汇发展方面制定了明确的战略规划和目标。根据规划，到 2025 年，我国森林覆盖率将达到 24.1%，森林蓄积量达到 190 亿立方米，这将为林业碳汇发展提供坚实的资源基础。在实际落实过程中，各地积极推进造林绿化和森林经营工作，取得了显著成效。例如，近年来我国每年完成的造林面积都保持在较高水平，森林质量也在不断提升，森林碳汇能力逐步增强。

2. 林业碳汇项目开发与建设现状

1）项目数量与规模增长态势

随着我国林业碳汇政策的不断完善和市场需求的逐渐增加，林业碳汇项目数量和规模呈现出快速增长的态势。截至目前，全国已备案的林业碳汇项目数量众多，涉及多个省份和不同类型。从项目规模来看，既有大型的国家级林业碳汇项目，也有地方性的小型项目。例如，一些国有林场开展的森林经营碳汇项目，面积可达数万亩甚至数十万亩，碳汇量十分可观。

2）项目类型与分布特征

（1）造林再造林项目。这类项目主要在无林地或疏林地上进行植树造林，以增加森林面积。我国东北、西南等地区是造林再造林项目的主要分布区域，这些地区土地资源丰富，适宜开展大规模的造林活动。例如，内蒙古的库布齐沙漠通过大规模植树造林，不仅改善了当地的生态环境，还产生了大量的林业碳汇，如图 6-8 所示。

（2）森林经营碳汇项目。通过对现有森林进行科学经营，如抚育间伐、补植补造等措施，提高森林质量和生长量，增强森林的碳汇能力。这类项目在我国南方集体林区较为常见，因为南方集体林区森林资源丰富，但森林经营水平有待提高。例如，浙江、福建等地的森林经营碳汇项目，通过实施精准的森林经营措施，使森林蓄积量显著增加。

图 6-8　库布齐沙漠造林

（3）竹林经营碳汇项目。竹林具有生长快、固碳能力强的特点，竹林经营碳汇项目在我国南方竹产区得到了广泛开展，如图 6-9 所示。例如，江西、湖南等地的竹林经营碳汇项目，通过合理采伐、培育、施肥等措施，提高了竹林的产量和质量，同时也增加了碳汇。

图6-9 茂密的竹林

3）项目开发中存在的问题与挑战

在林业碳汇项目开发过程中，也存在一些问题和挑战。首先，项目开发成本较高，包括前期调查、设计、监测等费用，这给项目开发者带来了一定的经济压力；其次，部分项目存在计量不准确、监测不规范的问题，影响了项目的可信度和市场竞争力。此外，项目开发过程中还面临着土地权属纠纷、利益分配不合理等问题，制约了项目的顺利推进。

3. 林业碳汇市场交易现状

1）碳交易市场对林业碳汇的接纳程度

我国已建立了多个区域碳交易市场，并开展了国家核证自愿减排量（CCER）交易。林业碳汇作为CCER的重要组成部分，逐渐被纳入碳交易市场。然而，目前林业碳汇在碳交易市场中的占比仍然较低，市场接纳程度有待提高。一方面，部分企业对林业碳汇的认知度不高，缺乏购买林业碳汇指标的积极性；另一方面，碳交易市场的规则和制度还不够完善，对林业碳汇的交易存在一定的限制。

2）交易价格与成交量波动情况

林业碳汇的交易价格和成交量存在一定的波动。在价格方面，受到市场供需关系、项目质量、政策因素等多种因素的影响。例如，当市场需求增加时，林业碳汇价格可能会上涨；而当项目供给过剩时，则价格可能下跌。在成交量方面，由于林业碳汇市场还处于发展初期，市场活跃度不高，成交量相对较小。不过，随着碳交易市场的不断完善和林业碳汇项目的不断增加，成交量有望逐步提高。

3）市场交易机制与规则完善情况

为了促进林业碳汇市场交易的发展，我国正在不断完善市场交易机制和规则。一方面，加强对碳交易市场的监管，规范市场秩序，打击违法违规行为。例如，建立了碳交易市场信息披露制度，提高了市场的透明度。另一方面，探索建立多元化的交易方式，如线上交易、协议转让等，以提高市场的流动性和效率。此外，还在研究制定林业碳汇项目的交易标准和规范，确保项目的质量和可信度。

4. 林业碳汇技术支撑现状

1）计量监测技术研发与应用

我国在林业碳汇计量监测技术方面取得了一定的进展，研发了一系列适合我国国情的计量监测方法和模型，如基于森林资源清查数据的碳储量估算方法、遥感技术结合地面调查的碳汇监测方法等。这些技术和方法的应用，提高了林业碳汇计量的准确性和监测的实时性。例如，通过遥感技术可以快速获取大面积森林的植被信息，为林业碳汇计量提供数据支持。

2）森林经营与固碳技术创新

为了提高森林的碳汇能力，我国在森林经营和固碳技术方面进行了不断创新。在森林经营方面，推广了精准的森林抚育技术、合理采伐技术等，提高了森林的生长量和质量。在固碳技术方面，开展了优良树种选育、森林土壤固碳机制等方面的研究，取得了一些重要成果。例如，选育出一批生长快、固碳能力强的树种，为林业碳汇建设提供了优质的种质资源，如近年来我国从澳大利亚引进的桉树就是一种生长快、固碳能力强的新树种，如图 6-10 所示。

图 6-10　桉树

3）技术推广与培训情况

为了使林业碳汇技术得到广泛应用，我国加强了技术推广和培训工作。各级林业部门组织开展了形式多样的技术培训和宣传活动，向林业工作者、项目开发者等传授林业碳汇知识和技术。同时，建立了林业碳汇技术示范基地，通过现场示范和指导，提高了技术人员和林农的实际操作能力。

5. 社会认知与参与现状

1）公众对林业碳汇的认知程度

随着宣传力度的不断加大，公众对林业碳汇的认知程度逐渐提高。越来越多的人了解到林业碳汇在应对气候变化中的重要作用，开始关注和参与林业碳汇相关活动。例如，一些环保组织发起了植树造林、认养树木等公益活动，得到了广大公众的积极响应。然而，目前公众对林业碳汇的认知还存在一定的局限性，部分人对林业碳汇的概念、原理和作用了解不够深入。

2）企业参与林业碳汇的情况

目前部分企业开始认识到林业碳汇的商业价值和社会责任，积极参与到林业碳汇项目的开发和交易中。一些高耗能企业通过购买林业碳汇指标来抵消自身的碳排放，实现碳中和目

标。例如，一些电力企业、钢铁企业等与林业碳汇项目开发者合作，开展碳汇交易。此外，一些企业还投资林业碳汇项目，通过发展林业产业和碳汇经济，实现经济效益和环境效益的双赢。

3）社会组织与科研机构的推动作用

社会组织和科研机构在推动我国林业碳汇发展中发挥了重要作用。社会组织通过开展宣传教育、组织公益活动等方式，提高了公众对林业碳汇的认知度和参与度。科研机构则通过开展林业碳汇相关研究，为林业碳汇发展提供了技术支持和理论依据。例如，一些科研机构开展了林业碳汇计量监测技术、森林经营技术等方面的研究，取得了一系列重要成果，推动了林业碳汇技术的进步。

案例

碳汇林业的经济效益分析

在东北某国有林场，当地开展碳汇林业项目。林场通过科学规划种植速生高碳汇树种，并优化抚育管理，使森林蓄积量大幅提升。经专业机构核算，每年产生的碳汇量形成可交易指标。一家大型制造企业为抵消自身碳排放，以每吨数十元价格购买碳汇，林场因此获得可观收入。这笔收入一部分用于支付林场工人工资，提高了他们的待遇；一部分投入到林场基础设施建设，如修缮道路、购置先进监测设备等，提升了林业生产效率。同时，随着碳汇林业的发展，周边村民也参与到相关劳务工作中，获得额外收入。而且，森林生态改善带动了当地生态旅游发展，进一步增加了经济效益，实现了碳汇林业在生态保护与经济发展中的良性循环。

分析：该国有林场碳汇林业项目成效显著。科学种植与抚育提升森林碳汇量，碳汇交易获得收入，既改善工人待遇、升级林场设施，又带动村民增收。森林生态改善还推动旅游业发展，达成生态保护与经济提升的良性循环，此模式值得借鉴。

6.2.3 实践任务：我国林业碳汇发展现状调研

1. 任务背景

在全球气候变暖背景下，减少温室气体排放已成为国际共识。林业碳汇作为低成本、可持续的"自然方案"，通过森林固碳在气候治理中至关重要。我国提出"双碳"目标，并出台政策推动林业碳汇发展，但公众对其政策背景（如国际需求驱动）及现状（如项目规模、区域差异）仍缺乏了解。本任务引导学生通过资料查阅、数据分析与案例研究，梳理我国林业碳汇的发展脉络与现状，并思考其挑战与机遇。

2. 任务目标

（1）调研我国林业碳汇项目类型、区域分布及碳汇量数据，对比区域差异。

（2）结合区域实际，提出提升林业碳汇能力的措施（如技术、政策优化）。

3. 任务步骤

（1）查阅政策文件，收集数据（如《中国森林资源报告》），分析我国林业碳汇总量、项目分布。

（2）选择某区域（如家乡），分析其森林资源现状，提出改进建议（如技术推广、政策激励）。

（3）以 PPT 展示调研成果，包括背景、现状、建议，并回答提问。

6.3 我国林业碳汇发展的机遇与行动

在"双碳"目标引领下，我国林业碳汇发展迎来重大机遇，市场对碳汇需求激增，政策支持力度不断加大。为把握机遇，我国积极行动，加大造林绿化与森林经营投入，完善碳汇项目开发标准，推动其入市交易，还加强了技术创新与人才培养，鼓励社会广泛参与。

6.3.1 我国林业碳汇发展的机遇

我国林业碳汇发展机遇众多。"双碳"目标下政策支持有力，市场需求随着碳市场扩大、企业责任意识提升及国际合作频繁而增长，科技进步带来监测、经营与管理技术提升，社会资本踊跃参与，公众意识提高也积极助力，为其发展营造了良好环境。

1. 政策驱动带来的重大机遇

1）国家战略规划明确导向

我国将应对气候变化纳入国家战略，"双碳"目标的提出为林业碳汇发展指明了清晰的方向。在《2030 年前碳达峰行动方案》等一系列政策文件中，明确提出要提升生态系统碳汇能力，将林业碳汇作为实现碳中和目标的重要手段之一。这使林业碳汇项目在政策层面获得了高度认可和支持，为产业发展提供了坚实的战略基础。

2）政策扶持力度持续加大

为推动林业碳汇发展，政府出台了一系列扶持政策。在财政方面，设立了专项资金，用于支持林业碳汇项目的规划、建设和监测。例如，对开展大规模植树造林、森林抚育等项目的地区给予资金补贴，降低了项目实施成本。在税收方面，对林业碳汇相关企业给予税收优惠，鼓励企业积极参与林业碳汇项目开发。同时，在土地政策上，优先保障林业碳汇项目用地，为项目落地提供了便利条件。

3）区域政策协同效应凸显

我国不同地区根据自身生态环境特点和发展需求，制定了一系列区域性的林业碳汇发展政策。例如，在东北林区，重点推进森林质量精准提升工程，通过加强森林经营管理，提高森林碳汇能力；在南方集体林区，鼓励发展林下经济与林业碳汇相结合的模式，实现生态效益和经济效益的双赢。各地区之间的政策协同，形成了全国一盘棋的林业碳汇发展格局，促进了资源的优化配置和产业的协同发展。

2. 市场需求增长带来的广阔机遇

1）碳市场交易需求旺盛

随着全国碳市场的正式启动并逐步完善，碳排放权交易成为企业履行减排义务的重要方式。林业碳汇作为一种重要的碳抵消机制，受到高碳排放企业的广泛关注。企业可以通过购买林业碳汇项目产生的减排量，来抵消自身难以避免的碳排放，实现"双碳"目标。随着碳市场覆盖范围的逐步扩大，纳入碳市场的企业数量不断增加，对林业碳汇的需求也将持续上升。据预测，未来几年我国林业碳汇市场规模将呈现快速增长态势。

2）企业社会责任需求提升

在当今社会，企业的社会责任意识日益增强。越来越多的企业认识到，积极参与林业碳汇项目不仅有助于履行社会责任、提升企业形象，还能为企业带来长期的经济效益。一些大型企业将林业碳汇纳入其可持续发展战略，通过投资林业碳汇项目，实现自身的绿色转型。例如，一些能源、化工企业通过开展林业碳汇项目，中和其生产过程中的碳排放，向社会展示其积极应对气候变化的决心和行动。这种企业社会责任需求的提升，为林业碳汇项目带来了更多的市场机会。

3）国际碳贸易合作潜力巨大

在全球应对气候变化的大趋势下，国际碳贸易合作日益频繁。我国作为全球最大的发展中国家，在林业碳汇领域具有巨大的发展潜力和资源优势。随着国际碳市场规则的逐步统一和完善，我国林业碳汇项目有望参与国际碳贸易，获得更多的国际市场份额。通过与国际碳买家开展合作，我国可以将优质的林业碳汇项目推向国际市场，实现林业碳汇产品的价值最大化。同时，国际碳贸易合作也将促进我国林业碳汇技术和管理的创新，提升我国林业碳汇产业的国际竞争力。

3. 科技进步带来的创新机遇

1）监测技术精准、高效

现代信息技术在林业碳汇监测领域得到了广泛应用。遥感技术、地理信息系统、全球定位系统等技术的结合，使林业碳汇监测更加精准、高效。通过遥感影像可以快速获取森林资源的分布、面积、生长状况等信息，结合地理信息系统技术进行空间分析和模拟，能够准确估算森林碳汇储量和变化情况。同时，地面监测设备的不断更新和完善，如森林碳通量监测塔、土壤呼吸监测仪等，为林业碳汇监测提供了更加详细的数据支持。这些技术的应用，大大提高了林业碳汇监测的效率和准确性，为林业碳汇项目的开发和交易提供了可靠依据。

2）经营技术科学、先进

先进的林业经营技术能够有效提高森林的生长速度和质量，从而增强森林的碳汇能力。我国在林业经营技术方面不断创新，推广了一系列科学合理的造林、营林技术。例如，通过选育优良树种、优化造林密度、合理施肥灌溉等措施，提高了树木的生长量和木材质量，增加了森林的碳汇储量。同时，森林可持续经营理念的深入人心，促使林业经营者更加注重森林生态系统的整体功能和稳定性，通过采取近自然林业经营、多功能林业经营等模式，实现了森林生态效益和经济效益的双赢。这些林业经营技术的创新，为林业碳汇发展提供了坚实的技术支撑。

3）数字化管理便捷、智能

数字化技术的发展为林业碳汇管理带来了新的变革。通过建立林业碳汇数字化管理平台，实现对林业碳汇项目全生命周期的信息化管理。从项目申报、审核、实施到监测、交易等各个环节，都可以通过数字化平台进行实时监控和数据共享，提高了管理效率和透明度。同时，利用大数据、人工智能等技术，对林业碳汇数据进行深度分析和挖掘，为林业碳汇项目的决策提供科学依据。例如，通过分析历史气象数据、森林生长数据等，预测森林碳汇能力的变化趋势，为林业碳汇项目的规划和调整提供参考。数字化管理的便捷、智能，将推动林业碳汇管理向更加科学、高效的方向发展。

4. 生态价值认知提升带来的社会机遇

1）公众环保意识增强

随着社会经济的发展和人们生活水平的提高，公众对环境保护和可持续发展的关注度不断提高。越来越多的人认识到气候变化对人类生存和发展的威胁，开始积极关注和参与应对气候变化的行动。林业碳汇作为应对气候变化的重要手段之一，受到了公众的广泛关注。公众对林业碳汇的认知和了解，为林业碳汇项目的发展营造了良好的社会氛围。

2）生态旅游融合发展

林业碳汇与生态旅游的融合发展成为一种新的趋势。以林业碳汇为主题的生态旅游景区，不仅可以让游客欣赏到美丽的自然风光，还能让游客了解林业碳汇的知识和意义，增强公众的环保意识。例如，一些森林公园通过开展林业碳汇科普宣传活动，吸引了大量游客前来参观体验。同时，生态旅游的发展也为林业碳汇项目带来了额外的经济收益，促进了林业碳汇产业的可持续发展。

3）社会监督促进规范发展

公众对林业碳汇项目的关注和监督，有助于推动林业碳汇项目的规范发展。公众可以通过各种渠道对林业碳汇项目的实施情况进行监督，确保项目符合相关政策法规和标准要求。如果发现项目存在违规行为或质量问题，公众可以及时向相关部门举报，促使问题得到及时解决。这种社会监督机制的形成，将促使林业碳汇项目开发者更加注重项目的质量和效益，提高项目的透明度和公信力，为林业碳汇市场的健康发展提供保障。

6.3.2　我国林业碳汇发展的行动

我国积极推进林业碳汇发展，政策上将其纳入"双碳"战略并出台了专项规划。通过保护森林资源、提升森林质量来增强固碳能力。已开发多种类型林业碳汇项目，并探索交易机制。不断加强计量监测与人才培养，创新金融支持模式，还进一步推动区域协同与国际合作，助力林业碳汇向高质量发展。

1. 政策引领与规划部署

1）国家战略规划

我国高度重视林业碳汇在应对气候变化中的关键作用，将其纳入国家"双碳"战略体系。从"十五"规划到"十四五"规划，林业碳汇支持政策经历了从"退耕还林"到"完善体系"再到"协同推进"的转变。"十四五"规划明确将提升生态碳汇能力作为重点任务之一，提出到 2025 年森林覆盖率达 24.1%、2060 年达到 27%以上的目标，为林业碳汇发展指明了方向。

2）专项政策制定

国家林业和草原局等部门出台了一系列专项政策，如《林业应对气候变化"十三五"行动要点》《"十四五"林业草原保护发展规划纲要》等，明确了林业碳汇发展的具体目标和措施。同时，各地也结合实际情况制定了相应的实施方案，如湖南省出台的《湖南省林业碳汇行动方案（2023—2030 年）》，为林业碳汇项目开发提供了政策保障。

2. 资源保护与质量提升

1）森林资源保护

加强以国家公园为主体的自然保护地体系建设，提升各类自然保护地固碳能力。严格保护和合理利用各类林草资源，严厉打击毁林、毁草、毁湿等违法犯罪行为，减少因不合理土地利用导致的碳排放。加强森林草原防火和病虫害防治，减少因灾害造成的林草资源损失，巩固和增强林草资源固碳能力。

2）森林质量提升

推进森林科学经营，积极开展森林抚育，实施森林质量精准提升工程。加强中幼林抚育和退化林修复，调整优化林分结构，提高长寿命树种和高效固碳树种的比例。通过科学经营，提高森林的碳汇能力和生态服务功能。

3. 项目开发与交易推进

1）项目开发

我国林业碳汇开发及交易类型主要有国际机制下的林业碳汇（清洁发展机制，CDM）、独立机制下的林业碳汇（国际核证减排标准，VCS）以及国内机制下的林业碳汇（中国核证资源减排量，CCER）。各地积极推进林业碳汇项目开发，如湖南省备案项目达 38 个，开发面积 420 万亩，预计年减排量 150 万吨二氧化碳当量。同时，鼓励相邻地区组成联合技术组，开发和修订林业碳汇项目相关方法学，为不同类型的森林碳汇入市创造条件。

2）交易推进

积极参与全国碳排放权交易，鼓励充分利用林草碳汇实施碳排放权抵消机制。探索建立林草碳汇减排交易平台，鼓励各类社会资本参与林草碳汇减排行动。目前，我国林业碳汇交易制度尚处于起步阶段，相关立法和政策体系还有待完善。未来需要推进林业碳汇交易相关立法，构建制度基础，调整交易机制，建立有效的价格机制和明确的交易标准，强化风险保障，建立风险预警机制和保险制度，调适监管框架，明晰监管职能，实现全流程管控。

4. 科技创新与支撑

1）计量监测体系建设

持续开展全国林业碳汇计量监测、国家林草生态综合监测评价，建立全国林草碳汇数据库。开展林草助力碳中和战略研究，组织开发林草碳汇关键技术。例如，湖南省建成了"湘林碳汇"大数据平台，推广构建省级林业碳汇"一张图"，实现项目开发—监测—交易全流程线上化，并接入省区块链政务平台，确保数据可信。

2）人才培养与引进

建立灵活高效的碳汇专业人才培养机制，支持院校、企业开展"双碳"人才联合培养。鼓励高等林业院校加快培养具有林草碳汇管理能力和现代林业理念的复合型专业人才，为林业碳汇发展提供人才保障。

5. 金融支持与模式创新

1）金融支持政策

完善林业金融服务体系，鼓励金融机构开展林业碳汇预期收益权、公益林（天然林）补偿收益权、林业经营收益权等质押贷款业务。例如，湖南省省财政贴息 3% 的"碳汇贷"，最长贷款期限为 15 年，采用创新"未来碳汇收益权质押"模式（林权抵押率最高可达 70%）。省绿色发展基金下设 20 亿元林业碳汇子基金，对 VC/PE 投资碳汇项目给予 1.5 倍风险补偿。

2）模式创新探索

探索"林业碳汇+"综合项目模式，打造"以汇养绿"高质量发展新模式。例如，湖南省长沙市全国首创"碳汇商品房"制度（购房赠送碳汇权）、开发"星城碳惠"App，市民通过植树认养积累碳积分；湘西州试点"碳汇+非遗"模式（苗绣产品附加碳汇价值）、十八洞村开发"精准扶贫碳汇林"，收益的40%用于村民分红。

6. 区域协同与国际合作

1）区域协同发展

加强区域间的协同合作，共同推进林业碳汇发展。例如，湖南省建立武陵山片区碳汇协同开发机制，联合湖北、江西建立"中三角碳汇交易中心"，整合区域资源，提高林业碳汇开发效率和交易规模。

2）国际合作交流

积极参与国际气候治理和碳市场建设，加强与国际组织和其他国家的合作交流。学习借鉴国际先进经验和技术，推动我国林业碳汇标准与国际接轨，提升我国林业碳汇在国际市场上的竞争力。

 案例

碳汇林业政策支持

在南方某省份，为推动碳汇林业发展，政府出台了一系列政策支持举措。设立专项财政补贴，对参与碳汇林种植的农户和企业给予每亩一定金额的补助；提供低息贷款，降低林业经营主体的资金成本。同时，简化碳汇项目审批流程，安排专人指导项目申报。某林业公司抓住政策机遇，在当地承包荒山开展碳汇林项目，凭借补贴和贷款解决了前期资金难题，同时快速推进项目落地。项目实施后，不仅森林碳汇量逐年增加，公司还通过碳汇交易获得收益。周边农户受政策激励，也纷纷加入碳汇林种植，政府还组织专业培训提升农户种植技术。在政策支持下，当地碳汇林业蓬勃发展，实现生态效益与经济效益双丰收。

分析： 南方该省份政府通过财政补贴、低息贷款、简化审批与专业指导等政策，为碳汇林业发展保驾护航。林业公司借政策东风解决资金难题，项目落地见效。农户受激励参与，政府培训提技，实现生态与经济效益双赢，政策成效显著。

6.3.3 实践任务：我国林业碳汇机遇分析与行动方案设计

1. 任务背景

在全球气候治理中，林业碳汇作为低成本、可持续的固碳手段，已成为我国实现"双碳"目标的关键路径。本任务引导学生通过政策分析、案例研究，结合区域实际提出可落地的林业碳汇行动方案。

2. 任务目标

（1）分析国际碳市场、国内政策、技术创新及公众参与对林业碳汇的推动作用。

（2）针对某区域（如家乡或学校所在地），提出提升林业碳汇能力的具体措施（如植树造林、碳汇项目开发)。

3. 任务步骤

(1) 查阅《全国碳排放权交易管理办法》、国际碳市场动态(如欧盟碳关税),总结政策支持与市场潜力。

(2) 获取家乡或学校所在省份的森林覆盖率、树种结构等数据(可通过政府官网或林业部门取得)。

(3) 制作表格,对比区域与全国平均水平的碳汇能力,分析优势(如气候适宜)与不足(如资金短缺)。

(4) 以 PPT 或短视频呈现方案,内容包括机遇分析、区域现状、行动设计与保障措施。

第 7 章

低碳农业技术

内容指南

在绿色发展理念深入人心、全球气候治理刻不容缓的当下，低碳农业技术宛如一股清泉，为传统农业注入了新的活力。它以减少碳排放、提高资源利用效率为核心，从精准灌溉、绿色施肥到可再生能源应用，一系列创新技术正重塑农业生产方式，勾勒出农业可持续发展的美好蓝图。

知识重点

- 了解低碳农业的概念与内涵。
- 了解农业碳排放测算。
- 了解我国农业低碳化的路径与对策。

7.1 低碳农业的概念与内涵

低碳农业是在可持续发展理念下，通过产业结构调整、技术与制度创新、可再生能源利用等手段，实现高能效、低能耗和低碳排放的农业模式。它以低能耗、低污染、低排放为基础，追求高效、可持续、安全，旨在减少温室气体排放，保障粮食安全，保护生态环境。

7.1.1 低碳农业产生的背景

在全球气候变暖态势加剧、生态环境压力不断增大的背景下，传统农业高能耗、高排放的生产模式弊端凸显。同时，人们对农产品品质与安全要求提升，对绿色生态产品需求增加。在此情形下，低碳农业应运而生，旨在实现农业发展与生态保护、资源利用的协调共进。

1. 全球气候变化危机加剧

1）温室气体浓度攀升与气候变暖趋势

工业革命后，人类大量排放二氧化碳、甲烷等温室气体，大气中温室气体浓度不断上升，这渐渐打破了地球热量平衡，使全球变暖，一个多世纪以来平均气温升高约 1.1 ℃且升温逐渐加快。气候变暖引发冰川融化、海平面上升、极端气候频发等问题，威胁着人类的生存和发展。

2）农业碳排放对全球气候变化的影响

农业是人类生存发展的基础产业，也是重要温室气体排放源，其碳排放约占全球总排放量的10%~12%。土地利用变化（如砍伐森林开垦农田）会减少碳汇并释放碳。农业生产中，大量使用化肥农药会产生碳排放，畜禽养殖时粪便发酵也会产生大量甲烷（温室效应是二氧化碳的25倍左右）。所以，减少农业碳排放刻不容缓，低碳农业由此出现。

2. 资源短缺与环境压力凸显

1）水资源短缺与农业用水矛盾

水是农业生产的关键资源，目前全球水资源短缺问题愈发严峻，人口增长、经济发展使水资源需求增大，但可利用水资源有限。农业用水占比约70%，传统农业常有大水漫灌、渠道渗漏等浪费现象，部分地区因缺水致农作物减产甚至绝收。而且，过量使用化肥农药造成农业面源污染，氮、磷等营养物质随雨水入水体致富营养化，影响水资源利用。低碳农业则能缓解矛盾，其推广滴灌、喷灌等节水灌溉技术以提高用水效率，还采用生态友好生产方式，减少化肥农药使用，降低农业面源污染。

2）土壤退化与耕地质量下降

土壤是农业的根基，但传统农业长期过度使用化肥农药，破坏土壤结构、降低肥力，引发板结、酸化、盐渍化等问题，不合理耕作制度，如过度耕翻、连作等，还会加速养分流失、破坏土壤生态。土壤退化与耕地质量下降影响农作物产量和质量，威胁农业可持续发展。低碳农业重视土壤保护修复，采用有机肥、绿肥还田、轮作休耕等，增加有机质、改善结构、提升肥力，实现土壤可持续利用。

3）生物多样性减少与生态平衡破坏

传统农业为追求高产，常单一品种种植、大规模集约化养殖，使农田生态系统单一，生物多样性减少。单一种植易引发病虫害，进而会大量使用农药，从而破坏生态平衡。森林砍伐、湿地开垦等农业土地利用变化，导致野生动植物栖息地丧失，威胁生物多样性。低碳农业倡导生态农业模式，注重保护恢复农田生物多样性，通过建立生态廊道、种植多样作物植被、保护有益生物等，维护生态平衡，增强农业生态系统的稳定性和抗干扰能力。

3. 能源危机与农业能源需求增长

1）传统能源问题

传统化石能源（煤炭、石油、天然气）是如今全球能源的消费主力，但不可再生，且储量逐渐减少，面临枯竭。同时受国际政治、经济等因素的影响，其价格波动频繁。农业生产很多环节（农机作业、农产品加工、灌溉等）耗能大，能源涨价会增加成本，减少农民收入，影响农业竞争力。

2）农业能源需求增长

农业现代化让农业对能源需求不断上升。一方面，机械化程度提高使农机耗能增加；另一方面，农产品加工、保鲜、运输等环节发展也耗能多。而且为应对气候变化，农业生产需采用新设备（如温室温控、节水灌溉动力设备）会进一步增加能源需求。所以，寻找清洁能源替代传统化石能源，降低农业对传统能源的依赖，是农业可持续发展的必然要求。低碳农业推广太阳能、风能、生物质能等清洁能源用于农业生产，能减少传统能源消耗，提高农业能源自给能力与可持续发展水平。

4. 消费者需求与市场导向转变

1）消费者环保意识的提升

随着人们生活水平的提高和受教育程度的普及，消费者的环保意识不断增强。越来越多的人开始关注食品的安全、健康和环保问题，对绿色、低碳、有机农产品的需求日益增加。消费者认识到传统农业生产方式对环境和人体健康可能带来的负面影响，如农药残留、土壤污染等，因此更愿意选择那些采用生态友好型生产方式生产的农产品。这种消费观念的转变促使农业生产者不得不调整生产方式，以满足消费者的需求。

2）市场对低碳农产品的需求增长

在消费者需求的推动下，市场对低碳农产品的需求呈现出快速增长的趋势。低碳农产品以其安全、健康、环保的特点，受到越来越多消费者的青睐。一些大型超市、餐饮企业等也开始积极采购和销售低碳农产品，将其作为吸引消费者的重要手段。同时，政府也出台了一系列政策，鼓励和支持低碳农产品的发展，如给予补贴、认证等。市场的导向作用使农业生产者看到了发展低碳农业的商机，纷纷加大对低碳农业的投入，推动了低碳农业的发展。

5. 国际贸易与绿色壁垒的影响

1）国际贸易中的环境标准要求

随着全球经济一体化的发展，国际贸易日益频繁。在国际贸易中，环境标准逐渐成为一种重要的贸易壁垒。许多国家和地区为了保护本国的环境和农业产业，制定了一系列严格的环境标准和法规，对进口农产品的质量和生产过程也提出了更高的要求。例如，欧盟、美国等发达国家对农产品的农药残留、重金属含量、碳排放等指标都有严格的规定。如果农产品不符合这些标准，将无法进入这些国家的市场。这对于我国等发展中国家的农产品出口造成了很大的压力。

2）绿色壁垒对农业发展的挑战与机遇

绿色壁垒的存在给我国农业发展带来了挑战，但也为发展低碳农业提供了机遇。为了突破绿色壁垒，提高农产品在国际市场上的竞争力，我国必须加快发展低碳农业，采用先进的生产技术和管理模式，降低农产品的碳排放，提高农产品的质量和安全性。通过发展低碳农业，我国可以生产出符合国际环境标准要求的农产品，以满足国际市场的需求，扩大农产品的出口份额。同时，发展低碳农业还可以促进我国农业产业的升级和转型，提高农业的整体素质和效益。

7.1.2　低碳农业的意义

低碳农业是以降低农业生产碳排放为核心，兼顾经济、社会、生态效益的现代农业模式。它基于可持续发展理念，采用低碳技术和管理优化生产要素，减少各环节温室气体排放，提高资源利用率，实现生产与环保协调。它不只关注减排，还强调生产系统优化升级，涵盖种植、养殖、加工、运输、销售全流程，旨在构建低碳、高效、循环的农业体系。比如：种植环节推广精准施肥、节水灌溉，减少浪费和碳排放；养殖环节采用科学饲养，减少甲烷排放，对粪便资源化利用。

1. 应对气候变化的关键举措

1）减缓温室气体排放

全球变暖是因温室气体浓度上升，农业是排放大户。低碳农业用科学方式和技术减排。

种植时推广精准施肥，依土壤和作物需求施肥，能降低 30%～50% 的氧化亚氮排放；采用免耕、少耕等措施，减少土壤翻动，降低二氧化碳释放。养殖上改进饲养管理，优化饲料配方，加添加剂可降低 10%～20% 肉牛甲烷排放，对粪便进行厌氧发酵可生产生物燃气，避免甲烷排放。这些措施都能减缓农业温室气体排放。

2）增强碳汇功能

低碳农业重视生态保护修复，增强农业生态系统碳汇功能。农田、林地、草地等是重要碳汇。农田推广轮作等模式，如豆科与禾本科作物轮作，能改善土壤、增加碳汇。林地和草地加强植树造林、草地保护，森林每长 $1 m^3$ 蓄积量约吸收 1.83 t 二氧化碳。增强碳汇可缓解气候变暖。

3）提升适应能力

气候变化给农业带来不确定性，如极端气候、降水改变、病虫害加剧。低碳农业采用适应气候的种植制度和品种，如推广耐旱品种等；加强农田水利建设，提高灌溉排水能力；发展生态和有机农业，增强土壤保水保肥和生态系统调节能力，保障粮食安全和农业可持续发展。

2. 保护生态环境的重要途径

1）减少农业面源污染

传统农业大量使用化肥、农药和农膜，污染问题越来越严重。化肥超量使用，会使氮、磷等随雨水进入水体，水会富营养化，使藻类疯长，破坏水生生态。农药不仅杀虫，也会伤害有益生物，残留还会通过食物链威胁人体健康。农膜乱丢会在土里残留，影响土壤透气透水，降低质量。低碳农业倡导少用化肥、农药和农膜，用生物防治、物理防治等绿色技术替代化学防治，推广有机肥和可降解农膜。比如用天敌治虫，如放养赤眼蜂治玉米螟；用性诱剂、杀虫灯等物理方法杀虫。这样能减少农业污染，保护水、土和空气环境。

2）保护生物多样性

农业活动对生物多样性产生了深远的影响。单一品种种植和大规模集约化养殖会导致农田生态系统单一化，许多野生动植物的栖息地丧失，生物多样性减少。低碳农业注重生态系统的多样性和平衡，通过建立生态廊道、保护湿地和自然保护区，推广多样化的种植和养殖模式等方式，可保护和恢复生物多样性。在农田中，种植多样化的农作物和植被，可为昆虫、鸟类等野生动物提供食物和栖息地。在养殖方面，发展生态养殖，模拟自然生态环境，为畜禽提供良好的生长条件，同时减少对野生生物的干扰。保护生物多样性不仅有助于维持生态平衡，还能为农业提供丰富的基因资源，促进农业的可持续发展。

3）促进土壤健康与可持续利用

土壤是农业生产的基础，健康的土壤是保障农业可持续发展的关键。传统农业生产方式往往导致土壤退化，如土壤板结、酸化、盐渍化等。低碳农业通过采用合理的耕作制度、增加有机质投入、推广轮作休耕等措施，可改善土壤结构，提高土壤肥力，促进土壤健康。例如，秸秆还田可以增加土壤有机质含量，改善土壤的物理性质，提高土壤的保水保肥能力；轮作休耕可以让土壤得到充分的休息和恢复，减少土壤养分的消耗和病虫害的积累。通过促进土壤健康与可持续利用，可更好地保障农业的长期稳定发展。

3. 推动农业可持续发展的必然选择

1）高效利用资源

传统农业浪费资源多，如大水漫灌、能源过度消耗。低碳农业推广节水灌溉（滴灌、喷灌等，水利用率超过 90%，可节水 50%～70%）和清洁能源（太阳能、风能、生物质能），可减少对传统化石能源的依赖，如太阳能发电供灌溉等、生物质能转化废弃物为能源，可降低成本、提高效益。

2）推动产业升级转型

低碳农业依靠先进的科技和管理模式，推动产业升级转型。一方面促进农业科技创新，如精准农业技术、智能装备研发应用，提升生产精准化、智能化水平；另一方面推动产业链延伸拓展，发展农产品加工、冷链物流、农业旅游等，提高附加值和竞争力，还促进农业与其他产业融合，形成新业态和经济增长点。

3）保障粮食与农产品质量

粮食安全至关重要，农产品的质量关乎健康。低碳农业采用生态友好方式，可减少化肥农药使用，降低农药残留和重金属含量，提升农产品质量安全。同时注重生态保护修复，增强生态系统稳定性和抗灾能力，保障粮食供应，种植制度和品种能更好地适应环境变化，减少减产风险，满足人民群众的需求。

4. 满足社会经济发展需求的必然要求

1）适应消费者需求变化

随着人们生活水平的提高和环保意识的增强，消费者对绿色、低碳、有机农产品的需求日益增加。消费者更加关注食品的安全、健康和环保属性，愿意为高品质的农产品支付更高的价格。低碳农业生产的农产品符合消费者的需求趋势，具有广阔的市场前景。发展低碳农业可以满足消费者对优质农产品的需求，提高消费者的生活质量和健康水平。同时，也有助于引导消费者树立绿色消费观念，促进全社会形成绿色低碳的生活方式。

2）创造就业机会与促进农村经济发展

低碳农业的发展需要大量的劳动力投入，涉及农业生产、加工、销售、技术服务等多个环节。这将为农村创造更多的就业机会，促进农村劳动力的转移和就业结构的优化。例如，发展农产品加工产业可以吸纳大量的农村剩余劳动力，提高农民的收入水平。同时，低碳农业的发展还可以带动农村相关产业的发展，如农村旅游、农村电商等，促进农村经济的多元化发展。通过创造就业机会和促进农村经济发展，缩小城乡差距，推动乡村振兴战略的实施。

3）提升农业国际竞争力

在全球经济一体化的背景下，农产品国际贸易竞争日益激烈。许多国家和地区对进口农产品的质量和环境标准提出了更高的要求，设置了绿色壁垒。发展低碳农业，生产符合国际标准的低碳农产品，有助于我国农产品突破绿色壁垒，提高在国际市场上的竞争力。同时，低碳农业的发展还可以促进我国农业产业的升级和转型，提高农业的整体素质和效益，使我国农业在国际竞争中占据有利地位。通过提升农业国际竞争力，可增加农产品的出口创汇，为我国经济发展作出贡献。

7.1.3　低碳农业与传统农业的区别

低碳农业与传统农业区别显著。传统农业依赖高能耗投入，大量使用化肥农药，碳排放高且易导致环境污染、土壤退化。而低碳农业注重节能减排，利用清洁能源，采用生态友好技术，减少化学投入品，强调资源循环利用与生态平衡，兼顾经济效益与生态效益。低碳农

业与传统农业的区别如表 7-1 所示。

表 7-1　低碳农业与传统农业的区别

对比维度	传统农业	低碳农业
生产理念与目标导向	追求产量最大化，满足粮食需求，重短期高产，忽视环境资源长期影响，只关注当下经济效益，较少考虑长期生态和社会成本	秉持生态优先，以可持续发展为目标，减少碳排放，保护生态环境，注重农业生产系统整体性和长期性，追求经济效益、社会效益和生态效益的有机统一
资源利用方式	资源粗放高消耗，土地大面积单一种植，利用率低，过度开垦破坏生态；水资源大水漫灌，利用率仅 40%~50%；能源依赖化石能源，增加成本和温室气体排放	资源高效循环利用，土地采用精准农业技术，推广轮作休耕；水资源推广节水灌溉，加强雨水收集利用；能源开发利用清洁能源，实现可持续供应和废弃物资源化利用
生产技术与手段	依赖化学投入品和传统耕作技术，病虫害防治靠化学农药，施肥依赖化肥，耕作多传统翻耕，破坏生态平衡和土壤结构	采用多样化生态友好型技术手段，病虫害防治综合运用生物、物理、农业防治等；施肥注重有机肥和化肥配合，推广测土配方施肥；耕作采用保护性耕作技术，积极应用信息技术
农产品质量与安全	大量使用化学投入品，易导致农产品农药残留、重金属超标，缺乏监管和质量追溯体系，质量安全难以保障	注重质量和安全，采用生态友好型生产方式，遵循绿色、有机标准，加强环境监测管理，建立完善的质量追溯体系，农产品品质和营养价值高
对生态环境的影响	对生态环境破坏严重，大量使用化肥农药致使土壤、水体、大气污染，过度开垦放牧导致森林砍伐、草原退化、水土流失等问题	注重生态环境保护和修复，采用生态友好型方式和技术手段，减少温室气体排放，降低对生态要素的破坏，有助于恢复和改善生态环境，促进经济发展与生态保护良性互动

7.1.4　低碳农业的内涵

低碳农业以可持续发展为核心理念，旨在降低农业生产全流程的碳排放。它强调运用清洁能源、节能技术，减少化肥农药使用，推动资源循环利用，构建生态友好的生产模式。既可保障农产品供给，又可维持生态平衡，实现经济效益、生态效益与社会效益的有机统一。

1. 低碳理念融入农业全产业链

1）生产环节的低碳化

在农业生产中，低碳农业注重从源头减少碳排放。种植业方面，传统农业过量使用化肥会排放温室气体，低碳农业倡导精准施肥。借助土壤检测技术，了解土壤养分后，结合农作物需求制定施肥方案，避免盲目施肥产生氧化亚氮等温室气体。同时推广有机肥，它能改善土壤、提高肥力，还能增加土壤碳汇，把二氧化碳固定在土壤中。灌溉时，摒弃大水漫灌，采用滴灌、喷灌等节水技术，按农作物需水规律供水，减少水资源浪费，降低土壤养分流失和温室气体排放。

在养殖业方面，低碳农业改进饲养管理。优化畜禽饲料配方，提高饲料转化率，减少畜禽肠道发酵产生的甲烷。比如：在饲料里添加特定酶制剂或添加剂，可促进畜禽消化吸收，降低粪便有机物含量，减少甲烷产生。另外，科学处理畜禽粪便，采用厌氧发酵技术生产生物燃气，既实现废弃物利用，又避免粪便堆放时大量排放甲烷。

2）加工环节的低碳化

农产品加工环节是农业产业链中能耗较高的部分，低碳农业要求在该环节采取节能减排措施。一方面，推广应用先进的加工技术和设备，提高能源利用效率。例如，采用新型的烘干设备，利用太阳能、热泵等清洁能源进行农产品烘干，以减少对传统化石能源的依赖。另一方面，优化加工工艺流程，减少加工过程中的能源消耗和废弃物产生。对农产品加工过程中产生的副产物进行综合利用，如将水果加工后的果皮、果渣等用于生产饲料、肥料或生物质能源，实现资源的循环利用，降低整个加工环节的碳排放。

3）流通环节的低碳化

农产品流通环节涉及运输、储存等多个方面，低碳农业致力于降低该环节的能源消耗和碳排放。在运输方面，合理规划运输路线，提高运输效率，减少运输里程和空驶率。推广使用新能源运输工具，如电动汽车、天然气汽车等，替代传统的燃油运输车辆，降低运输过程中的尾气排放。在储存环节，采用节能型的冷藏设备和仓储技术，提高能源利用效率。例如，利用智能温控系统，根据农产品的储存要求精确控制仓库内的温度和湿度，减少能源浪费。同时，加强农产品的包装管理，采用可降解、可回收的包装材料，以减少包装废弃物对环境的污染。

2. 生态平衡与农业可持续发展并重

1）维护农业生态系统平衡

低碳农业将维护农业生态系统平衡作为重要目标。农业生态系统是一个复杂的整体，包括土壤、水、空气、生物等多种要素。低碳农业通过合理的种植制度和养殖模式，促进农业生态系统的物质循环和能量流动。例如，采用轮作、间作、套种等种植方式，增加农田生物多样性，提高农田生态系统的稳定性和抗干扰能力。轮作可以充分利用土壤养分，减少病虫害的发生；间作和套种可以充分利用空间和光照资源，提高土地利用率。在养殖方面，发展生态养殖模式，如种养结合的循环农业模式，将畜禽养殖与种植业有机结合，实现畜禽粪便的还田利用，为农作物提供有机肥料，同时农作物的秸秆等废弃物又可以为畜禽提供饲料，形成良性的生态循环。

2）保障农业资源可持续利用

农业资源可持续利用是农业发展的根基，低碳农业重视保护和合理利用资源。在土地资源方面，采取措施防止土地退化，如加强水土保持、防治土壤盐渍化和酸化，推广保护性耕作技术，少翻动土壤，保护其结构，增加有机质。在水资源方面，加强管理，提高利用效率，除了推广节水灌溉，还注重保护和水质监测，防污染影响农业生产。在生物资源方面，保护农业生物多样性，加强对农作物和畜禽品种资源的保护和利用，建立种质资源库以保存珍贵资源，为农业可持续发展提供基因保障。

3）实现农业长期稳定发展

低碳农业通过维护生态平衡和保障资源可持续利用，实现农业的长期稳定发展。它不仅关注当前农业生产的效益，更注重农业的未来发展潜力。通过采用低碳生产技术和模式，提高农业生产的抗灾能力和稳定性。例如，在气候变化背景下，低碳农业的种植制度和品种选

择能够更好地适应极端气候事件，减少自然灾害对农业生产的影响。同时，低碳农业的发展还可以促进农业产业升级和转型，推动农业向绿色、高效、可持续方向发展，提高农业的综合效益和竞争力。

3. 经济效益与生态效益协同提升

1）降低农业生产成本

低碳农业通过采用节能减排技术和资源循环利用模式，降低农业生产成本。在能源方面，推广使用清洁能源和节能设备，减少对传统化石能源的依赖，降低能源费用支出。例如，太阳能光伏发电可以为农田灌溉、温室大棚等提供电力，生物质能利用技术可以将农作物秸秆、畜禽粪便等转化为生物燃气和生物柴油，实现能源的自给自足。在资源利用方面，实现废弃物的资源化利用，减少原材料的采购成本。例如，畜禽粪便的厌氧发酵处理，不仅可以生产生物燃气，还可以得到有机肥料，用于农业生产，减少化肥的购买量。

2）提高农产品附加值

低碳农业生产的农产品具有绿色、环保、安全等特点，符合消费者对高品质农产品的需求，因此具有较高的附加值。随着人们生活水平的提高和环保意识的增强，消费者越来越关注农产品的质量和安全。低碳农业通过减少化学投入品的使用，采用生态友好型的生产方式，生产出的农产品农药残留低、营养价值高，在市场上更受消费者青睐。例如，有机农产品通常比普通农产品价格高出30%~50%，甚至更高。同时，低碳农业还可以发展农产品深加工，提高农产品的附加值。通过对农产品进行精深加工，开发出具有特色的农产品加工品，如功能性食品、保健品等，以满足不同消费者的需求。

3）促进生态补偿与绿色金融发展

低碳农业发展能推动生态补偿和绿色金融进步。一方面，它对生态环境保护有好处，政府可建立生态补偿机制，给予发展低碳农业的农户和企业经济补偿，如给予用生态友好方式生产的农户补贴、给予建立生态农业示范区的企业奖励；另一方面，低碳农业发展契合绿色金融方向。金融机构能为低碳农业项目提供贷款、融资等服务。比如：银行给采用节能减排技术的农业企业双重优惠贷款，保险公司为低碳农业项目开发专门保险，以降低农业生产风险。有了生态补偿和绿色金融的支持，低碳农业才能更好地发展，实现经济效益和生态效益的双赢。

 案例

> **生态农业模式**
>
> 　　绿源生态农场坐落于风景秀丽的乡村，他们积极探索并践行生态农业模式，走出了一条可持续发展之路。农场采用"林下经济 + 生态循环"模式。在果树林下，散养土鸡。土鸡在林间自由觅食昆虫、杂草，既节省了饲料成本，又减少了害虫和杂草对果树的危害。而土鸡的粪便则成为果树的天然肥料，改善了土壤结构，提升了果实品质。此外，农场还建设了沼气池。将农作物秸秆、畜禽粪便等投入沼气池发酵，产生的沼气用于农场日常能源供应，如做饭、照明等。沼渣和沼液则是优质的有机肥，用于灌溉农田和果园。通过这种生态农业模式，绿源生态农场不仅降低了生产成本、减少了环境污染，还生产出了绿色、健康的农产品，深受市场欢迎，实现了生态效益与经济效益的双丰收，为当地农业发展提供了良好示范。

分析： 绿源生态农场的"林下经济 + 生态循环"模式成效斐然。林下养鸡实现资源互利，沼气池利用废弃物生产能源与肥料，既降低成本、减少污染，又能生产出绿色农产品获市场青睐，达成生态与经济效益双赢，为当地农业发展树立了优秀典范。

7.1.5 实践任务：低碳农业的认知与探索

1. 任务背景

在全球气候变化与资源约束加剧的背景下，低碳农业以减少温室气体排放、提升资源效率为核心，成为可持续农业发展的新模式，旨在实现生产与生态协同。本实践任务引导学生通过查阅资料，梳理低碳农业的背景、意义、内涵及与传统农业的差异，并思考其推广潜力。

2. 任务目标

（1）总结气候变化、资源短缺对农业的挑战及低碳农业的提出背景。

（2）归纳低碳农业在减碳增效、生态保护、经济增收等方面的作用。

（3）对比低碳农业与传统农业在生产方式、环境影响上的不同。

（4）概括低碳农业的核心特征（如低碳技术、循环利用）。

3. 任务步骤

（1）收集气候变化导致农业减产的案例，分析农业碳排放现状（如化肥、农机）。

（2）研究低碳农业如何减少污染、修复生态，并提升农民收入。

（3）制作对比表（如能源使用、生产方式、环境影响），总结低碳农业的生态友好性。

（4）以 PPT 或手抄报形式呈现调研成果，并思考低碳农业在当地的推广价值。

7.2 农业碳排放测算

农业碳排放测算意义重大，关乎应对气候变化与促进农业可持续发展。其来源多样，涵盖稻田甲烷、畜禽肠道及粪便管理碳排放、土壤氧化亚氮排放和能源消耗碳排放等。测算方法有实测法、模型模拟法和排放因子法，但面临数据获取难、排放因子不确定、模型适用性差及多部门协作不足等挑战。

7.2.1 农业碳排放测算概述

农业碳排放测算旨在精准量化农业活动产生的温室气体排放，对于应对气候变化意义重大。其测算对象涵盖种植业、畜牧业碳排放及农业能源消耗碳排放。

1. 农业碳排放测算的背景与意义

1）全球气候变化的严峻形势

随着工业化进程的加速和人类活动的不断增加，全球气候变暖已成为当今世界面临的重大挑战之一。温室气体的大量排放是导致全球气候变暖的主要原因，而农业作为人类社会的基础产业，在温室气体排放中占据着不可忽视的地位。农业活动产生的甲烷、氧化亚氮等温室气体，其温室效应远高于二氧化碳，对全球气候变化的影响日益凸显。因此，准确测算农业碳排放量，对于全面了解温室气体排放状况、制定应对气候变化的政策和措施具有重要意义。

2）农业可持续发展的内在需求

传统农业生产方式往往伴随着高能耗、高排放的问题，这不仅对环境造成了负面影响，也制约了农业的可持续发展。通过农业碳排放测算，可以清晰地认识到农业生产过程中的碳排放热点和关键环节，从而有针对性地采取减排措施，推动农业向绿色、低碳、可持续的方向转型。例如，通过优化种植结构、改进养殖技术、推广节能农业机械等方式，降低农业碳排放强度，提高农业资源利用效率，实现农业经济效益和环境效益的双赢。

3）国际履约与国内政策制定的依据

在国际层面，各国都承担着应对气候变化的国际义务，需要定期报告本国的温室气体排放情况。农业作为重要的排放部门，其碳排放数据的准确测算和报告对于履行国际公约、参与全球气候治理至关重要。在国内，政府制定农业政策、规划农业发展时，也需要充分考虑农业碳排放因素。准确的农业碳排放数据可以为政策制定提供科学依据，引导农业产业结构的调整和优化，促进农业的绿色发展。

2. 农业碳排放的主要来源

1）种植业碳排放源

（1）稻田甲烷排放。稻田是重要的甲烷排放源。淹水时土壤厌氧，有机质经微生物反应产生甲烷。不同水稻品种其根系分泌物和通气组织不同，影响甲烷排放，如根系分泌物多的品种可能增加排放。灌溉方式也很关键，长期淹水利于产甲烷菌的生长，则排放多；间歇灌溉能抑制产甲烷菌的活性，可减少排放，可降低 $30\% \sim 50\%$。施肥管理也有影响，有机肥能增加碳源，会多排放甲烷；合理施用化肥能调节碳氮比，影响产甲烷菌活性，但过量施用化肥会使土壤酸化，间接影响排放。

（2）土壤氧化亚氮排放。农业土壤是氧化亚氮的重要排放源，其主要与氮肥施用有关。氮肥经硝化和反硝化作用产生氧化亚氮。土壤湿度适中时排放多，过干或过湿会抑制作用，从而减少排放。土壤温度在一定范围内升高，会使排放增加，过高会抑制微生物活性，使排放下降。土壤质地、pH 值等也对氧化亚氮的排放有影响。

（3）农用地膜残留碳排放。农用地膜使用广泛，大量残留难以降解。在微生物作用下缓慢分解产生二氧化碳等温室气体，且影响土壤透气、透水性和微生物活性，间接增加碳排放，如导致土壤板结、改变土壤性质。

2）畜牧业碳排放源

（1）畜禽肠道发酵甲烷排放。畜禽肠道发酵是畜牧业甲烷排放的主要途径之一，反刍动物排放更多。瘤胃中微生物发酵饲料产生甲烷等气体。畜禽品种不同，其瘤胃结构和微生物群落也不同，影响甲烷排放，改良畜禽品种可能降低排放。饲料质量和饲养管理也有影响，高精料饲料和添加剂可抑制产甲烷菌的活性，合理饲养管理能提高饲料利用率，减少甲烷排放。

（2）畜禽粪便管理碳排放。畜禽粪便的储存和处理会产生温室气体。露天堆放或简易储存粪便在厌氧条件下会产生大量甲烷。在处理过程中如厌氧发酵、好氧堆肥也有排放。管理方式、储存时间、温度和湿度等均影响排放量，密封储存可减少甲烷排放，控制好氧堆肥通风可降低氧化亚氮的排放。

3）农业能源消耗碳排放源

（1）化肥生产碳排放。化肥生产是农业能源消耗碳排放的重要环节。氮肥生产消耗大量化石能源，合成氨过程消耗能源多且产生二氧化碳排放。磷肥和钾肥生产也需消耗能源。能源消耗和碳排放与生产工艺、规模、设备效率等有关。

（2）农业机械运行碳排放。农业机械运行消耗燃油或电力产生二氧化碳排放。燃油机械燃烧释放大量二氧化碳，机械化水平提高，会使排放量上升。老旧机械能耗高、排放大，新型节能机械能提高效率、降低排放。使用频率、作业强度和操作方式也影响碳排放。

（3）农产品加工与运输碳排放。农产品加工消耗能源，如电力、蒸汽等，用于清洗、分级等环节，企业规模、工艺和设备影响能源消耗和碳排放。农产品运输使用交通工具产生二氧化碳排放，运输距离、方式和工具能效影响排放量，长途运输排放多，铁路和水路运输相对较少。

7.2.2 农业碳排放测算方法

农业作为人类生存与发展的基础产业，在提供粮食和各类农产品的同时，也成了碳排放的重要来源之一。准确测算农业碳排放对于制定有效的减排策略、推动农业可持续发展以及应对全球气候变化具有至关重要的意义。目前，已发展出多种农业碳排放测算方法，下面将对其进行详细介绍。

1. 基于排放系数的测算方法

基于排放系数的测算方法是目前应用最为广泛的一种。它依据国际通用的政府间气候变化专门委员会（IPCC）指南，针对不同的农业活动类型，确定了相应的碳排放系数。这些系数反映了单位活动量所产生的碳排放量，如每使用 1 t 化肥、每养殖一头牲畜等所对应的碳排放数值。通过收集各类农业活动的具体数据，如化肥使用量、牲畜养殖数量、农用机械使用时长等，并将这些活动数据与对应的排放系数相乘，即可得出各类农业活动的碳排放量，最后将所有活动的碳排放量进行汇总，便得到农业碳排放的总量。

1）具体步骤

首先，明确测算范围，确定需要纳入测算的农业活动类型，涵盖种植业的化肥施用、农药使用、灌溉用电，畜牧业的牲畜养殖、粪便管理，以及农用机械的使用等多个方面；其次，收集详细的活动数据，这需要与农业部门、统计机构、农户等进行沟通协作，确保数据的准确性和完整性；然后，根据 IPCC 指南或相关研究确定的排放系数，将活动数据与系数相乘，计算出每个活动的碳排放量；最后，对所有活动的碳排放量进行求和，得到农业碳排放的总量。

2）优、缺点分析

这种方法的优点在于操作相对简便，数据获取相对容易，且具有一定的标准化和通用性，便于不同地区和不同研究之间的比较和分析。然而，它也存在一定的局限性。排放系数是基于一定的假设和平均情况确定的，可能无法准确反映不同地区、不同农业生产方式下的实际碳排放情况。此外，该方法主要关注直接碳排放，对于农业活动中的间接碳排放，如农业生产资料生产过程中的碳排放，难以进行全面、准确的核算。

2. 生命周期评价法

生命周期评价法是一种全面评估农产品从"摇篮到坟墓"整个生命周期内碳排放的方

法。它将农产品的生命周期划分为多个阶段，包括生产资料获取阶段（如化肥、农药、种子的生产）、种植养殖阶段、农产品加工阶段、运输阶段、销售阶段以及消费后的废弃物处理阶段等。在每个阶段中，识别出所有可能的碳排放源，如能源消耗、化肥分解、牲畜消化等，并量化这些排放源所产生的碳排放量。通过对整个生命周期内各阶段碳排放量的累加，得到农产品的碳排放总量。

1）具体步骤

首先，确定生命周期评价的范围和边界，明确需要纳入评价的各个阶段和相关活动；其次，进行数据收集，包括每个阶段的能源消耗、原材料使用、废弃物产生等数据，这需要对农产品的生产、加工、运输等全过程进行详细的调查和监测；然后，对收集到的数据进行分类和整理，识别出碳排放源，并选择合适的排放因子进行碳排放量的计算；最后，对各阶段的碳排放量进行汇总和分析，评估农产品生命周期内的碳排放情况，并可进一步分析不同阶段对总碳排放的影响程度，为减排策略的制定提供依据。

2）优、缺点分析

生命周期评价法的优点在于能够全面、系统地评估农产品的碳排放，考虑了整个生命周期内的所有相关活动，避免了只关注某一阶段或某一环节而导致的片面性。它有助于识别农产品生产过程中的关键碳排放环节，为优化生产流程、降低碳排放提供有针对性的建议。然而，该方法也存在一些挑战。首先，数据收集工作量大、难度高，需要获取大量详细的生产和消费数据，且数据的准确性和可靠性对评价结果影响较大。此外，生命周期评价法的应用需要具备专业的知识和技能，对评价人员的素质要求较高。

3. 投入产出法

投入产出法是一种基于经济学原理的碳排放测算方法，它通过构建投入产出表分析农业部门与其他部门之间的经济联系和物质流动，进而核算农业碳排放。投入产出表反映了国民经济各个部门在一定时期内生产过程中的投入来源和产出去向，包括中间投入、最终产品、增加值等。在农业碳排放测算中，投入产出法主要利用农业部门对能源等投入品的需求，结合能源的碳排放强度，计算农业部门的间接碳排放。同时，需结合农业部门的直接碳排放数据，如牲畜养殖产生的甲烷排放等，才能得到农业碳排放的总量。

1）具体步骤

首先，收集和整理投入产出表数据，确保数据的时效性和准确性，投入产出表通常由统计部门定期编制发布，包括不同年份和不同地区的表格；其次，确定农业部门在投入产出表中的位置和相关系数，分析农业部门与其他部门之间的投入产出关系，特别是农业部门对能源等高碳排放投入品的依赖程度；然后，根据能源的碳排放强度数据，计算农业部门因使用能源而产生的间接碳排放，同时，收集农业部门的直接碳排放数据，如通过实地监测或基于排放系数的方法获取牲畜养殖、粪便管理等方面的碳排放量；最后，将间接碳排放和直接碳排放相加，得到农业碳排放的总量。

2）优、缺点分析

投入产出法的优点在于能够从宏观层面全面考虑农业部门与其他部门之间的经济联系和碳排放的传递效应，避免了只关注农业部门内部活动而忽略外部影响的局限性。它可以利用现有的统计数据，相对容易地获取宏观经济层面的信息，便于进行区域间和行业间的比较分析。然而，该方法也存在一些不足之处。投入产出表的编制通常具有一定的滞后性，不能及时反映农业生产的最新变化。此外，投入产出法在核算间接碳排放时，假设能源等投入品的碳排放强度是固定的，可能无法准确反映实际情况中的动态变化。

4. 实测法

实测法是通过对农业碳源进行直接测量来获取碳排放数据的方法。它利用先进的监测设备和技术，如气体分析仪、传感器等，对农业活动产生的温室气体（如二氧化碳、甲烷、氧化亚氮等）进行实时、连续的监测和采样，然后通过实验室分析或在线监测系统直接测定气体的浓度和流量，进而计算出碳排放量。实测法可以直接获取农业碳排放的实际数据，不受排放系数、模型假设等因素的影响，具有较高的准确性和可靠性。

1）具体步骤

首先，选择合适的监测点位，根据农业活动的类型和特点，确定具有代表性的监测位置，如农田、养殖场、沼气池等；其次，安装和调试监测设备，确保设备能够正常运行并准确测量气体浓度和流量；然后，进行连续的监测和采样，按照一定的时间间隔记录数据，并根据需要采集气体样品送实验室进行分析，在监测过程中，要严格控制监测条件，避免外界因素对测量结果的干扰；最后，根据测量得到的气体浓度和流量数据，结合相关的计算公式，计算出农业碳源的碳排放总量。

2）优、缺点分析

实测法的优点在于数据准确、可靠，能够直接反映农业碳源的实际排放情况，为农业碳排放的精准测算和减排效果评估提供有力支持。它还可以用于验证其他测算方法的准确性和可靠性，提高农业碳排放测算的科学性。然而，实测法也存在一些明显的局限性。监测设备的成本较高，安装和维护需要专业的技术人员，导致实测法的应用成本较大。此外，实测法通常只能对小范围的农业碳源进行监测，难以在大范围内推广应用，对于整个农业领域的碳排放测算具有一定的局限性。

5. 模型模拟法

模型模拟法是利用计算机模型模拟农业生态系统的碳循环过程，进而预测农业碳排放的方法。常见的农业碳排放模型包括 DNDC（DeNitrification-DeComposition）、Roth C（Rothamsted Carbon Model）等。这些模型综合考虑了土壤性质、气候条件、农业管理措施等多种因素对农业碳排放的影响，通过输入相关的参数和数据，模拟农业生态系统中碳的输入输出和转化过程，从而预测不同情景下的农业碳排放量。模型模拟法可以模拟复杂的农业生态系统过程，考虑了多种因素的相互作用，为农业碳排放的预测和减排策略的制定提供科学依据。

1）具体步骤

首先，选择合适的农业碳排放模型，根据研究目的和农业生态系统的特点，选择具有较高准确性和适用性的模型；其次，收集模型运行所需的参数和数据，包括土壤类型、质地、有机质含量、pH 值等土壤参数，气温、降水、光照等气候参数，以及施肥量、灌溉量、耕作方式等农业管理措施参数；然后，对模型进行参数校准和验证，利用实测数据对模型的参数进行调整和优化，确保模型能够准确模拟农业生态系统的碳循环过程；最后，设置不同的情景，如不同的农业管理措施、气候变化情景等，运行模型进行模拟预测，分析不同情景下农业碳排放的变化趋势和影响因素。

2）优、缺点分析

模型模拟法的优点在于能够综合考虑多种因素对农业碳排放的影响，可模拟复杂的农业

生态系统过程，预测不同情景下的碳排放变化，为农业减排策略的制定提供前瞻性的指导。它还可以对一些难以通过实测法获取的数据进行模拟估算，弥补了实测法的不足。然而，模型模拟法也存在一些缺点。模型的准确性和可靠性依赖于输入参数的质量和模型的结构合理性，如果参数不准确或模型结构存在缺陷，可能导致模拟结果出现偏差。此外，模型模拟法还需要具备专业的计算机知识和技能，对评价人员的要求较高。

7.2.3　农业碳排放测算面临的挑战

农业碳排放测算面临诸多挑战。首先，数据获取上存在收集难、质量差且更新不及时的问题；其次，排放因子因地域差异大、动态变化及获取成本高而难以精准确定；再次，测算方法选择缺乏标准，模型模拟具有局限性，实测法推广困难。此外，多部门协作不畅、政策支持不足及公众认知度低也制约着测算工作的推进。

1. 数据获取与质量难题

1）数据收集困难

农业生产的分散性和多样性给数据收集带来了巨大挑战。我国农业生产以小规模农户经营为主，分布广泛且分散，这使全面、准确地收集农业碳排放相关数据变得极为困难。例如，在统计化肥使用量时，许多小农户缺乏规范的记录习惯，仅凭经验施肥，难以精确统计实际使用量。而且，不同地区、不同农户的种植和养殖方式差异较大，这进一步增加了数据收集的复杂性和工作量。

2）数据质量参差不齐

即使能够收集到部分数据，其质量也往往难以保证。一方面，由于缺乏统一的数据采集标准和规范，不同地区、不同部门采集的数据在格式、精度和范围上存在差异，导致数据之间的可比性较差；另一方面，部分数据可能存在人为误差或虚假记录，影响了数据的真实性和可靠性。比如，在统计畜禽养殖数量时，一些养殖户可能为了获取补贴而虚报数据，从而影响碳排放测算的准确性。

3）数据更新不及时

农业生产和碳排放情况是动态变化的，但相关数据的更新往往滞后。随着农业技术的不断进步、种植和养殖结构的调整以及市场需求的变化，农业碳排放源和排放强度也会发生相应改变。然而，目前的数据更新机制还不够完善，无法及时反映这些变化，导致测算结果与实际情况存在偏差。例如，新型农业机械和节能技术的推广应用会降低农业能源消耗碳排放，但如果数据未能及时更新，就无法准确评估其减排效果。

2. 排放因子确定困境

1）排放因子地域差异大

不同地区的自然条件、土壤类型、气候特征等因素存在显著差异，导致农业碳排放因子也具有明显的地域性。以土壤氧化亚氮排放为例，在温暖湿润的南方地区，土壤微生物活性较高，氧化亚氮排放因子可能相对较大；而在寒冷干燥的北方地区，排放因子则可能较小。然而，目前还缺乏针对不同地区的详细排放因子数据，在实际测算中往往采用统一的排放因子，这会导致测算结果与实际情况存在较大误差。

2）排放因子动态变化

农业碳排放因子并非固定不变，而是会随着农业生产方式、管理水平和技术进步等因素的变化而动态变化。例如，随着测土配方施肥技术的推广，化肥的利用率不断提高，单位化肥施用量产生的氧化亚氮排放量可能会降低。但目前对排放因子动态变化的研究还不够深入，缺乏及时更新的排放因子数据库，无法准确反映这种变化对农业碳排放测算的影响。

3）排放因子获取成本高

确定准确的排放因子需要进行大量的实地监测和试验研究，这需要投入大量的人力、物力和财力。例如，为了获取稻田甲烷排放因子，需要在不同地区、不同种植季节设置多个监测点，进行长期的甲烷排放监测，成本非常高昂。因此，目前可用于农业碳排放测算的排放因子数据相对有限，且数据的准确性和可靠性也受到一定影响。

3. 测算方法适用性局限

1）方法选择缺乏统一标准

目前，农业碳排放测算方法众多，如实测法、模型模拟法、排放因子法等，但不同方法在适用范围、准确性和操作难度等方面存在差异，且缺乏统一的选择标准。在实际应用中，往往根据研究目的、数据可获得性和研究人员的主观经验来选择测算方法，这可能导致不同研究之间的结果缺乏可比性。例如，一些研究采用实测法获取稻田甲烷排放数据，而另一些研究则采用模型模拟法，由于方法本身的差异，测算结果可能存在较大差异。

2）模型模拟法局限性

模型模拟法在农业碳排放测算中具有重要作用，但现有的模型在适用性方面还存在一些问题。一方面，模型对农业生态系统的复杂性和不确定性考虑不够充分，难以准确模拟各种因素之间的相互作用和影响。例如，气候变化对农业生产的影响具有不确定性，模型很难准确预测未来气候变化情景下农业碳排放的变化趋势。另一方面，模型的参数设置和验证需要大量的实地数据支持，但由于数据获取困难，模型的准确性和可靠性受到一定影响。

3）实测法推广难度大

实测法虽然能够直接获取农业碳排放数据，准确性也较高，但推广难度较大。实测法需要专业的设备和技术人员，成本较高，且操作过程复杂，对监测环境和条件要求严格。例如，稻田甲烷排放的静态箱-气相色谱法监测需要在稻田中设置多个静态箱，定期采集气体样本进行分析，这不仅需要投入大量的设备和人力，还可能受到天气、地形等因素的影响。因此，实测法难以在大范围内推广和应用。

4. 多部门协作与政策支持不足

1）部门间协作不畅

农业碳排放测算涉及农业、环保、统计等多个部门，但目前各部门之间的协作还不够顺畅，存在信息共享不畅、工作衔接不紧密等问题。例如，农业部门掌握着农业生产的基本数据，但环保部门在碳排放测算和监管方面具有专业优势，两者之间缺乏有效的沟通和协作机制，导致数据无法及时共享和整合，影响了农业碳排放测算的效率和准确性。

2）政策支持力度不够

目前，我国在农业碳排放测算方面的政策支持还不够完善，缺乏明确的法律法规和政策引导。一方面，对农业碳排放测算的资金投入不足，导致相关研究和技术开发难以开展，数据监测和更新机制也不够健全；另一方面，缺乏对农业减排的激励政策和约束机制，农民和企业缺乏减排的积极性和主动性，不利于农业碳排放的降低和测算工作的推进。

3）公众认知度低

公众对农业碳排放问题的认知度较低，缺乏环保意识和参与积极性。许多农民对农业碳排放的概念和影响了解甚少，仍然采用传统的农业生产方式，导致碳排放量居高不下。同时，社会各界对农业碳排放测算工作的关注度也不够，缺乏对相关研究和工作的支持和监督，这在一定程度上制约了农业碳排放测算工作的发展。

 案例

森林碳汇项目

在云岭地区，曾面临森林资源减少、生态功能退化等问题，当地政府携手科研机构与企业，启动了森林碳汇项目。项目团队先对区域进行详细调研，依据土壤、气候条件，选定樟子松、落叶松等树种进行种植。为确保成活率，采用科学种植方法，如合理规划种植密度、使用保水剂等。同时，建立森林碳汇监测体系，运用卫星遥感、地面监测站等技术，精准掌握森林生长和碳汇动态。

周边村民积极参与，他们经过专业培训后，负责森林的抚育管理，如除草、修剪等工作，可获得稳定收入。随着森林面积扩大和树木生长，碳汇量逐年增加。企业通过购买碳汇指标，抵消自身部分碳排放，实现绿色发展。该项目不仅有效提升了云岭地区的森林生态功能、增加了碳汇能力，还带动了村民就业增收，促进了当地经济发展与生态保护的良性互动，为其他地区开展森林碳汇项目提供了宝贵经验。

分析： 云岭地区森林碳汇项目举措科学且成效显著。前期调研选种、科学种植保障树木存活，监测体系精准掌握动态；村民参与获得收入，企业购买碳汇实现绿色发展。项目兼顾生态与经济，实现良性互动，为其他地区提供了可资借鉴的宝贵模式。

7.2.4 实践任务：某地区农业碳排放测算综合实践

1. 任务背景

在全球气候变化的大背景下，农业作为重要的碳排放源，其碳排放的准确测算对于制定有效的减排政策、推动农业绿色可持续发展至关重要。本任务旨在通过综合运用所学的农业碳排放测算概述、测算方法以及了解面临的挑战等相关知识，对某特定地区农业碳排放情况进行全面测算与分析，为该地区农业低碳发展提供科学依据。

2. 任务目标

（1）深入了解选定地区农业生产的实际情况。

（2）运用合适的农业碳排放测算方法，准确测算该地区农业碳排放总量。

（3）分析在农业碳排放测算过程中面临的挑战，并提出相应的应对策略和建议。

（4）撰写详细的实践报告。

3. 任务步骤

（1）选择一个具有代表性的地区作为实践对象，通过查阅文献、统计年鉴、政府报告等，了解该地区农业发展的基本情况。

（2）制订详细的实地调研方案。

（3）根据实践地区农业的特点和数据可获得性，选择合适的农业碳排放测算方法。

（4）结合实地调研和测算过程，分析在该地区农业碳排放测算中面临的挑战。

（5）按照规范的报告格式，撰写详细的实践报告。

（6）组织实践成果汇报会，向指导教师和同学汇报实践成果。通过 PPT 演示，清晰呈现实践过程和结果，并接受提问和评价。

7.3　我国农业低碳化的路径与对策

我国农业低碳化可从多路径推进并采取相应对策。路径上，推广绿色种植技术，如精准施肥、节水灌溉；发展生态养殖，优化饲料结构。对策方面，加大政策扶持力度，给予低碳农业补贴；强化科技支撑，研发低碳技术；加强宣传教育，提升农民低碳意识，形成多方协同的低碳农业发展格局。

7.3.1　我国农业低碳化的路径

我国农业低碳化路径正朝着多元化方向发展。生产结构上，依资源调整种植养殖结构，发展生态模式；技术层面，推广精准农业与生物防治技术，提高资源利用率、减少污染；模式方面，发展循环农业，实现废弃物资源化利用与产业融合。通过这些路径，推动农业向低碳、绿色、可持续方向转型。

1. 农业生产结构优化路径

1）种植结构科学调整

我国地域辽阔，不同地区自然条件差异显著，这为种植结构的科学调整提供了基础。在干旱半干旱地区，应减少高耗水作物如水稻的种植面积，转而发展耐旱作物，如谷子、糜子等杂粮作物。这些杂粮作物不仅对水分需求较低，还具有较高的营养价值，能够满足市场多样化的需求。同时，在南方水热条件优越的地区，可适当扩大油茶、茶叶等经济作物的种植规模。在油茶和茶叶种植过程中，通过合理的修剪、施肥等管理措施，能够有效提高光合作用效率，增加碳汇能力。而且，发展特色经济作物还能带动相关加工产业的发展，提高农业附加值。

2）养殖结构合理优化

养殖结构的优化对于农业低碳化至关重要。一方面，要适度控制生猪等高排放畜禽的养殖规模，避免过度养殖带来的环境污染和碳排放问题；另一方面，大力发展节粮型畜禽养殖，如肉牛、肉羊等草食动物。草食动物以牧草和农作物秸秆为饲料，能够有效利用农业废弃物，减少对粮食的依赖。此外，还可以推广特种养殖，如蜜蜂、蚕等。蜜蜂养殖不仅能为农作物授粉，提高农作物产量和质量，还能生产蜂蜜、蜂王浆等产品；蚕养殖则能生产丝绸，具有较高的经济价值。通过合理优化养殖结构，实现养殖业的可持续发展和低碳化转型。

2. 绿色生产技术推广路径

1）精准农业技术深度应用

精准农业技术是农业低碳化的重要支撑。利用卫星遥感技术，可以实时监测农田的土壤肥力、作物长势和病虫害发生情况。通过地理信息系统，对监测数据进行处理和分析，绘制

出详细的农田信息图。然后，借助全球定位系统，指导农业机械进行精准施肥、精准灌溉和精准用药。例如，在施肥过程中，根据土壤养分含量和作物需求，精确控制肥料的种类和用量，避免过量施肥造成的浪费和污染。同时，采用滴灌、喷灌等节水灌溉技术，提高水资源利用效率，减少水资源浪费和能源消耗。

2）生物防治技术广泛普及

生物防治技术具有环保、安全、可持续等优点，是减少化学农药使用、降低农业碳排放的有效途径。一方面，要加强对天敌昆虫的繁育和释放，如利用赤眼蜂防治玉米螟、利用瓢虫防治蚜虫等，通过释放天敌昆虫，能够有效控制害虫的数量，减少化学农药的使用；另一方面，要推广微生物制剂的应用，微生物制剂如苏云金芽孢杆菌、白僵菌等，对多种害虫具有防治作用，且对环境和人体无害。此外，还可以利用植物源农药进行病虫害防治，如苦参碱、印楝素等。这些植物源农药具有天然、低毒、无残留等特点，能够保障农产品的质量安全。

3. 循环农业模式发展路径

1）农业废弃物资源化高效利用

农业废弃物资源化利用是循环农业的核心内容。对于农作物秸秆，可以采用多种方式进行利用。一是秸秆还田，将秸秆粉碎后直接翻入土壤，增加土壤有机质含量，改善土壤结构，提高土壤肥力。二是秸秆青贮，将新鲜的秸秆进行青贮处理，作为牲畜的优质饲料，解决冬季饲料短缺的问题；三是秸秆气化，将秸秆转化为可燃气体，用于农村生活能源供应，减少对传统化石能源的依赖。对于畜禽粪便，可以采用厌氧发酵技术进行处理，生产沼气和有机肥。沼气可以作为清洁能源用于做饭、照明和发电，有机肥则可以还田，提高土壤肥力，减少化肥的使用。

2）农业产业融合协同发展

推动农业与第二、第三产业融合发展，是实现农业低碳化和增加农民收入的重要途径。一方面，要发展农产品加工业，将农产品进行深加工，提高农产品的附加值。例如，将水果加工成果汁、果脯、果酒等产品，将蔬菜加工成脱水蔬菜、速冻蔬菜等产品。在农产品加工过程中，要注重资源的综合利用，将加工过程中产生的副产物进行再加工，如将果皮、果渣加工成饲料、肥料或生物质能源。另一方面，要发展乡村旅游和休闲农业，将农业生产与旅游观光、体验采摘等活动相结合。游客可以在乡村体验农耕文化、品尝农家美食、购买农产品，促进了农业的多功能开发，增加了农民的收入。同时，乡村旅游的发展还能带动农村基础设施建设和环境改善，推动农村的可持续发展。

7.3.2 我国农业低碳化的对策

我国农业低碳化需多管齐下。政策上，加大财政补贴力度，对采用低碳技术、发展循环农业的主体给予资金支持；完善税收优惠，鼓励企业投身低碳农业。科技方面，增加科研投入，攻克低碳技术难题；强化技术推广，让农民掌握先进技术。同时加强人才培养，为农业低碳化提供智力支撑。

1. 政策扶持与制度保障

1）完善财政补贴政策

政府应加大对农业低碳化发展的财政投入，设立专项补贴资金。针对采用绿色生产技术、发展循环农业模式的农户和企业，给予直接的资金补贴。例如，对购置节能型农业机械、建设沼气工程、实施秸秆还田等项目的主体，按照一定比例给予补贴，降低其生产成本，提高其参与农业低碳化的积极性。同时，建立补贴动态调整机制，根据市场变化和技术进步情况，适时调整补贴标准和范围，确保补贴政策的有效性和针对性。

2）优化税收优惠政策

制定一系列税收优惠政策，鼓励企业和农户参与农业低碳化建设。对从事低碳农业技术研发、生产和使用低碳农产品的企业，给予企业所得税、增值税等方面的减免优惠。例如，对生产生物肥料、生物农药的企业，减免一定期限的企业所得税；对销售低碳农产品的企业，降低增值税税率。此外，对采用低碳生产方式的农户，在农业相关税费方面给予适当减免，减轻其经济负担。

3）建立健全法律法规

加快制定和完善与农业低碳化相关的法律法规，明确农业低碳化发展的目标、任务和责任。加强对农业碳排放的监管，制定严格的农业碳排放标准和监测体系，对超标排放的企业和农户进行处罚。同时，规范农业低碳化市场秩序，打击假冒伪劣低碳农产品和虚假宣传行为，保障消费者权益。例如，出台《农业低碳发展促进法》，从法律层面保障农业低碳化发展的顺利进行。

2. 科技创新与推广应用

1）加大科研投入力度

政府和企业应增加对农业低碳化技术研发的投入，组织科研院校和企业开展联合攻关。重点突破农业节能减排、废弃物资源化利用、绿色生产技术等关键技术。例如，加大对新型生物肥料、生物农药的研发力度，提高其效果和稳定性；研发高效节能的农业机械设备，降低农业生产过程中的能源消耗。同时，鼓励科研人员开展跨学科研究，整合生物学、生态学、环境科学等多学科知识，为农业低碳化提供技术支持。

2）加强科技成果转化

建立健全农业科技成果转化机制，促进科研成果向实际生产力的转化。加强科研院校与企业之间的合作，建立产学研合作基地，推动农业低碳化技术的示范和推广。例如，在农村建立农业低碳化技术示范园区，展示先进的绿色生产技术和循环农业模式，让农民直观地了解和掌握这些技术。同时，鼓励企业加大对农业低碳化技术的引进和消化吸收，提高企业的自主创新能力。

3）完善技术推广体系

加强基层农技推广队伍建设，提高农技人员的业务水平和服务能力。通过举办培训班、现场示范、技术讲座等形式，向农民普及农业低碳化技术和知识。建立农业科技信息服务网络，及时为农民提供农业低碳化技术信息、市场信息和政策信息。例如，利用互联网、手机短信等平台，向农民推送农业低碳化技术资料和种植养殖建议，提高农民的农业科技素质和应用能力。

3. 人才培养与教育普及

1）加强农业专业人才培养

在高等院校和职业院校中加强农业低碳化相关专业的建设，培养一批既懂农业技术又懂低碳理念的复合型人才。优化课程设置，增加农业生态学、农业环境保护、低碳农业技术等

方面的课程，提高学生的综合素质和实践能力。同时，加强实践教学环节，建立校外实习基地，让学生在实践中掌握农业低碳化技术和方法。例如，开设农业低碳化专业，培养适应农业低碳化发展需求的专业人才。

2）开展农民培训教育

针对农民开展多样化的培训教育活动，提高农民的低碳意识和生产技能。通过举办农民夜校、田间学校等形式，向农民传授绿色生产技术、循环农业模式和节能减排知识。开展农业低碳化示范户评选活动，树立榜样，激发农民参与农业低碳化的积极性。例如，定期组织农民参加农业低碳化技术培训班，邀请专家进行授课和现场指导。

3）加强社会宣传引导

利用电视、报纸、网络等媒体，广泛宣传农业低碳化的重要意义和成功案例，提高社会各界对农业低碳化的认识和关注度。开展农业低碳化主题宣传活动，如"农业低碳日""低碳农业进社区"等，营造良好的低碳化社会氛围。鼓励社会组织和志愿者参与农业低碳化宣传和推广工作，形成全社会共同参与农业低碳化发展的良好局面。

 案例

森林碳汇项目

青山镇曾因过度采伐，森林资源锐减，生态问题凸显。为改善这一状况，当地政府联合专业环保公司启动森林碳汇项目。项目伊始，团队对全镇山林进行全面勘测，依据土壤肥力、海拔、降水等因素，选定红松、云杉等适合本地生长且碳汇能力强的树种进行补种。为提高成活率，采用无人机精准播种、铺设滴灌设施等先进技术。

同时，建立数字化监测平台，利用卫星遥感、地面传感器实时监测树木生长情况和碳汇量变化。为让项目惠及当地百姓，还组织村民参加森林养护培训，让他们负责日常巡护、病虫害防治等工作，按劳获取报酬。随着项目推进，森林覆盖率大幅提升，碳汇量逐年增加。不少企业主动与青山镇合作，购买碳汇指标以实现碳中和。如今，青山镇生态环境明显改善，生物多样性增加，村民收入也稳步提高。该项目成功实现了生态保护与经济发展的双赢，为其他地区开展森林碳汇项目提供了有益借鉴。

分析：青山镇森林碳汇项目举措精准且成效显著。前期全面勘测选种，运用先进技术提高成活率；建立数字化监测平台掌握森林动态；组织村民参与养护增收。项目推进后生态改善、碳汇增加，还吸引企业合作，达成生态与经济双赢，值得借鉴。

7.3.3 实践任务：我国农业低碳化路径与对策探索

1. 任务背景

我国农业碳排放约占全国总排放量的 7%~12%（生态环境部数据），主要源于化肥农药、畜禽养殖及稻田甲烷排放。推进农业低碳化是实现"双碳"目标的关键，需结合国情探索可行路径并设计对策。本任务引导学生通过案例分析、政策研究，梳理低碳化路径并提出具体建议。

2. 任务目标

（1）总结我国农业低碳化的核心路径（如技术升级、模式创新）。

（2）针对路径中的关键问题，提出可操作的低碳化对策。

3. 任务步骤

（1）通过查阅资料研究精准施肥、沼气发电等低碳技术减排效果。

（2）分析循环农业（如秸秆还田、种养结合）的低碳潜力。

（3）建立碳排放数据库，分区域制订减排目标。

（4）以 PPT 或报告呈现路径、对策，重点展示创新点（如"秸秆碳汇交易"）。

第8章

低碳渔业技术

　　传统渔业发展模式面临着资源枯竭与生态压力，由此低碳渔业技术应运而生。它以节能减排为核心，革新养殖理念与方式，从优化养殖设施到利用清洁能源，从精准投喂到废弃物资源化利用。这如同绿色引擎，为渔业转型注入强劲动力，推动渔业在保护生态的前提下，实现高效、可持续发展，开启渔业新时代。

知识重点

- 了解低碳渔业与渔业碳汇的概念。
- 掌握低碳渔业的发展路径。
- 了解渔业碳固定的基本原理和意义。
- 了解影响渔业碳固定的因素。
- 了解渔业低碳排放的现状和技术路径。

8.1　低碳渔业与渔业碳汇

　　低碳渔业旨在通过节能减排技术、优化生产模式等降低渔业生产能耗与温室气体排放，实现可持续发展。渔业碳汇则是渔业活动将二氧化碳固定储存于水生生态系统的过程。发展低碳渔业有助于提升渔业碳汇能力，两者协同推进，对渔业可持续发展和应对气候变化意义重大。

8.1.1　低碳渔业的概念

　　低碳渔业是指在渔业生产过程中，通过采用节能减排技术、优化生产方式和管理模式，降低渔业生产过程中的能源消耗和温室气体排放，实现渔业可持续发展的一种新型渔业发展模式。它涵盖了渔业生产的各个环节，包括养殖、捕捞、加工、运输等。在养殖环节，强调合理控制养殖密度、优化饲料配方、采用生态养殖技术等，以减少养殖过程中的能源消耗和废弃物排放；在捕捞环节，推广节能型渔船、改进捕捞技术和方法，降低捕捞作业的能耗；在加工和运输环节，采用先进的加工设备和节能运输工具，提高能源利用效率。

1. 低碳渔业的作用

1）缓解全球气候变化

（1）直接吸收与固定二氧化碳。渔业生态系统中的众多生物具有强大的碳吸收与固定能力。以海洋为例，浮游植物作为海洋食物链的最底端，虽然个体微小，但数量庞大。它们通过光合作用，将大气中的二氧化碳和水转化为有机物，并释放出氧气。据估算，海洋浮游植物每年固定的碳量约占全球初级生产力的 40%～50%，对全球碳循环起着至关重要的作用，如图 8-1 所示。

图 8-1　海洋浮游植物

贝类和藻类等养殖生物同样具备显著的碳汇功能。贝类通过滤食水中的浮游生物和有机颗粒物，将其转化为自身的生物量，在这个过程中，碳被固定在贝类的壳和软组织中。例如，牡蛎、贻贝等贝类，其贝壳主要由碳酸钙组成，而碳酸钙的形成需要消耗大量的二氧化碳，如图 8-2 所示。藻类则通过光合作用直接吸收二氧化碳，一些大型海藻如海带、裙带菜等，生长速度快，碳汇效率高，能够在短时间内吸收并储存大量的碳。

图 8-2　贝壳类动物

（2）减少温室气体排放。除了直接吸收二氧化碳外，渔业碳汇还能间接减少其他温室气体的排放。在传统的渔业生产中，如高密度的养殖模式往往伴随着大量的饲料投入和养殖废弃物的排放。这些废弃物在分解过程中会产生甲烷、氧化亚氮等温室气体。

而发展渔业碳汇，推广生态养殖模式，可以优化养殖环境，提高饲料的利用率，减少废弃物的产生。例如，采用多营养层次综合养殖（IMTA）模式，将鱼类、贝类、藻类等不同营养级的生物进行混合养殖。鱼类的排泄物为贝类和藻类提供养分，贝类通过滤食作用净化水质，藻类进行光合作用释放氧气并吸收二氧化碳，形成了一个良性的生态循环系统。这种养殖模式不仅提高了资源的利用效率，还减少了废弃物的排放，从而降低了温室气体的产生，如图 8-3 所示。

图 8-3　多营养层次综合养殖

2）改善海洋与淡水生态环境

（1）净化水质。渔业碳汇生物在生长过程中能够吸收和利用水体中的营养物质，起到净化水质的作用。以贝类为例，它们具有强大的滤食能力，能够滤食水中的浮游植物、有机颗粒物和细菌等。例如，每只贻贝每小时可以滤食数升的水，通过滤食作用，贝类可以吸收营养物质，同时降低水体中的悬浮物浓度，减少水体的富营养化程度。

藻类同样具有净化水质的功能。它们通过光合作用吸收水中的二氧化碳和营养物质，如氮、磷等，释放出氧气。一些大型海藻还可以吸附水中的重金属离子和有机污染物，改善水体的化学环境。例如，在遭受污染的海域种植大型海藻，经过一段时间的生长，海藻能够显著降低水体中的污染物含量，提高水体质量，如图 8-4 所示。

图 8-4　海藻

（2）维护生物多样性。渔业碳汇生态系统为众多水生生物提供了栖息地和食物来源，对维护生物多样性具有重要意义。海洋中的珊瑚礁（图 8-5）、海草床等生态系统是许多鱼类、贝类和其他海洋生物的栖息地。这些生态系统中的生物通过复杂的相互作用，形成了一个稳定的生态群落。

图 8-5　珊瑚礁

贝类和藻类的养殖也可以为其他生物提供栖息和繁殖的场所。例如，贝类的养殖架可以为一些小型鱼类和甲壳类动物提供庇护所，藻类养殖场可以为浮游生物提供丰富的食物资源。通过发展渔业碳汇，保护和恢复这些生态系统，能够增加生物的种类和数量，维护生物多样性。

3）促进渔业可持续发展

（1）提供新的经济增长点。渔业碳汇的发展为渔业产业带来了新的经济增长点。随着全球对气候变化问题的关注度不断提高，碳交易市场逐渐兴起。渔业碳汇作为一种重要的碳汇资源，具有参与碳交易的潜力。

通过科学评估渔业碳汇的碳储存量和减排效果，将其纳入碳交易体系，渔民和企业可以通过出售渔业碳汇指标获得经济收益。例如，在一些沿海地区，渔民通过开展贝类和藻类的养殖，增加了渔业碳汇量，并将多余的碳汇指标在碳交易市场上出售，获得了额外的收入。这不仅提高了渔民的经济收入，还促进了渔业产业的转型升级。

（2）推动渔业产业升级。发展渔业碳汇需要采用先进的养殖技术和管理模式，这将推动渔业产业的升级。例如，为了提高渔业碳汇的效率，需要研发和推广高效的养殖设备和技术，如智能化的养殖监控系统、精准的投喂计量等。

同时，还需要加强对渔业碳汇的科学研究和管理，建立完善的监测和评估体系。这些措施将促使渔业产业从传统的高投入、高污染、低效益的模式向绿色、低碳、高效的模式转变，提高渔业产业的整体竞争力。

4）保障人类食品安全与健康

（1）提供优质渔业产品。渔业碳汇生态系统中的生物生长环境良好，受到的污染较少，因此能够生产出优质的渔业产品。以生态养殖的贝类和藻类为例，它们在生长过程中不使用或很少使用化学药剂，从而使其肉质鲜美、营养丰富，并且富含蛋白质、维生素和矿物质等营养成分。

与传统的养殖产品相比，生态养殖的渔业产品更符合消费者对食品安全和健康的需求。例如，一些研究表明，生态养殖的贝类中重金属和有害物质的含量明显低于传统养殖的贝类，对人体健康更加有益。

（2）维护食物链稳定。渔业碳汇生态系统是海洋和淡水食物链的重要组成部分。通过保护和发展渔业碳汇，能够维护食物链的稳定，保障渔业资源的可持续供应。例如，浮游植物是许多浮游动物和鱼类的主要食物来源，贝类和藻类也是许多海洋生物的重要食物。

如果渔业碳汇生态系统遭到破坏，将会导致食物链断裂，影响渔业资源的数量和质量。而发展渔业碳汇，保护和恢复渔业生态系统，能够为渔业生物提供充足的食物和适宜的生存环境，保障渔业资源的可持续利用，从而为人类提供稳定的渔业产品供应。

2. 低碳渔业的重要意义

1）生态保护层面

（1）维护海洋与淡水生态系统平衡。传统渔业模式中，过度捕捞、不合理的养殖布局以及高污染的养殖方式，对海洋和淡水生态系统造成了严重破坏。过度捕捞导致许多鱼类种群数量锐减，食物链断裂，进而影响整个生态系统的稳定。而不合理的养殖，如高密度养殖且缺乏有效的废弃物处理措施，会使养殖水体富营养化，引发赤潮（图8-6）、水华等生态灾害，破坏水生生物的生存环境。

图8-6　赤潮

低碳渔业强调科学规划养殖区域和养殖密度，采用生态养殖技术，如多营养层次综合养殖（IMTA）模式。在这种模式下，不同营养级的生物相互依存、相互促进，形成了一个良性的生态循环系统，维持了水体生态系统的平衡，保护了生物多样性。

（2）减少渔业污染物排放。传统渔业生产过程中，大量的饲料残留、鱼类粪便以及化学药剂的使用，会导致水体污染和土壤污染。这些污染物不仅会危害水生生物的健康，还会通过食物链传递，影响人类的食品安全。

低碳渔业通过改进养殖技术和饲料配方，减少饲料浪费和污染物排放。例如，采用精准投喂技术，根据养殖生物的生长阶段和摄食需求，合理控制投喂量，提高饲料的利用率。同时，研发和使用环保型饲料，减少饲料中的氮、磷等营养物质的含量，可降低水体富营养化的风险。此外，推广生物防治技术，减少化学药剂的使用，也可降低对环境的污染。

2）资源可持续利用层面

（1）保障渔业资源长期稳定供应。过度捕捞是导致渔业资源枯竭的主要原因之一。许多传统渔业地区由于长期过度捕捞，一些经济鱼类资源已经濒临灭绝，渔业生产面临着严峻的挑战。

低碳渔业倡导可持续的捕捞策略，如实施捕捞配额制度、设立禁渔期和禁渔区等。通过合理控制捕捞强度，让渔业资源有足够的时间进行繁殖和生长，从而保障渔业资源的长期稳定供应。例如，在一些海域实施伏季休渔制度，在休渔期间，鱼类得以繁殖和生长，种群数量得到有效恢复，为后续的渔业生产提供了充足的资源。

（2）提高资源利用效率。传统渔业生产方式往往存在资源浪费的问题，如低效的捕捞技术导致大量非目标物种被误捕、养殖过程中饲料利用率低等。

低碳渔业通过采用先进的捕捞技术和设备，提高捕捞的选择性和效率，减少对非目标物种的捕捞。例如，使用选择性捕捞网具，根据目标物种的大小和习性设计网目尺寸，避免捕捞到过小的鱼类和幼鱼。在养殖方面，通过优化养殖环境和管理措施，提高养殖生物的生长速度和成活率，降低饲料消耗，从而提高资源的利用效率。

3）经济效益层面

（1）降低渔业生产成本。传统渔业生产中，使用高能耗的渔船、大量的饲料投入以及频繁的病害防治等，都导致了渔业生产成本的居高不下。

低碳渔业通过推广节能型渔船、改进养殖技术和饲料配方等措施，降低渔业生产成本。节能型渔船采用先进的发动机技术和船体设计，降低了燃油消耗，减少了运营成本。优化饲料配方可以提高饲料的利用率，减少饲养浪费，降低饲养成本。同时，生物防治技术的应用可以减少化学药剂的使用，降低病害防治成本。

（2）提升渔业产品市场竞争力。随着消费者对食品安全和环保意识的不断提高，对绿色、低碳渔业产品的需求日益增加。低碳渔业生产的渔业产品具有品质高、无污染、安全性好等优点，更符合消费者的需求。

发展低碳渔业可以提高渔业产品的附加值，增强其在市场上的竞争力。例如，采用生态养殖方式生产的鱼类，其肉质鲜美、营养丰富，价格往往比传统养殖的鱼类高出很多。同时，低碳渔业产品还可以获得绿色食品、有机食品等认证，进一步提升其市场形象和品牌价值。

4）应对气候变化层面

（1）减少渔业生产碳排放。传统渔业生产过程中，渔船的燃油燃烧、饲料的生产和运输等环节都会产生大量的温室气体排放，加剧了全球气候变化。

低碳渔业通过采用清洁能源、优化生产流程等措施，减少渔业生产的碳排放。例如，推广使用太阳能、风能等清洁能源为渔船提供动力，减少对传统燃油的依赖；在饲料生产过程中，采用节能技术和环保工艺，降低能源消耗和碳排放。

（2）发挥渔业碳汇功能。渔业生态系统具有重要的碳汇功能，能够吸收和固定大量的二氧化碳。海洋中的浮游植物通过光合作用吸收二氧化碳，将其转化为有机物质，并通过食物链传递，将碳固定在生物体内。贝类、藻类等养殖生物也具有较强的碳汇能力，它们在生长过程中能够吸收和储存大量的碳。

发展低碳渔业可以保护和增强渔业生态系统的碳汇功能，为应对气候变化作出贡献。通过合理规划养殖区域和养殖密度，可促进渔业生态系统的健康发展，并提高其碳汇效率。同时，加强对渔业碳汇的研究和监测，可更好地为制定应对气候变化的政策提供科学依据。

8.1.2　低碳渔业的发展路径

低碳渔业发展需多管齐下。养殖上优化模式布局、改进技术与饲料、科学处理废弃物；捕捞时更新装备能源、改进技术作业方式并加强管理执法；加工流通环节改进工艺、完善冷链、推广绿色包装；同时构建政策支持体系，加强科技与人才保障，建立监测评估及信息共享机制。

1. 养殖环节低碳化转型

1）优化养殖模式与布局

（1）推广生态养殖模式。摒弃传统的高污染、高能耗养殖方式，大力推广如"鱼—藻—贝"立体综合养殖模式。在这种模式下，鱼类排泄物为藻类和贝类提供养分，藻类通过光合作用释放氧气并吸收二氧化碳，同时净化水质，贝类则进一步滤食水中的浮游生物和有机颗粒物，实现资源的循环利用和废弃物的零排放或低排放。例如，在一些沿海地区，渔民采用这种立体养殖模式后，不仅提高了养殖效益，还显著降低了对周边水域的污染。

（2）合理规划养殖区域。根据不同水域的生态环境承载能力，科学划定养殖区域。避免在生态敏感区域、水源保护区等进行过度养殖，防止因养殖活动导致的水质恶化和生态破坏。同时，结合水域的水温、盐度、水流等自然条件，选择适宜的养殖品种和养殖密度，提高养殖的生态适应性。

2）改进养殖技术与饲料

（1）采用精准养殖技术。利用物联网、大数据等现代信息技术，建立养殖环境监测系统，实时掌握水温、溶氧量、pH 值等关键环境参数，并根据养殖生物的生长需求进行精准调控。例如，通过智能增氧设备，根据溶氧量的变化自动调节增氧量，避免过度增氧造成的能源浪费。同时，采用精准投喂技术，根据养殖生物的体重、生长阶段和摄食情况，精确控制投喂量和投喂时间，减少饲料的浪费和残饵对水质的污染。

（2）研发环保型饲料。加大对环保型饲料的研发力度，降低饲料中的氮、磷等营养物质含量，减少养殖过程中营养物质的排放。例如，开发使用植物蛋白替代部分动物蛋白的饲料配方，不仅可以降低饲料成本，还能减少对海洋渔业资源的依赖。同时，添加益生菌、酶制剂等添加剂，可提高养殖生物对饲料的消化吸收率，降低粪便中的有机物含量。

3）加强养殖废弃物处理

（1）建设废弃物处理设施。在养殖场配套建设废弃物处理设施，如沉淀池、过滤池、生物处理池等，对养殖废水进行集中处理。通过物理、化学和生物等多种方法，去除废水中的悬浮物、有机物以及氮、磷等污染物，使处理后的废水可达到排放标准或实现循环利用。例如，一些大型养殖场采用人工湿地处理系统，利用水生植物和微生物的协同作用，对养殖废水进行深度净化，取得了良好的处理效果。

（2）推进废弃物资源化利用。将养殖废弃物转化为有价值的资源，实现废弃物的减量化、无害化和资源化。例如，将养殖粪便和残饵进行堆肥处理，制成有机肥料，用于农田或水产养殖池塘的底质改良；将贝类壳等废弃物进行加工处理，制成饲料添加剂、建筑材料等。

2. 捕捞环节低碳化改进

1）更新渔船装备与能源

（1）推广节能型渔船。加大对节能型渔船的研发和推广力度，采用新型材料、优化船体设计和动力系统，降低渔船的燃油消耗。例如，使用玻璃钢等轻质材料建造渔船，以减轻渔船的自重；采用流线型船体设计，以减少航行阻力；配备高效节能的发动机和螺旋桨，以提高能源利用效率。同时，鼓励渔民对现有渔船进行节能改造，如安装节能装置、优化发动机性能等。

（2）发展新能源渔船。积极探索和应用新能源技术，如太阳能、风能、氢能等，为渔船提供动力。例如，在一些近海作业的小型渔船上安装太阳能电池板，为渔船的照明、通信等设备提供电力；在大型渔船上配备风力发电装置，辅助发动机提供动力，减少对传统燃油的依赖。此外，还可以研发氢燃料电池渔船，实现零排放的绿色捕捞。

2）改进捕捞技术与作业方式

（1）采用选择性捕捞技术。推广使用选择性捕捞网具和捕捞方法，减少对非目标物种和幼鱼的捕捞，提高捕捞效率，降低能源消耗。例如，采用拖网网目尺寸调节装置，根据不同的捕捞对象和季节，调整网目大小，以避免捕捞到过小的鱼类；推广刺网、钓具等选择性捕捞工具，以减少对海洋生态系统的破坏。

（2）优化捕捞作业计划。根据渔业资源的分布和洄游规律，科学制订捕捞作业计划，合理安排捕捞时间和区域。避免盲目捕捞和过度捕捞，减少渔船的航行距离和作业时间，降低燃油消耗和碳排放。同时，加强渔业资源的监测和评估，及时掌握渔业资源的变化情况，为捕捞作业提供科学指导。

3）加强捕捞管理与执法

（1）实施捕捞配额管理。建立健全捕捞配额管理制度，根据渔业资源的评估结果，确定合理的捕捞配额，并将配额分配到具体的渔船和渔民。加强对捕捞配额的监管，严格执行捕捞许可证制度，防止超配额捕捞。

（2）加强执法监管力度。加大对非法捕捞行为的打击力度，加强对渔港、渔场等重点区域的巡查和监管。严厉查处使用禁用渔具、非法捕捞珍稀濒危物种等违法行为，维护渔业生产秩序和海洋生态环境。

3. 加工与流通环节低碳化优化

1）改进加工技术与工艺

（1）采用节能加工设备。在渔业加工企业推广使用节能型的加工设备，如高效制冷设备、自动化加工生产线等，以降低加工过程中的能源消耗。例如，采用新型的冷冻技术，可缩短冷冻时间，提高冷冻效率，减少能源浪费。同时，对加工设备进行定期维护和保养，以确保设备的正常运行，提高能源利用效率。

（2）优化加工工艺流程。对渔业加工工艺进行优化，减少加工环节中的能源消耗和废弃物产生。例如，采用先进的屠宰、分割和包装技术，可提高原料的利用率，减少边角料的产生；对加工过程中产生的废水、废气、废渣等进行综合处理和利用，实现资源的循环利用。

2）完善冷链物流体系

（1）建设高效冷链设施。加大对冷链物流基础设施的建设投入，建设现代化的冷库、冷藏车等冷链设施，提高冷链物流的效率和质量。例如，采用智能温控技术，对冷库和冷藏车的温度进行实时监测和调控，以确保渔业产品在运输和储存过程中的质量安全，如图8-7所示。

图8-7　智能控制的冷藏车

（2）优化冷链物流配送。合理规划冷链物流配送路线，采用共同配送、集中配送等模式，以减少运输车辆的空驶率和运输里程，降低能源消耗和碳排放。同时，加强对冷链物流过程的信息化管理，实现渔业产品的全程可追溯和质量监控。

3）推广绿色包装材料

（1）研发可降解包装材料。加大对可降解包装材料的研发力度，推广使用生物降解塑料、纸质包装等绿色包装材料，减少传统塑料包装对环境的污染。例如，一些渔业企业已经开始采用可降解的泡沫箱和塑料袋包装水产品，取得了良好的环保效果。

（2）优化包装设计。优化渔业产品的包装设计，减少包装材料的使用量。例如，采用简约、实用的包装结构，避免过度包装；根据产品的规格和销售需求，合理确定包装尺寸，提高包装的利用率。

4. 政策支持与保障体系构建

1）制定完善的政策法规

（1）出台低碳渔业扶持政策。政府应出台一系列扶持政策，鼓励和支持低碳渔业的发展。例如，对采用节能技术、环保设备和生态养殖模式的渔民和企业给予财政补贴、税收优惠等；对新能源渔船的研发和推广给予资金支持和技术指导。

（2）加强渔业生态环境保护立法。完善渔业生态环境保护相关法律法规，明确渔业生产者的生态环境保护责任和义务。加大对破坏渔业生态环境行为的处罚力度，提高其违法成本，保障渔业生态环境的可持续发展。

2）加强科技支撑与人才培养

（1）加大科技研发投入。政府和企业应加大对低碳渔业科技研发的投入，支持科研机构和高校开展相关研究。例如，开展渔业碳汇机理、低碳养殖技术、新能源渔船等关键技术的研究和攻关，为低碳渔业的发展提供技术支持。

（2）加强人才培养与引进。加强渔业领域专业人才的培养和引进，建立一支高素质的低碳渔业人才队伍。例如，在高校和职业院校开设相关专业和课程，培养渔业生态、低碳技术、新能源应用等方面的专业人才；通过优惠政策吸引国内外优秀人才投身低碳渔业事业。

3）建立监测评估与信息共享机制

（1）建立低碳渔业监测评估体系。建立涵盖养殖、捕捞、加工、流通等各环节的低碳渔业监测评估体系，对渔业生产过程中的能源消耗、碳排放、碳汇能力等进行实时监测和评估。通过监测评估，及时发现问题并采取相应的措施进行调整和改进。

（2）加强信息共享与交流。搭建低碳渔业信息共享平台，整合渔业生产、科研、管理等方面的信息资源，实现信息的及时共享和交流。通过信息共享和交流，促进渔业生产者、科研机构、政府部门之间的合作与沟通，推动低碳渔业的协同发展。

8.1.3　渔业碳汇的概念

渔业碳汇是指通过渔业生产活动，如海洋贝类、藻类等养殖，以及合理的渔业资源管理，促进水生生物吸收和固定大气中的二氧化碳，并将其储存在生物体内或沉积到海底等，从而增加水域碳储存、减少温室气体浓度，助力应对气候变化的一种碳汇形式。

1. 渔业碳汇的定义

渔业碳汇是一个相对新颖且具有重要意义的生态与经济概念。从狭义上讲，它指的是利用渔业生产活动，特别是海洋与淡水养殖活动，让水生生物（如贝类、藻类、鱼类等）在其生长过程中，通过光合作用、摄食等生理过程，吸收并固定大气中的二氧化碳，并将其以生物量、碳酸盐等形式储存在水体、生物体内或沉积到水底等，进而增加水域生态系统的碳储存能力。

以贝类养殖为例，贝类通过滤食水中的浮游生物和有机颗粒物，将其转化为自身的生物量。在这个过程中，贝类吸收二氧化碳用于合成碳酸钙来长出贝壳，同时其软组织也储存了一定量的碳。藻类则主要通过光合作用，将二氧化碳和水转化为有机物，释放出氧气，大量藻类的生长能够有效吸收和固定大量的二氧化碳。

从广义来看，渔业碳汇不仅涵盖了养殖环节的碳汇功能，还包括合理的渔业资源管理措施对水域碳循环的积极影响。例如，通过科学合理的捕捞限额管理、海洋保护区建设等措施，可有效地保护和恢复渔业生态系统，维持生态系统的稳定性和生物多样性，从而提高整个水域生态系统的碳汇能力。

2. 渔业碳汇的生态学内涵

1）与水域生态系统的紧密联系

渔业碳汇与水域生态系统息息相关。水域生态系统，包括海洋、河流、湖泊等，是地球上重要的碳库之一。水生生物作为水域生态系统的重要组成部分，通过其自身的生命活动参与碳循环。渔业碳汇正是基于水生生物与水域环境之间的相互作用而形成的。

在海洋生态系统中，浮游植物是初级生产者，它们通过光合作用固定大量的二氧化碳，为整个海洋食物链提供了物质和能量基础。贝类、鱼类等通过摄食浮游植物或其他生物，将碳在食物链中传递和储存。同时，水体通过物理和化学过程，如水流、溶解、沉淀等，也会影响碳在水域中的分布和储存。

2）碳循环过程中的角色

在碳循环过程中，渔业碳汇扮演着重要的角色。一方面，它作为碳的"汇"，将大气中的二氧化碳吸收并固定下来，减少了大气中温室气体的浓度，对缓解全球气候变化具有积极作用；另一方面，渔业碳汇也与碳的"源"相互关联。例如，当水生生物死亡后，其遗体可能会被分解者分解，释放出二氧化碳回到大气中；不合理的渔业活动，如过度捕捞、养殖污染等，可能会破坏水域生态系统，降低其碳汇能力，甚至使其转变为碳源。

3. 渔业碳汇的经济与社会意义

1）经济价值

渔业碳汇具有显著的经济价值。随着全球对气候变化问题的关注度不断提高，碳交易市场逐渐兴起。渔业碳汇作为一种潜在的碳汇资源，有望纳入碳交易体系。渔民和渔业企业通过发展渔业碳汇，增加水域的碳储存量，可以将多余的碳汇指标在碳交易市场上出售，从而获得经济收益。例如，在一些沿海地区，渔民通过开展贝类和藻类的生态养殖，不仅提高了渔业产量，而且增加了渔业碳汇量。他们将部分碳汇指标出售给有减排需求的企业，获得了额外的收入，促进了渔业产业的转型升级和可持续发展。

2）社会意义

渔业碳汇的发展还具有重要的社会意义。它有助于提高公众对气候变化和生态保护的认识，促进社会各界共同参与应对气候变化的行动。同时，渔业碳汇的发展可以带动相关产业的发展，如渔业养殖、加工、销售等，创造更多的就业机会，促进地方经济的发展。

此外，渔业碳汇的发展还有助于保护和恢复水域生态环境，保障渔业资源的可持续利用，为人类提供优质的水产品和良好的生态环境，提高人们的生活质量。

8.1.4 实践任务：低碳渔业与渔业碳汇方案设计与探索

1. 任务背景

低碳渔业通过优化养殖模式、降低能耗与污染推动渔业可持续发展；渔业碳汇则借助藻类、贝类等水生生物吸收二氧化碳，助力"碳中和"。本任务引导学生通过资料查阅与案例分析，理解核心概念，并设计适合沿海或内陆地区的低碳渔业发展方案。

2. 任务目标

（1）掌握低碳渔业与渔业碳汇的定义及作用。
（2）设计结合地方特色的低碳渔业发展方案。

3. 任务步骤

（1）学习低能耗、低污染的渔业模式，兼顾生态与经济效益。
（2）推广循环水养殖、多营养层次养殖（如鱼、虾、贝混养），研发节能渔船。
（3）调研扩大藻类、贝类养殖，探索碳汇交易机制。
（4）以 PPT 或海报呈现方案，重点展示创新点。

8.2 渔业碳固定

渔业碳固定是指渔业生产过程中，水生生物借助自身生理活动，如藻类的光合作用将二氧化碳转化为有机物，贝类等通过滤食摄取含碳物质构建自身组织，把大气或水体中的碳固定并储存于生物体内或沉积在水底，从而增加水域碳储存量，助力减缓气候变化。

8.2.1 渔业碳固定的基本原理

渔业碳固定的基本原理主要依赖水生生物的生理活动。藻类等初级生产者借助光合作用，利用阳光、水和二氧化碳合成有机物，将碳以生物量形式固定。贝类等滤食性生物通过滤食摄取含碳物质构建自身组织，死亡后其遗体和贝壳沉积水底，把碳长期封存于沉积物中，实现碳固定。

1. 光合作用驱动的碳固定机制

在渔业水域生态系统中，藻类（有浮游藻类和大型藻类）是进行光合作用和固定碳的关键角色。藻类细胞里有叶绿体，叶绿体中的叶绿素等能捕捉太阳光能，阳光照到藻类细胞时，光能就变成化学能了。

光合作用分为两个阶段，首先是在光的作用下，水被分解，释放出氧气、电子和质子，氧气进入大气或水体，电子和质子接着参与后面的反应，如图 8-8 所示。然后是暗反应阶段，二氧化碳和电子、质子相结合，经过一系列复杂变化，变成葡萄糖等有机物。这些有机物的一部分被藻类用来生长、繁殖和维持生命，如构建细胞壁、细胞膜，把碳以生物量的形式储存起来；另一部分进入食物链，为其他水生生物提供能量和碳。

图 8-8 海草光合作用冒出的氧气气泡

2. 生物沉积作用下的碳封存

除了藻类依靠光合作用可固定碳外，贝类、棘皮动物等滤食性和底栖生物在渔业碳固定里作用也不小。它们会滤食水里的浮游生物、有机颗粒物等，把碳吃到肚子里。如贝类，生长的时候，会用吃进去的碳来长出贝壳和软组织。贝壳大多是碳酸钙，形成贝壳要消耗很多二氧化碳。贝类从水里吸收钙离子和碳酸氢根离子，在体内特殊酶和生理条件作用下，这些离子结合成碳酸钙，储存到贝壳里。而且贝类的软组织中也有碳。

当这些生物死亡后，它们的身体和贝壳就会慢慢沉到水底。水底沉积物里缺氧，有机物分解得慢，碳就被长期留存在沉积物里，和大气、水体里的碳循环隔开了，这样碳就被固定并储存起来了。另外，一些底栖的蠕虫、甲壳类动物也会通过吃东西和排泄，把碳带到沉积物中，使碳封存得更多。

3. 食物链传递中的碳转移与固定

渔业水域生态系统里的食物链是碳转移和固定的关键途径。藻类是最先利用光合作用固定碳的，它们把碳变成有机物，然后被浮游动物（像桡足类、枝角类等）吃掉。浮游动物消化吸收藻类的有机物时，碳就变成了它们身体的一部分。

接着，浮游动物又被鱼类等高级动物吃掉，碳就又到了鱼类的身体里。在食物链传递过程中，碳随着生物的生长、繁殖和代谢不断积累和转移。每个营养级的生物吃东西时，都会把一部分碳留在自己身体里，同时也会通过呼吸把一部分二氧化碳排到水或大气中。但总体来说，随着食物链变长，碳还是在一定程度上被固定和积累起来了，如图8-9所示。

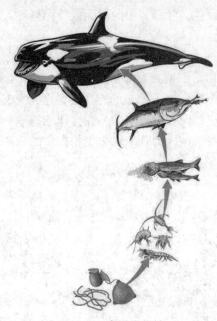

图8-9　海洋生物链

8.2.2　影响渔业碳固定的因素

影响渔业碳固定的因素多种多样。在环境方面，光照强度、温度及水体营养盐含量等会影响藻类光合作用效率，进而影响碳固定；在生物因素中，不同生物种类和密度对碳的固定方式和效率也有区别，生物多样性高低也关乎碳的固定能力。此外，养殖模式、捕捞强度等人类活动也会干扰渔业碳固定。

1. 自然环境因素

1）光照条件

光照是藻类进行光合作用的基础能源，其强度、时长和光谱组成对渔业碳固定有着显著影响。在光照充足的浅海区域，藻类能够充分进行光合作用，将二氧化碳高效地转化为有机物，从而促进碳固定。例如，在热带海域，全年光照时间长且强度大，在这种环境中藻类生长旺盛，碳固定能力较强。然而，光照过强或过弱都不利于渔业碳固定。光照过强时，藻类可能会受到光抑制，使光合作用效率下降；光照过弱则无法满足藻类光合作用的基本需求，导致其生长缓慢，碳固定量减少。此外，不同光谱的光对藻类的光合作用也有差异，蓝光和红光通常更有利于藻类的光合作用。

2）温度状况

温度对水生生物的生理活动和新陈代谢具有重要影响，进而影响渔业碳固定。每种水生生物都有其适宜的生长温度范围，在这个范围内，温度升高通常会促进生物的生长和代谢，提高碳固定效率。例如，一些藻类在适宜的温度下，其光合作用速率会随着温度的升高而加快。

但当温度超过一定限度时，就会对生物造成热应激，影响其生存和碳固定能力。高温可能导致藻类的酶活性降低，使光合作用受到抑制；同时，也会影响贝类等生物的滤食和生长，减少碳的固定和沉积。相反，低温则会减缓生物的新陈代谢速度，降低碳固定效率。

3）营养盐供应

营养盐如氮、磷、硅等是藻类生长所必需的元素，其含量和比例直接影响藻类的生长和繁殖，进而影响渔业碳固定。适量的营养盐可以促进藻类的光合作用，增加碳固定量。例如，在河口等营养盐丰富的区域，藻类生长茂盛，碳固定能力较强。

然而，当营养盐过量时，就会导致水体富营养化，引发藻类大量繁殖，形成赤潮或水华等生态灾害。虽然短期内藻类的大量生长会增加碳固定量，但赤潮或水华爆发后，藻类死亡分解会消耗大量的氧气，导致水体缺氧，影响其他水生生物的生存，破坏水域生态系统的平衡，降低渔业碳固定的长期稳定性。

4）水体流动

水体流动对渔业碳固定有着多方面的影响。适度的水体流动可以带来新鲜的营养盐和氧气，促进藻类的生长和光合作用，提高碳固定效率。同时，水体流动还可以将藻类等生物分布到更广泛的区域，增加碳固定的空间范围。

但水体流动过强或过弱都不利于渔业碳固定。水体流动过强会冲刷藻类，使其难以附着和生长，从而减少碳固定量；水体流动过弱则会导致营养盐分布不均，局部区域营养盐缺乏，影响藻类的生长和碳固定。

2. 生物因素

1）生物种类与组成

不同种类的水生生物对碳的固定方式和效率存在差异。例如，大型藻类通常具有较高的碳固定能力，因为它们具有较大的生物量和较强的光合作用能力；而小型藻类虽然个体较小，但数量庞大，也能在一定程度上贡献碳固定量。

贝类等滤食性生物通过滤食水中的浮游生物和有机颗粒物，可将碳摄入体内并沉积到水底，其碳固定方式与藻类不同。此外，水域生态系统中生物的组成也会影响渔业碳固定。一个生物多样性高的生态系统，通常具有更强的稳定性和碳固定能力，因为不同生物之间相互依存、相互制约，形成了复杂的食物链和食物网，有利于物质的循环和能量的流动。

2）生物密度与分布

生物密度是影响渔业碳固定的重要因素之一。适当的生物密度可以提高资源的利用效率，促进碳固定。例如，在养殖水域中，合理的养殖密度可以使养殖生物充分利用水体中的营养盐和空间，可提高生物的生长速度和碳固定量。但生物密度过高也会导致生物之间的竞争加剧，影响生长和碳固定能力。例如，过高的藻类密度会遮挡阳光，影响下层藻类的光合作用；同时，还会增加对营养盐的竞争，导致部分藻类生长不良。此外，生物的分布也会影响碳固定，均匀分布的生物能够更有效地利用水体资源，提高碳固定效率。

3）生物生长阶段

生物的生长阶段不同，其碳固定能力也有所差异。在生长旺盛期，生物的新陈代谢速度加快，对营养盐和二氧化碳的需求量大，碳固定效率较高。例如，藻类在春季和夏季生长旺盛，碳固定量较大；而在秋季和冬季，生长速度减缓，碳固定能力下降。

贝类等生物在幼体阶段生长迅速，碳固定能力较强；随着年龄的增长，生长速度逐渐减慢，碳固定能力也会相应降低。因此，了解生物的生长阶段，合理调整养殖和管理措施，有助于提高渔业碳固定效率。

3. 人类活动因素

1）渔业养殖方式

不同的渔业养殖方式对渔业碳固定的影响不同。传统的粗放式养殖往往缺乏科学的管理和规划，养殖密度不合理，营养盐投放过量，容易导致水体富营养化，从而影响渔业碳固定的长期稳定性。而生态养殖、多营养层次综合养殖（IMTA）等新型养殖方式则更注重生态平衡和资源循环利用。

2）过度捕捞

过度捕捞不但会破坏水域生态系统的平衡，而且会减少渔业生物的种群数量和生物量，从而影响渔业碳固定。一些重要的渔业资源，如某些鱼类和贝类，在生态系统中扮演着重要的角色，它们的减少会影响食物链的结构和功能，降低生态系统的稳定性和碳固定能力。例如，过度捕捞大型鱼类可能会导致其食物（如小型鱼类和浮游动物）的数量增加，进而影响藻类的生长和碳固定。此外，过度捕捞还会破坏海洋生物的栖息地，减少生物多样性，进一步降低渔业碳固定能力。

3）环境污染

工业废水、生活污水和农业面源污染物等排放到水域中，会导致水体污染，影响渔业碳固定。污染物中的重金属、有机物和营养盐等会对水生生物造成毒害，抑制其生长和代谢，降低碳固定效率。例如，重金属污染会影响藻类的光合作用酶活性，导致光合作用受阻；有机物污染会消耗水体中的氧气，造成水体缺氧，影响贝类等生物的生存和碳固定。此外，水体污染还会破坏水域生态系统的结构和功能，降低生态系统的稳定性和碳汇能力。

8.2.3 渔业碳固定的意义

渔业碳固定意义重大。生态上，助力全球碳循环平衡、改善水域环境、维护海洋生态稳定；经济上，能创造碳汇经济价值、降低渔业成本、促进可持续发展；社会层面，可提升公众环保意识，推动国际合作交流，还能保障食品安全、创造就业，对多方发展都极为关键。

1. 生态意义

1）助力全球碳循环平衡

地球的碳循环是一个复杂且关键的生态过程，涉及大气、陆地和海洋等多个圈层。渔业碳固定作为海洋碳循环的重要组成部分，通过藻类光合作用吸收大气中的二氧化碳，以及贝类等生物将碳固定在体内并最终沉积到海底，有效减少了大气中二氧化碳的浓度。据估算，海洋中的藻类每年固定的碳量十分可观，在全球碳循环中扮演着不可替代的角色，有助于维持地球碳循环的平衡，稳定气候系统。

2）改善水域生态环境

（1）净化水质。藻类在光合作用过程中不仅固定碳，还会吸收水中的氮、磷等营养物质。这些营养物质过多会导致水体富营养化，引发赤潮、水华等生态灾害。藻类对营养物质的吸收有助于降低水体富营养化程度，改善水质。例如，在一些富营养化的湖泊中，通过合理投放藻类进行生态修复，水质得到了明显改善。

（2）提供栖息地。渔业碳固定过程中形成的藻类群落、贝类礁体等为众多水生生物提供了栖息、繁殖和觅食的场所。这些生物栖息地增加了水域生态系统的生物多样性，促进了不同物种之间的相互作用和生态平衡。比如，人工鱼礁的建设吸引了大量贝类、鱼类等生物聚集，形成了复杂的生态系统，提高了水域生态系统的稳定性和抗干扰能力。

3）维护海洋生态系统稳定

渔业碳固定有助于维持海洋生态系统的结构和功能稳定。藻类作为初级生产者，为整个海洋食物链提供了基础能量来源。碳固定过程保证了藻类的生长和繁殖，从而维持着食物链的正常运转。如果渔业碳固定能力下降，藻类数量减少，会导致以藻类为食的浮游动物数量下降，进而影响到更高营养级的鱼类等生物，破坏海洋生态系统的平衡。

2. 经济意义

1）创造碳汇经济价值

随着全球对气候变化问题的关注度不断提高，碳交易市场逐渐发展壮大。渔业碳固定所形成的碳汇有望成为一种可交易的资源。渔民和渔业企业可以通过开展渔业碳固定活动，如发展生态养殖、建设海洋牧场等，增加水域的碳储存量，并将多余的碳汇指标在碳交易市场上出售，从而获得经济收益。这为渔业产业的发展提供了新的经济增长点和转型升级的机遇，有助于推动渔业从传统产业向绿色、低碳产业转变。

2）降低渔业生产成本

一些渔业碳固定措施，如生态养殖模式，可以带来额外的经济效益。例如，多营养层次综合养殖（IMTA）模式将鱼类、贝类、藻类等不同营养级的生物进行合理搭配养殖。鱼类排泄物为贝类和藻类提供养分，减少了人工饲料的使用；贝类通过滤食作用净化水质，降低了养殖水体的污染治理成本；藻类进行光合作用释放氧气，改善了养殖环境，提高了养殖生物的成活率和生长速度。这些都有助于降低渔业生产成本，提高渔业的经济效益。

3）促进渔业可持续发展

渔业碳固定与渔业可持续发展密切相关。通过提高渔业碳固定能力，可以改善水域生态环境，保护渔业资源，实现渔业资源的可持续利用。例如，合理的渔业资源管理和生态修复措施可以增加渔业生物的种群数量和多样性，提高渔业产量和质量。同时，渔业碳固定所带来的经济收益也可以用于渔业基础设施建设和科技创新，进一步提升渔业的发展水平，形成生态与经济良性互动的可持续发展格局。

3. 社会意义

1）提升公众环保意识

渔业碳固定作为一个新兴的环保领域，其宣传和推广有助于提升公众对气候变化和环境保护的认识。通过开展相关的科普活动、宣传教育等，可以让公众了解渔业碳固定的原理、意义和作用，从而增强公众的环保意识和责任感。例如，组织公众参观海洋牧场、生态养殖基地等，让他们亲身感受渔业碳固定带来的生态效益和经济效益，从而激发公众参与环保行动的积极性。

2）推动国际交流与合作

气候变化是全球性问题，需要各国共同应对。渔业碳固定作为应对气候变化的重要举措之一,为国际交流与合作提供了新的契机。各国可以在渔业碳固定技术研发、政策制定、项目实施等方面开展交流与合作,分享经验和成果,共同推动全球渔业碳固定能力的提升。例如,开展国际联合研究项目,共同探索渔业碳固定的最佳实践模式;建立国际渔业碳汇交易平台,促进碳汇资源的全球优化配置。

3)保障食品安全与就业

渔业是全球重要的食物来源之一,为人类提供了丰富的蛋白质。渔业碳固定有助于维护渔业生态系统的稳定,保障渔业资源的可持续供应,从而为全球食品安全作出贡献。同时,渔业产业的发展也创造了大量的就业机会,包括养殖、捕捞、加工、销售等环节。渔业碳固定所带来的经济效益和发展机遇可以进一步促进渔业产业的繁荣,增加就业岗位,提高渔民的收入水平,维护社会稳定。

 案例

海洋牧场建设

绿岛海域曾因过度捕捞,渔业资源锐减,海洋生态环境恶化。为了改善这一状况,当地政府联合渔业企业开启海洋牧场建设项目。项目团队先对海域进行详细勘测,依据海底地形、水流等情况,规划出适宜的养殖区域。他们投放大量人工鱼礁,为海洋生物打造栖息和繁衍的场所。同时,引入多种优质鱼苗、贝苗进行增殖放流,丰富海洋生物种类。

为了确保海洋牧场的可持续发展,还建立了智能监测系统,利用水下摄像头、传感器等设备,实时掌握海洋环境和水生生物的生长状况。当地渔民经过专业培训后,参与到海洋牧场的日常管理中,负责投喂、巡查等工作,并获得相应报酬。经过几年的建设,绿岛海洋牧场成效显著。渔业资源逐渐恢复,生物多样性增加,渔民的收入也大幅提高。此外,还吸引了众多游客前来体验海钓等休闲渔业活动,进一步推动了当地海洋经济的发展,成为海洋牧场建设的成功范例。

分析:绿岛海洋牧场建设案例亮点突出。前期勘测规划科学合理,投放鱼礁、增殖放流改善生态与资源。建立智能监测系统保障可持续发展,渔民参与管理获益。最终实现生态、渔民增收与海洋经济多赢,为海洋牧场建设提供成功借鉴。

8.2.4 实践任务:探究渔业碳固定的原理、影响因素与意义

1. 任务背景

渔业碳固定是指通过水生生物(如藻类、贝类、鱼类等)的生理活动或养殖过程,将大气中的二氧化碳转化为生物碳并储存于水体或沉积物中。这一过程对减缓气候变化、改善水域生态具有重要意义。本任务引导学生通过资料查阅,理解渔业碳固定的核心原理,分析其影响因素,并探讨其生态与经济价值。

2. 任务目标

(1)掌握渔业碳固定的生物学与生态学机制。

(2)梳理影响渔业碳固定的关键因素(如生物种类、环境条件)。

(3)结合实际案例,分析渔业碳固定对碳中和、生态修复及渔业经济的贡献。

3. 任务步骤

（1）查阅资料，总结渔业碳固定的主要方式。

（2）分组研究影响渔业碳固定的因素，并提交影响因素对比表。

（3）从生态、经济、社会 3 个角度分析渔业碳固定的意义，举例说明，小组提交意义分析报告。

（4）将原理、因素、意义整合为 1 份 PPT 或海报，每组用 5 min 展示，回答其他小组提问。

8.3　渔业低碳排放

渔业低碳排放是渔业可持续发展的关键方向。通过推广生态养殖模式、优化养殖品种与密度、提升养殖技术以减少饲料浪费和药物使用，以及发展清洁能源渔业设施等举措，能有效降低渔业生产中的碳排放，缓解对环境的压力，实现渔业经济效益与生态效益的双赢。

8.3.1　渔业碳排放的现状

当前渔业碳排放现状不容乐观。在养殖环节中，饲料生产与养殖设备运行依赖能源，会产生大量碳排放；在捕捞环节中，渔船航行、作业以及渔获冷藏、运输燃油消耗高；加工环节的设备运转、包装材料生产及废弃物处理等也都有碳排放，并且随着渔业发展，碳排放量呈上升趋势。

1. 碳排放规模与增长态势

近年来，全球渔业碳排放规模呈现出逐步扩大的趋势。随着渔业产业的持续发展，无论是养殖业还是捕捞业，能源消耗都在不断增加。在养殖方面，大规模的集约化养殖模式日益普及，养殖设施的现代化程度提高，增氧机、投饵机、水泵等设备的大量使用，使电力和燃油消耗显著上升。在捕捞方面同样面临着碳排放增长的压力。随着渔业资源的逐渐减少，渔民为了维持捕捞产量，不得不增加渔船的航行时间和作业强度。大型远洋渔船的燃油消耗巨大，每次出海作业往往需要消耗大量的柴油，如图 8-10 所示。而且，为了满足市场对新鲜渔获的需求，渔获物的冷藏运输环节也消耗了大量的能源，进一步加剧了碳排放。

图 8-10　远洋渔船

2. 碳排放来源的多样性

1）养殖环节

饲料生产是养殖环节碳排放的重要来源之一。饲料原料的种植需要大量的化肥、农药和灌溉用水，这些生产过程都会消耗能源并产生温室气体排放。同时，饲料加工过程中的烘干、粉碎、制粒等工序也需要消耗大量的电力和热能。此外，养殖过程中产生的废弃物，如粪便、残饵等，如果处理不当，会在分解过程中产生甲烷等温室气体。

养殖设备的运行也是碳排放的关键因素。增氧设备为了维持水体中的溶解氧含量，需要持续运转，会消耗大量的电力。投饵机的不合理使用也会导致饲料的浪费，不仅增加了生产成本，也间接增加了因饲料生产和运输带来的碳排放。而且，一些老旧的养殖设施能源利用效率低下，进一步加剧了碳排放问题。

2）捕捞环节

渔船的航行和作业是捕捞环节碳排放的主要来源。大型渔船通常需配备大功率的发动机，航行过程中要消耗大量的燃油。在捕捞作业时，拖网、围网等捕捞方式需要渔船长时间保持一定的航速和作业状态，进一步增加了燃油消耗。此外，渔获物的冷藏运输也需要消耗能源，冷藏设备的运行会排放一定量的温室气体。

3）加工环节

渔业加工过程中的碳排放主要来自加工设备的运行和包装材料的使用。加工设备如冷冻机、烘干机、包装机等需要消耗大量的电力来维持其运转。而且，为了延长渔获物的保质期和便于运输，通常会使用大量的塑料包装材料，这些包装材料的生产和处理过程也会产生碳排放。

3. 区域差异与不平衡性

不同地区的渔业碳排放情况存在着显著的差异。在发达国家，由于渔业技术较为先进，养殖和捕捞设备的能源利用效率相对较高，但渔业产业的规模较大，且对高品质渔获物的需求旺盛，导致能源消耗和碳排放总量仍然较高。例如，北欧的一些渔业发达国家，其现代化的养殖设施和远洋捕捞船队虽然采用了节能技术，但由于渔业生产的规模化程度高，碳排放量依然不容小觑。

而在发展中国家，渔业碳排放问题则更为复杂。一方面，部分地区的渔业生产仍然以传统的方式为主，养殖和捕捞设备落后，能源利用效率低下，导致单位产量的碳排放较高；另一方面，随着经济的发展和渔业产业的升级，一些发展中国家开始大规模发展集约化养殖和远洋捕捞，但由于技术和资金的限制，节能减排措施难以有效实施，碳排放增长速度较快。例如，东南亚的一些渔业发展较快的国家，近年来渔业碳排放量呈现出快速增长的趋势。

4. 对环境与气候的影响

渔业碳排放对环境和气候产生了多方面的影响。首先，大量的二氧化碳排放加剧了全球气候变暖的趋势，导致海水温度升高、海平面上升等问题。海水温度升高会影响渔业生物的分布和生长周期，一些对温度敏感的鱼类可能会向高纬度地区迁移，导致传统渔场的渔业资源减少。海平面上升则会威胁到沿海地区的渔业养殖设施和渔村的安全。其次，渔业生产过程中产生的甲烷等温室气体也会对气候变化产生重要影响。甲烷的温室效应比二氧化碳更强，养殖废弃物分解产生的甲烷排放会进一步加剧全球气候变暖。此外，渔业碳排放还可能导致海洋酸化，影响海洋生态系统的平衡，对渔业资源的可持续利用构成威胁。

8.3.2　渔业低碳排放的技术路径

渔业低碳排放的技术路径涵盖多个环节。在养殖环节，采用智能投喂、水质调控等精准与生态养殖技术，利用清洁能源；在捕捞环节，进行渔船节能改造，应用智能捕捞技术，发展新能源渔船；在加工环节，使用节能设备、绿色包装，并推进废弃物资源化利用与废水处理回用。

1. 养殖环节低碳技术

1）精准养殖技术

（1）智能投喂系统。以前投喂饲料大多依靠经验，这样容易浪费饲料，饲料生产和运输时还会产生更多碳排放。智能投喂系统采用传感器、摄像头等设备，能实时查看养殖生物的生长、摄食情况，还有水温、溶解氧、pH 值这些水体环境情况。系统通过大数据和人工智能算法，能计算出养殖生物不同生长阶段该吃多少饲料，然后自动调整投饵机的投喂速度和频率。比如养对虾，系统能根据对虾大小、数量和活动情况，精准控制每次投喂量，避免喂多，减少饲料残留，降低饲料生产和使用的碳排放。

（2）水质调控技术。水质好，养殖生物才能健康生长，水质调控不好会增加能源消耗和碳排放。先进的水质调控技术有生物滤池、人工湿地生态净化系统，还有智能水质监测与调控设备。生物滤池依靠微生物分解，去掉水里的氨氮、亚硝酸盐等有害物质，减少换水次数，降低换水带来的能源消耗。人工湿地通过植物吸收、微生物降解和土壤过滤，可进一步净化水质。智能水质监测与调控设备能实时监测水质参数，按设定的值自动开关增氧机、水泵等设备，精准调控水质，提高能源利用效率，减少碳排放。

2）生态养殖模式

（1）多营养层次综合养殖（IMTA）。

（2）稻渔综合种养。稻渔综合种养是把水稻种植和水产养殖结合起来的一种生态农业办法。在稻田里养鱼、虾、蟹等水生动物，水生动物能吃掉稻田里的害虫和杂草，它们的排泄物又能给水稻作肥料，这样就能少用化肥和农药。同时，水稻田给水生动物提供了良好的栖息和觅食环境。这种模式可让农业生态系统里的物质循环利用，能量也能多级利用，降低了农业生产过程中的碳排放，如图 8-11 所示。

3）清洁能源利用技术

（1）太阳能利用。在渔业养殖设施中安装太阳能光伏板，可将太阳能转化为电能，为增氧机、投饵机、水泵等设备供电。太阳能是一种清洁、可再生的能源，使用太阳能可以减少对传统化石能源的依赖，降低碳排放。例如，在一些大型养殖池塘或网箱养殖区，建设太阳能光伏电站，不仅可以满足养殖设备的用电需求，多余的电能还可以并入电网，实现能源的合理利用。此外，太阳能还可以用于养殖水体的加热和保温，减少能源消耗。

图 8-11　稻田养鱼

（2）风能利用。对于一些沿海或风力资源丰富的地区，可以利用风能发电为渔业生产提供能源。小型风力发电机可以安装在渔船上，为渔船上的设备供电，减少燃油消耗。在渔业养殖基地，也可以建设风力发电场，与太阳能光伏发电系统相结合，形成多元化的清洁能源供应体系。风能发电具有无污染、可再生等优点，能够有效降低渔业生产的碳排放。图 8-12 所示为铺设了太阳能板、安装了风力发电机的养殖湖面，既有效利用了闲置湖面，挡住直射的阳光，降低了湖水温度，同时太阳能板和风机又产生了绿色能源。

图 8-12　铺设了太阳能板、安装了风力发电机的养殖湖面

2. 捕捞环节低碳技术

1）渔船节能技术

（1）发动机节能改造。对传统渔船的发动机进行节能改造，采用新型的发动机技术，如涡轮增压、缸内直喷等，提高发动机的热效率，降低燃油消耗。同时，安装发动机节能装置，如燃油添加剂、节油器等，可进一步优化发动机的工作性能。

（2）船体优化设计。通过优化船体的线型和结构，减少航行阻力，提高渔船的航行效率。采用新型的船体材料，如高强度钢、铝合金等，可减轻船体重量，降低能耗。此外，还可以在船体表面涂覆特殊的涂层，减少水与船体之间的摩擦阻力。

2）智能捕捞技术

（1）渔具智能化。研发智能渔具，如带有传感器和自动识别系统的渔网。传感器可以实时监测渔网内的鱼群数量、种类和大小，自动识别系统能够准确区分目标鱼类和非目标鱼类。当渔网内的目标鱼类达到一定数量时，可自动收网，减少无效捕捞和航行时间，降低燃油消耗和碳排放。

（2）渔情预报与导航系统。利用卫星遥感、海洋观测数据和人工智能算法，建立渔情预报模型，准确预测鱼群的分布和迁徙规律。同时，为渔船配备先进的导航系统，根据渔情预报信息，规划最优的捕捞航线，避免盲目航行，提高捕捞效率，降低碳排放。渔民可以根据渔情预报和导航系统的指引，直接前往鱼群密集区域进行捕捞，减少不必要的航行距离和时间。

3）新能源渔船技术

（1）电动渔船。电动渔船以电力为动力源，具有零排放、低噪声等优点。随着电池技术的不断发展，电动渔船的续航里程和性能得到了显著提高。电动渔船可以采用锂电池、燃料电池等作为动力源，以满足不同捕捞作业的需求。

（2）氢燃料电池渔船。氢燃料电池渔船以氢气为燃料，通过燃料电池将氢气的化学能转化为电能，驱动渔船航行。氢燃料电池具有能量转换效率高、无污染等优点，是未来渔业捕捞的发展方向之一。目前，氢燃料电池渔船技术还在不断研发和完善中，但已经取得了一些阶段性成果。

3. 加工环节低碳技术

1）节能加工设备

（1）高效冷冻设备。传统的冷冻设备能耗较高，采用新型的高效冷冻技术，如变频压缩技术、热回收技术等，可以降低冷冻设备的能耗。变频压缩技术可以根据冷冻负荷的变化自动调整压缩机的转速，提高能源利用效率；热回收技术可以将冷冻过程中产生的热量回收利用，用于加热其他设备或提供热水，以减少能源浪费。

（2）节能烘干设备。在渔业加工中，烘干是一个重要的环节。采用新型的节能烘干设备，如热泵烘干机、微波烘干机等，可以提高烘干效率，降低能耗。热泵烘干机利用热泵技术将空气中的热量转移到烘干室内，实现低温烘干，减少能源消耗；微波烘干机则利用微波的穿透性，使物料内部和外部同时受热，加快烘干速度，以降低能耗。

2）绿色包装技术

（1）可降解包装材料。推广使用可降解的包装材料，如纸质包装、生物基塑料包装等，以减少塑料等传统包装材料的使用。纸质包装具有良好的可回收性和可降解性，对环境友好；生物基塑料包装则是以可再生资源为原料制成的，在一定条件下可以自然降解。

（2）轻量化包装设计。通过优化包装设计，减少包装材料的使用量，实现轻量化包装。采用新型的包装结构和材料，在保证包装功能的前提下，降低包装的重量和体积。

3）废弃物资源化利用技术

（1）鱼骨、鱼皮等废弃物加工。渔业加工过程中产生的鱼骨、鱼皮等废弃物含有丰富的蛋白质、胶原蛋白等营养成分，可以加工制成饲料、肥料或生物制品。例如，将鱼骨加工成鱼粉，作为饲料原料；将鱼皮提取胶原蛋白，用于化妆品、食品等行业。通过废弃物资源化利用，不仅可以减少废弃物的排放，还能创造额外的经济效益。

（2）废水处理与回用技术。渔业加工废水含有大量的有机物、悬浮物和营养物质，如果直接排放会对环境造成污染。采用先进的废水处理技术，如生物处理、膜分离等，对废水进行处理，使其达到回用标准。处理后的废水可以用于养殖水体的补充、设备的清洗等，实现水资源的循环利用，减少水资源的消耗和废水排放带来的碳排放。

 案例

渔业节能减排技术

祥渔渔业公司长期面临高能耗、高排放问题，成本攀升且环保压力增大。为了改变现状，公司引入多项渔业节能减排技术。在养殖环节，安装智能增氧系统，它能根据水体溶氧量自动调节增氧设备运行，避免过度增氧浪费电能，较传统方式节能约30%。同时，采用太阳能光伏板为养殖场部分设备供电，满足日常照明、小型水泵等用电需求，减少对传统电力的依赖。

在捕捞作业上，对渔船进行改造。更换节能型发动机，降低燃油消耗；优化船体设计，减少航行阻力，使燃油效率提升20%。还配备了先进的渔具回收装置，减少废弃渔具对海洋的污染。通过这些节能减排技术的应用，祥渔渔业公司不仅降低了运营成本，还提升了环保形象。如今，其产品在市场上更受青睐，公司经济效益与环境效益双丰收，为渔业企业节能减排提供了宝贵经验。

分析： 祥渔渔业公司针对高能耗高排放难题，精准引入多项节能减排技术。养殖环节智能增氧与太阳能供电节能降耗，捕捞作业改造渔船、配备回收装置降本减污。最终实现成本降低、形象提升，达成双赢，为渔业企业节能减排提供了可资借鉴的范本。

8.3.3 实践任务：渔业碳排放现状调研与低碳技术路径设计

1. 任务背景

全球倡导低碳，渔业碳排放影响环境却未被充分关注。为了让同学们了解渔业碳排放现状，探索低碳发展可能，特开展实践。

2. 任务目标

通过数据收集、案例分析和方案设计，了解渔业碳排放现状，探索可行的低碳技术路径，培养学生科学调研、问题分析和创新实践能力。

3. 任务步骤

（1）查阅权威报告（如联合国粮农组织渔业报告、《中国渔业统计年鉴》），整理近5年全球及国内渔业碳排放数据（如捕捞业燃油消耗、养殖业能源使用量），制作表格对比不同渔业类型（养殖、捕捞）的碳排放占比。

（2）分组研究3类低碳技术路径，选择1种技术路径，设计具体实施方案。

（3）将现状调研与技术路径整合为1份PPT或海报，每组用5 min展示，回答其他小组的提问。

第 9 章

低碳城市技术

内容指南

> 在城市化进程加速推进的当下，传统城市发展模式带来的能源消耗与环境问题日益凸显。低碳城市技术宛如一把神奇的智慧密码，解锁了城市绿色蝶变的新路径。它涵盖能源、建筑、交通等多个领域，通过创新科技与高效管理，降低碳排放，提升资源利用效率，让城市在保持活力的同时，实现人与自然的和谐共生，引领城市迈向可持续发展的美好未来。

知识重点

- 了解低碳城市的概念与内涵。
- 了解低碳城市发展概况。
- 掌握我国城市低碳化的路径与对策。

9.1 低碳城市的概念与内涵

低碳城市是以低碳经济为发展模式及方向、市民以低碳生活为理念和行为特征、政府以低碳社会为建设标本和蓝图的城市。它强调在生产、生活中降低碳排放，通过发展清洁能源、推广绿色建筑等举措，实现经济、社会与环境的可持续发展，提升城市宜居性，如图 9-1 所示。

图 9-1　低碳城市

9.1.1 低碳城市的概念

低碳城市是一种以可持续发展理念为指引的城市发展模式。它致力于降低城市能源消耗与碳排放，通过优化产业结构、推广清洁能源、倡导绿色出行等举措，在经济、社会、环境协调发展中，实现能源高效利用、环境质量提升，构建人与自然和谐共生的现代化城市。

1. 低碳城市的界定

1）从能源利用角度界定

传统城市主要依靠煤炭、石油等化石能源，燃烧时会释放很多二氧化碳等温室气体，是让全球变暖的原因之一。而低碳城市是以清洁能源为主，传统能源高效利用为辅。

在清洁能源利用上，低碳城市大力推广太阳能、风能、水能、生物质能等可再生能源。比如给城市建筑屋顶安装太阳能光伏板，把太阳能转变成电能，以满足建筑部分用电；在沿海和风力大的地方建设大型风力发电场，给城市供电；用城市周边的河流、湖泊发展小水电，让能源可持续利用。

同时，低碳城市还注重提高传统能源利用效率。利用先进节能技术和设备，优化工业、建筑、交通等领域的能源消耗。工业上推广高效节能电机、锅炉，利用能源管理系统精细控制能源；建筑上加强节能设计，采用隔热保温材料、节能门窗，降低能耗；交通上发展智能交通系统，优化信号控制，提高车辆燃油效率。

2）从经济发展模式角度界定

低碳城市不搞传统高能耗、高污染、高排放的经济发展模式，而是转向以低碳产业为核心、绿色增长为目标的经济发展新路。低碳产业是重要支撑，包括新能源产业、节能环保产业、循环经济产业。

（1）新能源产业是低碳城市经济新引擎，涵盖太阳能、风能、水能、生物质能等的开发、生产和应用。比如太阳能光伏产业研发高效光伏电池和组件，推动太阳能发电成本降低和大规模应用；风能产业专注风力发电机组研发、制造和安装，提高发电效率和可靠性。

（2）节能环保产业为城市提供节能减排和环保方面的技术、产品和服务，包括节能设备制造、环境监测与治理、资源回收利用等。比如节能设备制造企业生产高效节能照明产品、空调设备，帮助企业和居民降低能耗；环境监测与治理企业采用先进的技术和设备，实时监测和有效治理城市环境。

（3）循环经济产业强调资源循环利用和废弃物减量化、资源化，通过建立循环经济产业链，实现企业资源共享和废弃物综合利用。比如工业园区内企业形成共生关系，一家企业的废弃物可能成为另一家企业的原材料，实现资源最大化利用和废弃物最小化排放。

3）从社会生活方式角度界定

低碳城市倡导居民树立低碳生活理念，改变传统高碳生活方式，形成绿色、健康、可持续的社会生活方式。

（1）在日常生活消费方面，居民更注重选用环保、节能产品和服务，如购买节能电器、绿色食品、环保家具，少用一次性用品，减少生活垃圾，如图9-2所示。

图 9-2 一次性餐具

（2）在出行方面，鼓励居民优先选公共交通、自行车和步行。加大对公共交通的投入，优化公交线路和站点，提高服务质量和运营效率；建设完善自行车道和步行道网络，为居民提供一个安全、便捷的出行环境，如有的城市推出公共自行车租赁系统，如图 9-3 所示，以方便居民短距离出行；建立地铁、轻轨等大运量公共交通设施，缓解交通拥堵，减少汽车尾气排放。

图 9-3 共享单车

（3）在居住方面，居民积极参与建筑节能改造和绿色建筑建设。用节能门窗、隔热保温材料改造既有建筑，以提高能源利用效率；新建建筑推广绿色建筑标准，采用可再生能源利用系统、雨水收集利用系统，实现建筑绿色、低碳运行。

4）从城市规划与建设角度界定

低碳城市在城市规划与建设中充分考虑低碳发展理念，把低碳目标融入城市各个层面和环节。

（1）在城市空间布局方面，注重优化城市功能分区，合理布局产业、居住、商业等区域，减少居民通勤距离和交通能耗。比如：建设职住平衡社区，让居民就近工作和生活，降低对私人汽车的依赖。

（2）在城市基础设施建设方面，加大对节能环保基础设施的投入。建设智能电网，实现电力高效传输和分配；推广分布式能源系统，提高能源利用灵活性和可靠性；加强城市污水处理和垃圾处理设施建设，提高废弃物处理能力和资源化利用水平。比如：采用先进污水处理技术，把污水处理后回用于城市绿化、道路冲洗，实现水资源循环利用。

（3）在城市生态建设方面，注重增加城市绿地面积，保护和修复自然生态系统。建设城市公园、湿地公园（图9-4）、森林公园等生态空间，提高城市碳汇能力；加强城市水系保护和治理，改善水环境质量。比如：通过植树造林、绿化美化，增加城市森林覆盖率，吸收大气中的二氧化碳，减缓气候变化影响。

图9-4　城市湿地公园

2. 低碳城市的构成

1）低碳产业体系

（1）新能源产业集群。

新能源产业是低碳城市的重要产业，包含太阳能、风能、水能、生物质能等。太阳能产业方面，城市打造从硅料生产到光伏组件封装的全产业链。在荒漠、滩涂等闲置土地建立大型光伏电站，并网发电后，把清洁电力输送到城市各处，助力城市能源结构优化。

风能产业发展也很快，城市利用丰富的风力资源，建立海上和陆上风电场。海上风电风速稳、不占土地，是未来的发展方向。风电设备制造企业应加大研发，进一步提高风力发电机组的效率和可靠性，并降低成本。配套的运维服务产业也慢慢兴起，以保障风电场稳定运行。

水能产业利用城市周边河流、水库等资源，发展小水电和抽水蓄能电站。小水电给偏远地区供电，抽水蓄能电站能调节电力系统，提高电网的稳定性和可再生能源消纳能力。生物质能产业把农业、林业废弃物和城市有机垃圾变成生物质燃料，用于发电、供热。比如：建立生物质发电厂，用秸秆、木屑发电，既处理了废弃物，又实现了能源可持续利用。

（2）节能环保产业矩阵。

节能环保产业是低碳城市节能减排的重要保障。节能领域，城市有生产高效节能设备的企业，如高效电机、节能灯具、智能控制系统等。这些产品用在工业、建筑、交通等领域，可降低能源消耗。比如：工业用高效电机，能提高生产效率、降低能源成本；建筑用节能灯具和智能控制系统，能减少照明能耗。

环保产业包括大气污染治理、水污染治理、土壤修复等。大气污染治理上，城市加强对工业废气、机动车尾气治理，推广脱硫、脱硝、除尘技术。如燃煤电厂装设高效脱硫脱硝设备，以减少污染物排放，如图 9-5 所示；推广新能源汽车，加强用车尾气检测治理。水污染治理方面，城市加大污水处理厂的建设和改造力度，提高污水处理能力和水质标准。同时，还推广雨水收集利用和中水回用技术，实现水资源循环利用。土壤修复产业则治理和修复受污染土壤，恢复生态功能。

图 9-5　燃煤电厂

（3）循环经济产业网络。

循环经济产业是低碳城市实现资源高效利用和废弃物减量化的重要办法。城市里形成以企业为主体、产业园区为载体的循环经济产业网络。比如：在工业园区内，企业建立共生关系，实现资源循环利用和废弃物综合利用。一家企业的废弃物变成另一家企业的原材料，形成"资源—产品—再生资源"的模式。

城市生活领域加强垃圾分类和回收利用，建立再生资源回收体系。把废纸、废塑料、废金属等回收加工，重新用于生产，可减少对原生资源的依赖。

2）低碳能源供应体系

（1）多元化清洁能源供应。低碳城市努力打造多种清洁能源供应体系，以减少对煤炭、石油等传统能源的依赖。除了前面所说的新能源发电外，城市还积极发展天然气、氢能等清洁能源。天然气是相对清洁的化石能源，在城市燃气、工业燃料等方面用得很多。城市大力建设和改造天然气管道，让天然气供应更充足、更安全。

（2）智能能源管理系统。为了更高效地利用能源，低碳城市建立了智能能源管理系统。该系统借助物联网、大数据、云计算等技术，能实时监测和优化管理能源的生产、传输、分配和消费。在能源生产环节，系统可根据能源需求和供应情况，及时调整新能源发电设备的运行，以提高能源利用效率。

（3）能源储备与应急保障。为了保证能源供应稳定、安全，低碳城市建立了能源储备和应急保障体系。能源储备方面，建设石油、天然气等战略能源储备设施，以提高应对能源供应中断的能力。同时，加强新能源储能技术的研发和应用，如建立电池储能电站、抽水蓄能电站等，以解决新能源发电不稳定的问题。

应急保障方面，制订完善的能源应急预案，建立应急指挥体系和救援队伍。遇到能源供应中断等突发情况，能迅速启动预案，采取有效措施保障城市能源供应。比如：在极端天气下，确保电力、燃气正常供应，以满足居民基本生活需求。

3）低碳交通体系

（1）公共交通优先发展。

低碳城市将公共交通作为城市交通发展的主导方向，加大对公共交通的投入和建设力度。城市轨道交通具有大运量、快速、准点等优点，是公共交通的重要组成部分。城市加快地铁、轻轨等轨道交通线路的建设，扩大轨道交通的覆盖范围，提高轨道交通的服务质量，如图 9-6 所示。

图 9-6　城市轻轨

在地面公共交通方面，优化公交线路和站点布局，增加公交车辆的数量和发车频率，提高公交的便捷性和舒适性。同时，推广新能源公交车，如纯电动公交车、混合动力公交车等，以减少公交车辆的尾气排放。例如，在一些大城市，新能源公交车已经成为公共交通的主力军，有效改善了城市的空气质量。

（2）绿色出行方式推广。

除了公共交通外，低碳城市还积极推广自行车和步行等绿色出行方式。建设完善的自行车道和步行道网络，为居民提供安全、便捷的出行环境。在城市中心区域和大型居住区周边，设置自行车租赁点，方便居民短距离出行。同时，开展绿色出行宣传活动，提高居民的绿色出行意识。

鼓励共享单车、共享汽车等共享出行模式的发展，提高交通工具的利用效率，减少私人汽车的使用。共享出行模式不仅可以降低居民的出行成本，还可减少城市交通拥堵和尾气排放。

（3）智能交通系统建设。

为了提高城市交通的运行效率和管理水平，低碳城市建设智能交通系统。该系统通过传感器、摄像头、通信技术等手段，实时监测交通流量、车速、路况等信息，并根据这些信息进行交通信号控制、交通诱导和交通管理。例如，智能交通系统可以根据实时交通情况，自动调整交通信号灯的时长，优化交通流，减少车辆等待时间和尾气排放。

同时，智能交通系统还可以为驾驶员提供实时的交通信息和导航服务，引导驾驶员选择最佳的出行路线，避开拥堵路段。此外，智能交通系统还可以与公共交通系统、共享出行系统等进行集成，实现不同交通方式之间的无缝衔接，以提高城市交通的整体效率，如图 9-7 所示。

图 9-7　智能导航系统

4）低碳建筑体系

（1）绿色建筑设计标准。低碳城市在建筑领域推行绿色建筑设计标准，从建筑的规划、设计、施工到运营维护的全过程，都充分考虑了节能、环保和可持续发展的要求。绿色建筑设计标准包括建筑的朝向、采光、通风、隔热、保温等方面的要求，以及可再生能源利用、水资源利用、废弃物处理等方面的指标。例如，在建筑朝向设计上，充分利用自然采光和通风，减少了人工照明和空调的使用；在建筑材料选择上，优先选用环保、节能、可再生的建筑材料，如新型保温材料、节能门窗等；在可再生能源利用方面，鼓励在建筑上安装太阳能光伏板、太阳能热水器等设备，实现能源的自给自足，如图 9-8 所示。

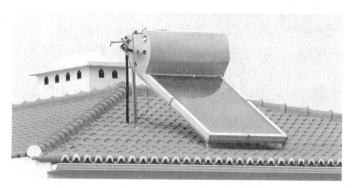

图 9-8　太阳能热水器

（2）既有建筑节能改造。除了新建建筑按照绿色建筑设计标准进行建设外，低碳城市还加大了对既有建筑的节能改造力度。既有建筑节能改造主要包括外墙保温、门窗更换、屋顶隔热、空调系统升级等方面。通过节能改造，可以有效降低既有建筑的能耗，提高建筑的能源利用效率。例如，对外墙进行保温处理，可以减少冬季室内热量的散失和夏季室外热量的传入；更换节能门窗，可以提高门窗的密封性和隔热性能；对空调系统进行升级改造，采用高效节能的空调设备和智能控制系统，以降低空调能耗。

（3）建筑智能化管理。为了提高建筑的能源管理水平和运行效率，低碳城市推广建筑智能化管理系统。该系统通过传感器、控制器、通信技术等手段，实现对建筑内照明、空调、电梯等设备的实时监测和智能控制。例如，根据室内人员数量和活动情况，可自动调节照明亮度和空调温度；根据电梯的使用频率和负载情况，可优化电梯的运行策略，以减少电梯的能耗。同时，建筑智能化管理系统也可以为用户提供能源消费信息和节能建议，引导用户合理使用能源。此外，建筑智能化管理系统还可以与城市的能源管理系统进行集成，实现建筑与城市能源供应的协同优化。

5）低碳生活与文化体系

（1）低碳生活宣传教育。低碳城市通过多种渠道开展低碳生活宣传教育活动，以提高居民的低碳意识和环保意识。利用电视、广播、报纸、网络等媒体，广泛宣传低碳生活的重要性和方法，普及低碳知识和技能。例如，开设低碳生活专栏，介绍节能减排的小窍门、绿色消费的理念等；制作低碳生活公益广告，在公共场所播放，营造低碳生活的社会氛围。在学校、社区、企业等场所开展低碳生活主题教育活动，如举办低碳生活讲座、培训、竞赛等，引导居民积极参与低碳生活实践。例如，在学校开展"低碳校园"创建活动，培养学生的低碳生活习惯；在社区开展"低碳家庭"评选活动，激励居民践行低碳生活方式。

（2）低碳消费模式引导。低碳城市引导居民树立低碳消费理念，改变传统的消费模式。鼓励居民购买环保、节能、可再生的产品和服务，以减少对高能耗、高污染产品的消费。例如，在商场、超市等场所设置低碳产品专柜，推广节能电器、绿色食品、环保家具等低碳产品；开展绿色消费补贴活动，对购买低碳产品的居民给予一定的补贴。同时，加强对消费市场的监管，打击虚假宣传和假冒伪劣低碳产品，保障消费者的合法权益。推动企业开展绿色供应链管理，从原材料采购、生产加工到产品销售的全过程，都遵循低碳、环保的原则，为消费者提供优质的低碳产品和服务。

（3）低碳文化培育与传承。低碳城市注重培育和传承低碳文化，将低碳理念融入到城市的文化建设中。挖掘和弘扬城市的历史文化资源中蕴含的低碳元素，如传统建筑中的节能设计、民间习俗中的环保理念等。通过文化活动、艺术创作等形式，传播低碳文化，增强居民的文化认同感和归属感。例如，举办低碳文化节、环保艺术展览等活动，展示低碳文化的魅力和成果；鼓励艺术家创作以低碳为主题的文艺作品，如歌曲、舞蹈、绘画等，以丰富居民的精神文化生活。同时，加强同国际社会的交流与合作，学习和借鉴国外先进的低碳城市建设经验和文化理念，推动城市低碳文化的创新发展。

9.1.2 低碳城市的内涵

低碳城市的内涵丰富且多元化，经济上追求产业结构低碳转型与绿色增长，发展新能源等低碳产业；社会层面倡导公众践行低碳生活方式，注重社会公平；环境上致力于改善大气、水环境，修复生态系统；技术上以创新驱动，融合智慧管理，实现城市可持续发展。

1. 经济维度：绿色转型与可持续增长

1）产业结构低碳化重构

低碳城市的经济内涵首先体现在产业结构的深度调整与优化上。传统的高能耗、高污染产业，如部分重化工行业，在低碳城市的发展框架下，面临着严峻的转型压力。这些产业需要摒弃粗放式的生产模式，通过技术创新和工艺改进，降低单位产值的能源消耗和碳排放。

例如，钢铁企业可以引入先进的节能设备，如高效余热回收装置，将生产过程中产生的大量余热进行回收和利用，用于发电或供暖，从而减少对外部能源的依赖。

与此同时，新兴的低碳产业成为城市经济发展的新引擎。促进新能源产业蓬勃发展，太阳能、风能、水能、生物质能等领域不断取得技术突破。太阳能光伏产业通过提高电池转换效率、降低生产成本，使太阳能发电在能源结构中的占比逐渐提高。风能产业则致力于研发更大容量、更高可靠性的风力发电机组，进一步拓展海上风电等新兴市场。此外，节能环保产业也迎来了广阔的发展空间，涵盖了节能设备制造、环境监测与治理、资源回收利用等多个细分领域，为城市的节能减排提供了全方位的技术支持和服务。

2）绿色金融助力低碳发展

绿色金融是低碳城市经济发展的重要支撑。金融机构通过创新金融产品和服务，为低碳项目提供资金支持。例如，银行可以推出绿色信贷业务，对符合低碳标准的企业和项目给予优惠贷款利率和更宽松的贷款条件。同时，发展绿色债券市场，鼓励企业和政府发行绿色债券，筹集资金用于新能源开发、节能减排等项目。

此外，碳金融也逐渐成为低碳城市经济的重要组成部分。碳交易市场的建立为企业提供了碳排放权交易的平台，企业可以通过减少碳排放获得额外的经济收益，或者通过购买碳排放权满足自身的排放需求。这不仅激励企业积极采取节能减排措施，还促进了碳资源的优化配置。

3）低碳贸易与国际竞争力提升

在全球经济一体化的大背景下，低碳城市的经济发展离不开国际合作与贸易。低碳城市积极参与国际低碳贸易，出口低碳产品和服务，如新能源设备、节能环保技术等，以提升城市在国际市场上的竞争力。同时，引进国外先进的低碳技术和管理经验，促进城市产业的升级和发展。例如，与国外企业在新能源领域开展合作研发，共同攻克技术难题，以提高我国新能源产业的技术水平。积极参与国际碳交易市场，通过碳交易获取经济收益，同时也激励企业进一步降低碳排放。此外，低碳城市还积极参与国际低碳城市建设的交流与合作，学习借鉴其他城市的成功经验，共同推动全球城市的低碳化发展。

2. 社会维度：公众参与与公平共享

1）低碳生活方式的普及与践行

低碳城市的社会内涵要求居民树立低碳生活理念，并将其转化为日常生活中的实际行动。在出行方面，鼓励居民优先选择公共交通、自行车和步行等绿色出行方式。城市也加大了对公共交通的投入，优化公交线路和站点布局，提高公共交通的服务质量和运营效率。同时，建设完善的自行车道和步行道网络，为居民提供安全、便捷的出行环境。

在消费方面，倡导居民购买环保、节能的产品和服务，减少一次性用品的使用。例如，选择节能电器、绿色食品、环保家具等；自带环保袋购物，拒绝使用一次性塑料袋。在居住方面，居民积极参与建筑节能改造和绿色建筑建设，采用节能门窗、隔热保温材料等，以降低建筑的能源消耗。

2）社会公平与包容性发展

低碳城市建设不仅要关注环境保护和经济发展，还要注重社会公平与包容性发展。确保不同阶层、不同群体的居民都能在低碳城市建设中受益，避免因低碳转型而导致部分群体利益受损。例如，在推广新能源汽车的过程中，要考虑到低收入群体的购买能力和使用需求，通过政策补贴、建设公共充电设施等方式，降低新能源汽车的使用成本，提高其普及率，如图 9-9 所示。

图 9-9　公共充电桩

同时，加强社会教育和培训，提高居民的低碳技能和就业能力，为居民在低碳产业领域提供更多的就业机会。例如，开展新能源技术培训、节能环保技术培训等，帮助居民适应低碳经济发展的需求。此外，还要关注弱势群体的生活保障，确保他们在低碳城市建设中不会陷入困境。

3）社区参与和基层治理创新

社区是城市的基本单元，低碳城市建设需要社区居民的广泛参与和基层治理的创新。社区可以组织开展各种低碳活动，如低碳生活宣传活动、垃圾分类推广活动、节能竞赛等，以提高居民的低碳意识和参与度。同时，鼓励社区居民成立低碳志愿者组织，参与社区的环境保护和节能减排工作。

社区还可以探索建立低碳社区治理模式，通过居民自治、民主协商等方式，解决社区内的低碳发展问题。例如，制定社区低碳公约，规范居民的行为；建立社区低碳基金，用于支持社区的低碳项目和活动。通过社区的积极参与和基层治理创新，形成全社会共同参与低碳城市建设的良好氛围。

3. 环境维度：生态保护与修复

1）大气环境质量改善与污染防控

低碳城市的环境内涵首要目标是改善大气环境质量。通过减少化石能源的消耗和工业废气的排放，降低大气中污染物浓度，特别是减少二氧化硫、氮氧化物、颗粒物等污染物的排放。城市加强对工业企业的环境监管，要求企业安装先进的污染治理设备，确保废气达标排放。

同时，推广清洁能源的使用，减少煤炭等高污染能源的使用量。例如，在城市集中供热中，逐步淘汰燃煤锅炉，采用天然气、生物质能等清洁能源供热。加强对机动车尾气的治理，推广新能源汽车，提高机动车尾气排放标准，以减少机动车尾气对大气环境的污染。此外，还要加强城市绿化建设，增加城市绿地面积，以提高城市的空气自净能力，如图 9-10 所示。

图 9-10 城市绿地

2）水环境治理与水资源可持续利用

水是城市发展的重要资源，低碳城市建设更加注重水环境的治理与保护。加强对城市水系的保护和修复，保持水体的生态功能。加大对污水处理设施的建设和改造力度，提高污水处理能力和水质标准。推广雨水收集利用和中水回用技术，实现水资源的循环利用，如图 9-11所示。

图 9-11 中水洗车

3）生态系统修复与生物多样性保护

低碳城市建设还需注重生态系统的修复和生物多样性的保护。加强对城市周边森林、湿地、草原等生态系统的保护和修复，提高生态系统的碳汇能力。例如，开展植树造林活动，增加城市森林覆盖率；对受损的湿地生态系统进行修复，恢复湿地的生态功能。

同时，保护城市内的生物多样性，为野生动、植物提供适宜的生存环境。建设城市公园、自然保护区等生态空间，为生物提供栖息地和迁徙通道。通过生态系统的修复和生物多样性的保护，提高城市的生态稳定性和抗干扰能力，为居民提供更加优质的生活环境。

9.1.3 低碳城市的具体实践和应用

低碳城市的具体实践和应用涵盖能源、交通、建筑、社区、产业和农业等多个领域，下面进行简单介绍。

1. 能源领域

（1）新能源项目开发。许多城市积极建设太阳能光伏发电、风力发电等新能源项目，提高新能源在能源消费中的比例。例如，我国某城市通过建设太阳能光伏发电项目，为城市提供清洁电力；一些沿海城市则大力发展海上风电，以减少对传统化石能源的依赖。

（2）清洁能源利用。一些城市有效整合、高效利用风、光、地热等清洁能源。例如，天津市滨海新区中新天津生态城，打造"生态宜居"型智慧能源新城，区域供电可靠性、清洁能源利用比例等核心技术指标已达到国际领先水平，系统提升清洁能源消纳率达到100%，电能占终端能源比例超过45%。

（3）能源供应体系优化。加大对天然气、煤层气等清洁能源的勘探和开发力度，提高清洁能源在能源供应体系中的比例。同时，加强能源基础设施建设，提高能源供应保障能力。例如，一些城市建设了天然气分布式能源站，为周边区域提供冷、热、电三联供服务，提高了能源利用效率。

2. 交通领域

（1）公共交通发展。大力发展公共交通，提高公共交通的运力，鼓励市民乘坐公共交通出行。一些城市增加了公交线路和班次，建设了地铁、轻轨等轨道交通系统，提高了公共交通的便捷性和舒适性。

（2）新能源汽车推广。推广新能源汽车，逐步淘汰燃油车，以降低城市交通领域的碳排放。许多城市还出台了新能源汽车补贴政策，建设了大量的充电桩，以方便新能源汽车的使用。例如，上海、北京等城市的新能源汽车保有量不断增加，公共交通领域也大量引入了新能源公交车，如图9-12所示。

图9-12 新能源公交车

（3）绿色交通设施建设。建设自行车道和步行道，如图9-13所示，鼓励居民绿色出行。一些城市还推出了共享单车、共享电动车等出行方式，方便居民短距离出行。

3. 建筑领域

（1）绿色建筑推广。在新建建筑和既有建筑改造中，严格执行节能标准，推广绿色建筑、节能建筑。例如，江苏省常州市武进区作为全国首个"绿色建筑产业集聚示范区"，大力推广绿色建筑，截至 2021 年，新增绿色建筑面积超过 2 500 万平方米，名列全国县区级前茅，年减少碳排放 45 万吨，年节电 6.5 亿度，相当于每年多植树 24 万棵。

图 9-13 城市步道

（2）建筑节能改造。对既有建筑进行节能改造，提高建筑物的保温性能，降低建筑能耗。例如，一些老旧小区进行了外墙保温、门窗更换等节能改造，并且安装了太阳能热水器等新能源设备。

4. 社区领域

（1）低碳社区建设。引导居民参与低碳社区创建，开展垃圾分类、节能宣传等活动。例如，南昌市八月湖街道芳湖苑社区和杨家湾社区，通过组织居民分享绿色生活细节、开展垃圾分类积分奖励活动、成立低碳创建志愿者队伍等方式，增强居民的绿色低碳意识，推动社区低碳发展。

（2）社区能源管理。一些社区建设了分布式能源系统，如太阳能光伏发电系统、地源热泵系统等，为社区居民提供清洁能源。同时，通过智能能源管理系统，对社区的能源消耗进行实时监测和管理，提高能源利用效率。

5. 产业领域

（1）低碳产业发展。引导产业结构调整，发展低碳产业，降低高碳产业比例。鼓励发展新能源、节能环保等新兴产业，淘汰落后产能。例如，一些城市建设了新能源产业园区，吸引了大量的新能源企业入驻，推动了新能源产业的发展。

（2）企业节能减排。加强对企业的节能减排监管，鼓励企业采用先进的节能技术和设备，以降低能源消耗和碳排放。例如，华能大庆热电有限公司对 2 台 350 MW 超临界热电联产机组进行超低改造，污染物排放量大幅降低，成为大庆首家实现碳排放权配额出售的企业。

6. 农业领域

（1）生态循环农业。推进生态循环农业建设，开展农业科技研发。例如，青浦现代农业园区着力开展农业科技研发，在水肥一体化技术、农业废弃物资源化处理与循环利用等多个领域持续推进创新实践；蓝莓小浆果水肥一体化示范基地通过水肥一体化技术，精确控制水分和养分的供应，提高水肥利用效率；农业废弃物处理中心能够处理园区内产生的水稻秸秆、尾菜等农业废弃物，并将处理过程中产生的沼气、沼渣进行资源化利用。

（2）低碳农业技术应用。推广节水滴灌技术、秸秆回收资源化利用等技术。例如，金山廊下低碳农业园区的叮咚农场采用"滴灌水肥一体化"系统，实现了施肥、灌溉自动化；廊下镇开展了秸秆离田资源化利用行动，水稻秸秆用于蘑菇培养料的制作，实现了农业废弃物的资源化再利用。

 案例

智慧城市建设

云泽市曾面临交通拥堵、公共服务效率低、环境监测滞后等问题。为提升城市治理水平与居民生活质量，该市启动智慧城市建设。在交通领域，搭建智能交通系统，利用大数据分析车流量，实时调整信号灯时长，缓解拥堵；推广智能停车系统，车主可通过手机 App 快速找到停车位。公共服务方面，建设"一网通办"平台，市民足不出户就能办理社保、税务等业务。

环境监测上，部署大量传感器，实时收集空气质量、水质等数据，一旦超标立即预警并启动应急措施。同时，推进智慧社区建设，安装智能安防设备，保障居民安全；提供智能垃圾分类指导，提高垃圾分类准确率。经过几年建设，云泽市交通拥堵指数下降，公共服务办理时间大幅缩短，环境质量大大改善。智慧城市建设让云泽市焕发出新的活力，成为城市发展的新标杆。

分析： 云泽市智慧城市建设精准施策成效显著。针对交通、服务、监测等难题，分别搭建智能系统、建设"一网通办"平台、部署传感器等。多举措并行，使交通、服务、环境等多方面得到改善，为城市注入新活力，树立了智慧城市发展的优秀标杆。

9.1.4 实践任务：探索低碳城市

1. 任务背景

在全球应对气候变化、追求可持续发展的背景下，低碳城市成为重要发展方向。但很多学生对低碳城市仅停留在模糊概念，缺乏深入了解。

2. 任务目标

探究低碳城市概念内涵，搜集国内外具体实践案例，分析其应用模式与成效，形成报告。

3. 任务步骤

（1）利用图书馆、网络等资源，查阅资料，明确低碳城市的概念，梳理其核心内涵，如能源利用、交通出行、建筑节能等方面的低碳要求，整理成笔记。

（2）通过新闻报道、学术论文、政府文件等渠道，收集国内外低碳城市建设的具体实践案例。

（3）小组内分享收集的案例，分析不同城市在低碳建设中的侧重点、面临的挑战及应对策略，探讨这些实践对本地城市建设的借鉴意义，形成小组讨论记录。

（4）各小组制作 PPT 或海报，展示对低碳城市概念、内涵的理解以及收集分析的案例。在班级进行汇报，分享实践过程中的收获与思考。

9.2　低碳城市发展概况

低碳城市发展历经萌芽、起步、发展至深化阶段，全球众多城市积极投身建设。当前，不同区域发展有别，欧洲先行且侧重政策与技术引导模式、亚洲发展迅猛、政府主导产业升级。中国在政策、试点、技术及公众参与等方面成果突出。未来，低碳城市将借助技术创新、产业融合及与国际合作，迈向可持续发展。

9.2.1　全球低碳城市发展历程

全球低碳城市发展历经多阶段演进。早期环境危机催生低碳思考，部分城市开启初步探索。随着气候变化越来越受到关注，低碳理念逐步形成并获得政策推动。此后，经各国广泛实践并拓展，各种模式不断创新，使低碳技术得到广泛应用。如今已进入融合发展新阶段，更加注重多领域协同共进，以可持续发展为目标，进一步加强国际合作，共享经验。

1. 低碳理念的萌芽（20 世纪中叶至 20 世纪末）

1）环境危机催生思考

20 世纪中叶，工业文明在带来经济繁荣的同时，也引发了一系列严重的环境问题。伦敦烟雾事件、洛杉矶光化学烟雾事件等，让人们深刻认识到传统高能耗、高污染发展模式的弊端。大气污染导致呼吸道疾病频发，生态系统遭到严重破坏，生物多样性减少。这些环境危机促使城市管理者和学者开始思考如何在城市发展中平衡经济增长与环境保护，低碳理念开始在人们的脑海中萌芽。

2）早期实践的初步尝试

在这一时期，一些具有前瞻性的城市开始进行低碳发展的初步尝试。例如，丹麦的哥本哈根市，为了缓解交通拥堵和减少汽车尾气排放，大力建设自行车道网络，鼓励居民使用自行车出行。同时，在城市规划中注重增加公共绿地和公园，改善城市的生态环境。这些举措虽然规模较小，但为后来的低碳城市建设提供了宝贵的经验。

3）学术研究的推动作用

学术界也开始关注城市发展与碳排放的关系，开展了一系列相关研究。一些学者提出了"生态城市""可持续发展城市"等概念，强调城市应该与自然生态系统和谐共生，实现经济、社会和环境的协调发展。这些学术研究成果为低碳城市理念的形成提供了理论支持，推动了低碳城市理念的传播和发展。

2. 低碳城市发展的起步（20 世纪末至 21 世纪初）

1）低碳城市理念的正式提出

随着全球气候变化问题的日益严峻，20 世纪末至 21 世纪初，低碳城市理念正式提出。1997 年《京都议定书》的签订，标志着国际社会开始共同应对气候变化问题。在此背景下，城市作为碳排放的主要源头，其低碳发展受到了广泛关注。低碳城市理念强调通过减少能源消耗、提高能源利用效率、发展可再生能源等措施，降低城市的碳排放强度，实现城市的可持续发展。

2）国际组织的倡导与推动

国际组织在低碳城市发展中发挥了重要的倡导和推动作用。联合国环境规划署、世界银行等国际组织通过发布报告、举办研讨会等方式，宣传低碳城市理念，推广低碳城市建设的经验和做法。例如，联合国环境规划署发起了"全球绿色新政"倡议，鼓励各国城市采取低碳发展策略，推动经济绿色转型。

3）各国政策的相继出台

为了响应国际社会的号召，许多国家纷纷出台了相关政策，支持低碳城市建设。英国政府在 2003 年发布了《我们能源的未来：创建低碳经济》白皮书，明确提出发展低碳经济的目标，并将低碳城市建设作为重要举措。日本政府制定了《低碳社会行动计划》，提出了建设低碳社会的具体目标和措施。这些政策的出台为低碳城市建设提供了政策保障和资金支持。

3. 低碳城市发展的推进（21 世纪初至 21 世纪 10 年代末）

1）全球范围内的实践拓展

进入 21 世纪初，全球低碳城市建设进入快速发展阶段。越来越多的城市加入到低碳城市建设的行列中，开展了丰富多样的实践探索。例如，欧洲的斯德哥尔摩、阿姆斯特丹等城市，通过大力发展可再生能源、推广绿色建筑、建设智能交通系统等措施，取得了显著的低碳发展成效；亚洲的新加坡、首尔等城市，结合自身实际情况，在城市规划、能源管理、产业升级等方面进行了有益的尝试。

2）不同发展模式的涌现

在实践过程中，不同地区的城市形成了各具特色的低碳城市发展模式。北欧城市注重通过政策引导和技术创新等方式推动低碳发展，政府还出台了一系列严格的环保法规和碳排放标准，鼓励企业和居民采用低碳技术和生活方式。亚洲城市则更加强调政府的主导作用和产业升级，通过大规模的基础设施建设和产业政策引导，推动低碳产业的发展。例如，中国的深圳通过建设新能源产业园区、推广新能源汽车等措施，加快了低碳城市建设的步伐。

3）技术创新与应用推广

技术创新是低碳城市发展的重要驱动力。在这一时期，新能源技术、节能技术、智能交通技术等取得了重大突破，并在低碳城市建设中得到了广泛应用。太阳能光伏、风力发电等可再生能源技术不断成熟，成本逐渐降低，成为城市能源供应的重要组成部分。智能电网、智能建筑等技术的应用，提高了能源利用效率，降低了能源消耗。

4. 低碳城市发展的新阶段（21 世纪 10 年代末至今）

1）多领域融合发展

当前，低碳城市建设正朝着多领域融合的方向发展。低碳城市建设不再仅局限于能源和交通领域，而是与经济、社会、文化等领域深度融合。例如，在城市规划中，更加注重将低碳理念与城市功能布局、土地利用等相结合，打造宜居、宜业的低碳城市环境。在产业发展中，积极推动低碳产业与传统产业的融合发展，培育新的经济增长点。

2）可持续发展目标的引领

联合国 2030 年可持续发展目标的提出，为低碳城市建设提供了新的指引方向。低碳城市建设与可持续发展目标高度契合，成为实现可持续发展目标的重要途径。城市在低碳发展过程中，更加注重经济、社会和环境的协调发展，提高城市的生态承载能力和居民的生活质量。例如，通过建设生态公园、湿地保护区等生态空间，改善城市的生态环境；通过发展低碳产业，创造更多的就业机会和经济增长点。

3）国际合作与经验共享

在全球应对气候变化的大背景下，低碳城市建设已成为国际合作的重要领域。各国城市之间加强了交流与合作，分享低碳城市建设的经验和成果。例如，通过举办国际低碳城市论坛、开展国际合作项目等方式，促进城市之间的相互学习和借鉴。同时，国际组织和跨国企业也积极参与到低碳城市建设中，为城市提供技术支持和资金援助。

9.2.2　低碳城市发展现状

当前低碳城市发展在全球呈积极态势，多区域加速推进。能源方面，清洁能源占比提升；交通方面，绿色出行渐成风尚；建筑方面，节能标准不断提高，产业也向低碳转型。不过，目前仍面临资金短缺、技术瓶颈待突破、政策执行协调不足、公众意识参与度不高等问题，制约其进一步发展。

1. 区域发展格局与特征

1）欧洲：引领潮流，成熟发展

欧洲是全球低碳城市发展的先驱地区，众多城市在低碳建设方面积累了丰富经验且成效显著。以德国弗莱堡为例，它被誉为"欧洲太阳能之城"，大力推广太阳能应用，城市中许多建筑都安装了太阳能板，可再生能源在城市能源结构中的占比极高。同时，弗莱堡注重公共交通和自行车出行系统的建设，完善的公交网络和自行车道鼓励居民减少私家车使用。北欧的斯德哥尔摩通过实施严格的碳排放政策，积极推动工业、建筑和交通等领域的低碳转型，如图 9-14 所示。城市大力发展智能电网，提高能源利用效率，还建设了大量绿色建筑，采用先进的节能技术和材料。这些城市不仅在低碳技术应用上领先，还形成了完善的政策体系和社会参与机制，为全球低碳城市建设提供了重要借鉴。

图 9-14　斯德哥尔摩

2）亚洲：快速崛起，多元探索

近年来亚洲地区的低碳城市建设发展迅猛，呈现出多元化的探索模式。中国的一些城市，如深圳，在新能源产业、绿色交通和建筑节能等方面取得了突出成就。深圳是全球新能源汽车推广应用规模最大的城市之一，公共交通领域基本已实现电动化，同时又大力建设充电桩等基础设施。此外，深圳还积极推动建筑节能改造，提高新建建筑的绿色标准，如图9-15所示。日本在低碳城市建设方面注重技术创新和精细化管理。东京通过智能交通系统优化交通流量，减少拥堵和尾气排放；在建筑领域，推广高效的隔热材料和节能设备，降低建筑能耗。新加坡则凭借其先进的城市规划和科技实力，打造绿色智慧城市。通过建设垂直绿化、推广分布式能源等方式，大大提高了城市的生态承载力和能源自给率。

图9-15　深圳

3）美洲：特色发展，潜力待挖

美洲地区的低碳城市建设各具特色。美国的旧金山注重环保产业的发展和社区参与。城市中涌现出许多环保科技企业，致力于研发和推广低碳技术。同时，旧金山鼓励社区居民积极参与低碳行动，如开展垃圾分类、推广本地有机食品等。巴西的库里蒂巴是公共交通导向发展的典范，该市通过建设高效的快速公交系统，提高了公共交通的吸引力，减少了私人汽车的使用。此外，库里蒂巴还注重城市绿化和垃圾回收利用，将垃圾回收与就业创造相结合，实现了经济、社会和环境的协调发展，如图9-16所示。然而，美洲地区部分城市在低碳城市建设方面仍面临资金短缺、技术瓶颈等难题，潜力有待进一步挖掘。

图9-16　库里蒂巴

4）非洲与大洋洲：起步探索，前景广阔

非洲和大洋洲地区的低碳城市建设尚处于起步阶段，但具有广阔的发展前景。非洲的一些城市开始关注可再生能源的开发和利用，如肯尼亚的内罗毕积极推广太阳能路灯和太阳能家庭供电系统，改善能源供应状况，如图 9-17 所示。大洋洲的澳大利亚部分城市在应对气候变化和低碳城市建设方面采取了一系列措施，如悉尼通过推广绿色建筑和可再生能源降低城市的碳排放强度，如图 9-18 所示。尽管这些地区面临基础设施薄弱、资金和技术支持不足等挑战，但随着国际合作的加强和自身发展需求的增长，低碳城市建设有望取得更大进展。

图 9-17　内罗毕

图 9-18　悉尼

2. 关键领域发展成效

1）能源领域：清洁转型加速

全球低碳城市在能源领域正加速向清洁化转型。越来越多的城市提高了可再生能源在能源结构中的占比，太阳能、风能、水能等清洁能源得到广泛应用。例如，丹麦的首都哥本哈根计划到 2025 年成为全球首个碳中和城市，其通过大规模建设海上风电场和推广分布式太阳能发电，可再生能源发电量已能满足城市大部分的电力需求。同时，城市还加强了能源存储和智能电网建设，提高了能源供应的稳定性和可靠性，如图 9-19 所示。此外，一些城市还在探索氢能、生物质能等新型清洁能源的应用，为能源转型提供了更多选择。

2）交通领域：绿色出行普及

交通领域的低碳化是全球低碳城市建设的重要方面。许多城市通过发展公共交通、推广新能源汽车和鼓励步行、自行车出行等方式，减少交通领域的碳排放。例如，伦敦实施了拥堵收费政策，鼓励居民使用公共交通出行，同时加大了对地铁、公共汽车等公共交通系统的投入，提高了公共交通的服务质量和覆盖范围，如图 9-20 所示。此外，伦敦还积极推广电动汽车，建设了大量的充电桩设施。在自行车出行方面，哥本哈根、阿姆斯特丹等城市建设了完善的自行车道网络，提供了便捷的自行车租赁服务，使自行车成为市民日常出行的重要方式。

图 9-19　哥本哈根

图 9-20　伦敦

3）建筑领域：节能标准提升

建筑领域的节能减排是全球低碳城市建设的重点之一。全球许多城市都提高了新建建筑的节能标准，推广绿色建筑认证体系。例如，新加坡的绿色建筑标志计划要求新建建筑必须达到一定的节能和环保标准，通过采用高效的隔热材料、节能设备和智能控制系统，以降低建筑的能耗，如图 9-21 所示。同时，一些城市还开展了既有建筑的节能改造工作，对老旧建筑的墙体、门窗、供暖制冷系统等进行改造，以提高建筑的能源利用效率。例如，德国的许多城市对历史建筑进行了节能改造，在保留建筑原有风貌的基础上，降低了建筑的能耗。

4）产业领域：低碳转型推进

产业领域的低碳转型是全球低碳城市发展的关键。许多城市通过调整产业结构，发展低碳产业，推动传统产业升级改造，实现经济发展与碳排放脱钩。例如，深圳大力发展新能源、节能环保、新能源汽车等战略性新兴产业，形成了完整的产业链条，成为全球重要的低碳产业基地。同时，深圳还通过政策引导和技术支持，推动传统制造业向绿色化、智能化方向转型。一些资源型城市也在积极探索产业转型之路。例如，美国的匹兹堡曾经是钢铁工业中心，近年来通过发展科技、教育、医疗等服务业，实现了从传统工业城市向现代化低碳城市的转变。

图 9-21　新加坡

3. 面临挑战与问题

1）资金短缺制约发展

低碳城市建设需要大量的资金投入，包括基础设施建设、技术研发、产业升级等方面。然而，许多城市面临着资金短缺的问题，尤其是发展中国家的城市。建设可再生能源发电设施、推广新能源汽车、改造既有建筑等都需要巨额资金，而政府财政资金有限，难以满足全部需求。此外，私人资本对低碳城市建设的投资积极性不高，主要原因是投资回报周期长、风险较大。因此，资金短缺成为制约全球低碳城市发展的重要因素之一。

2）技术瓶颈有待突破

虽然全球在低碳技术领域取得了一定的进展，但仍存在一些技术瓶颈。例如，可再生能源的间歇性和不稳定性问题尚未得到根本解决，需要配套的能源存储和智能电网技术保障能源供应的稳定。在新能源汽车领域，电池续航里程、充电速度和安全性等问题仍然存在，影响了新能源汽车的推广应用。此外，一些低碳技术的成本较高，难以大规模推广，如碳捕集与封存技术等。技术瓶颈制约了低碳城市建设的进一步推进。

3）政策执行与协调不足

政策的制定和执行对于低碳城市建设至关重要。然而，一些城市在政策执行方面存在不足，政策落实不到位，导致低碳城市建设目标难以实现。例如，部分城市虽然出台了鼓励可再生能源发展的政策，但在项目审批、土地供应等方面存在障碍，影响了可再生能源项目的建设进度。此外，低碳城市建设涉及多个部门和领域，需要加强政策协调和合作。但在实际工作中，部门之间存在职责不清、沟通不畅等问题，导致政策执行效果不佳。

4）公众意识与参与度不高

公众的低碳意识和参与度对于低碳城市建设的成功与否至关重要。然而，目前全球许多城市的公众对低碳城市建设的认识不足，缺乏低碳生活的意识和习惯。一些居民仍然习惯于使用高能耗的电器设备、驾驶私家车出行，对垃圾分类、节能减排等低碳行动的积极性不高。此外，公众参与低碳城市建设的渠道有限，缺乏有效的参与机制和平台，导致公众的意见和建议难以得到充分表达和采纳。公众意识与参与度不高影响了低碳城市建设的推进效果。

9.2.3 低碳城市发展趋势

低碳城市发展趋势显著，技术创新将驱动能源变革、智能管理与碳捕集利用和发展；产业融合促使低碳产业集群化，传统产业与低碳技术深度结合，使服务业绿色升级；在社会参与方面，公众低碳意识不断提升、社会组织积极行动、社区成为实践载体；在国际合作方面，则加强技术交流、协同制定标准规则、完善全球治理机制。

1. 技术创新驱动深度低碳转型

1）能源技术革新引领能源变革

随着科技的不断进步，能源领域将迎来一系列重大技术突破，推动低碳城市能源结构进行深度调整。在可再生能源方面，太阳能光伏技术将持续升级，新型高效太阳能电池的研发将提高光电转换效率，降低成本，使太阳能发电更具竞争力。风能技术也将不断创新，更大容量、更高效率的风力发电机组将不断涌现，海上风电将迎来更大规模的开发。此外，储能技术将成为关键支撑，锂离子电池技术不断改进，能量密度和安全性将进一步提升，同时液流电池、固态电池等新型储能技术也将逐步走向商业化应用，可有效地解决可再生能源的间歇性和不稳定性问题，实现能源的稳定供应。氢能技术也将取得重要进展，绿氢制备成本逐渐降低，氢燃料电池在交通、工业等领域的应用将不断扩大，为低碳城市提供清洁、高效的能源解决方案。

2）智能技术赋能城市低碳管理

智能技术将在低碳城市建设中发挥越来越重要的作用。智能电网将实现能源的高效分配和管理，通过实时监测和优化调度，提高能源利用效率，降低能源损耗。智能交通系统将借助大数据、人工智能等技术，实现交通流量的精准预测和优化控制，减少拥堵和尾气排放。例如，通过智能信号灯系统，可根据实时交通状况调整信号灯时长，提高道路通行效率；推广智能网联汽车，实现车辆之间的信息共享和协同驾驶，提升交通安全和能源效率。在建筑领域，智能建筑管理系统将广泛应用，通过传感器和自动控制技术，实现对建筑能耗的实时监测和精准调控，根据室内外环境自动调节照明、空调等设备的运行，以降低建筑能耗。

2. 产业融合推动绿色经济发展

1）低碳产业集群化发展

低碳产业将成为低碳城市经济发展的重要支柱，并呈现出集群化发展的趋势。各地将围绕新能源、节能环保、新能源汽车等低碳产业，打造完整的产业链条，形成产业集群。例如，在新能源产业集群中，涵盖太阳能、风能、水能等可再生能源的开发、设备制造、运维服务等环节；在新能源汽车产业集群中，包括电池研发生产、整车制造、充电桩建设等。产业集群化发展将促进企业之间的合作与创新，降低生产成本，提高产业竞争力，同时带动相关服务业的发展，如金融、物流、科技服务等，形成绿色经济增长极。

2）传统产业与低碳技术深度融合

传统产业将加速与低碳技术的深度融合，实现绿色转型升级。在制造业领域，通过引入智能制造、绿色制造等技术，提高生产效率，降低能源消耗和污染物排放。例如，采用数字化设计、虚拟制造等技术，可优化生产流程，减少原材料浪费；推广绿色供应链管理，要求供应商提供环保、低碳的原材料和零部件。在农业领域，将发展生态农业、智慧农业，利用物联网、大数据等技术实现精准农业，提高农业生产效率，减少化肥、农药的使用，降低农业碳排放。传统产业与低碳技术的融合将催生新的产业形态和商业模式，推动经济的可持续发展。

3）服务业绿色化升级

服务业作为城市经济的重要组成部分，也将加快绿色化升级步伐。旅游、餐饮、住宿等服务行业将推广绿色经营理念，采用节能设备、环保材料，减少一次性用品的使用，降低能源消耗和环境污染。金融服务业将加大对低碳产业的支持力度，发展绿色金融，推出绿色信贷、绿色债券、绿色保险等金融产品和服务，为低碳城市建设提供资金保障。同时，金融科技将与绿色金融相结合，提高绿色金融的效率和精准度。物流服务业将优化运输路线，推广新能源物流车辆，提高物流配送的效率，降低物流环节的碳排放。

3. 社会参与构建多元共治格局

1）公众低碳意识提升与行为转变

随着低碳理念的深入人心，公众的低碳意识将不断提高，并逐渐转变为实际行动。公众将更加注重绿色消费，选择环保、低碳的产品和服务，减少对高能耗、高污染产品的需求。在日常生活中，公众将养成节约能源、绿色出行的习惯，如随手关灯、节约用水以及优先选择公共交通、自行车或步行出行等。此外，公众还将积极参与垃圾分类、植树造林等环保活动，为低碳城市建设贡献自己的力量。公众低碳意识和行为的转变将形成强大的社会推动力，促进低碳城市建设的深入开展。

2）社会组织积极参与低碳行动

社会组织将在低碳城市建设中发挥重要作用。环保组织将加强对低碳城市建设的宣传和倡导，提高公众对气候变化和低碳发展的认识；开展环境监测和评估，为政府决策提供科学依据；组织志愿者活动，推动公众参与低碳行动。行业协会将制定行业低碳标准和规范，引导企业加强低碳技术研发和应用，推动行业绿色发展。科研机构将加大对低碳技术的研究和创新力度，为低碳城市建设提供技术支持。社会组织的积极参与将形成政府、企业、公众之间的桥梁和纽带，促进低碳城市建设的多元共治。

3）社区成为低碳生活实践载体

社区将成为低碳生活的重要实践载体。各地将建设低碳社区，通过完善社区基础设施，推广节能设备、可再生能源利用等，降低社区的能源消耗和碳排放。例如，建设太阳能路灯、垃圾分类处理设施、雨水收集系统等。同时，社区将开展丰富多彩的低碳活动，如低碳知识讲座、环保手工制作、绿色出行挑战等，以增强居民的低碳意识和参与度。社区还将建立低碳管理机制，鼓励居民参与社区低碳规划和决策，共同打造绿色、宜居的低碳社区。

案例

> **某低碳发展小城市试点建设情况**
>
> 　　青阳县作为低碳发展试点城市，积极响应国家"双碳"目标倡议，大力推进低碳城市建设。在能源领域，青阳县大力推广太阳能、风能等清洁能源。众多工厂和居民楼顶都安装了太阳能板，为生产生活提供绿色电力；多个风力发电场拔地而起，源源不断地输送清洁能源。
>
> 　　交通方面，城市大力发展公共交通，增加新能源公交车和地铁线路，鼓励市民绿色出行。同时，建设完善的自行车道网络，投放大量共享单车，方便市民短途出行。建筑领域，严格执行绿色建筑标准，新建建筑均采用节能材料和设计，以提高能源利用效率；对老旧建筑进行节能改造，如加装保温层、更换节能门窗等。
>
> 　　经过多年努力，青阳县碳排放强度显著下降，空气质量明显改善，绿色产业蓬勃发展。市民的低碳意识也大幅提高，形成了全社会共同参与低碳发展的良好氛围，为其他城市提供了可资借鉴的低碳发展模式。
>
> 　　**分析：** 青阳县积极响应"双碳"目标倡议，从能源、交通、建筑多维度推进低碳城市建设。推广清洁能源、发展绿色交通、落实绿色建筑标准等举措成效显著，碳排放下降，空气质量明显改善，产业与市民意识同步提升，为其他城市提供了优质范例。

9.2.4　实践任务：探寻低碳城市发展脉络与未来走向

1. 任务背景

在全球积极应对气候变化、追求可持续发展的当下，低碳城市建设已成为城市转型的关键。但学生们对全球低碳城市发展尚缺乏系统认知，此次实践旨在让大家全面了解其发展历程、现状与趋势。

2. 任务目标

（1）深入了解全球低碳城市从起始到当下的完整发展脉络。

（2）全面剖析当前低碳城市在能源、交通、建筑等多领域的发展现状。

3. 任务步骤

（1）借助网络学术数据库、专业书籍、纪录片等，查找全球低碳城市从萌芽到发展不同阶段的关键事件、标志性政策或项目。

（2）分组收集不同地区典型低碳城市的发展现状资料。

（3）关注国际气候峰会、专业论坛等发布的前沿观点和研究成果，撰写趋势分析报告。

（4）各小组将发展历程表、现状对比图表和趋势分析报告整合，制作成展示文档，在班级进行汇报。

9.3　我国城市低碳化的路径与对策

我国城市低碳化路径与对策涵盖多个方面。在能源上，开发可再生能源、建立智能电网；在交通方面，发展公共交通、推广新能源车辆；在建筑领域，提高新建与既有建筑节能标准；产业上，培育低碳产业、改造传统产业。同时完善政策法规，加强财政金融支持，开展宣传教育，鼓励公众参与低碳行动。

9.3.1　我国城市低碳化的路径

我国城市低碳化路径多元且协同。在能源端，可加大可再生能源开发和利用，推进能源存储与智能电网建设；在交通上，大力发展公共交通、推广新能源汽车；在建筑领域提升新建建筑节能标准、推进既有建筑改造；产业层面培育低碳产业，推动传统产业低碳转型，全方位推动城市向低碳方向迈进。

1. 能源结构优化路径

1）可再生能源大规模开发与利用

我国城市应充分挖掘本地可再生能源潜力，依据不同地区的资源禀赋进行有针对性开发。在太阳能资源丰富的西北、华北等地区，大规模建设太阳能光伏电站，同时积极推广分布式太阳能发电系统，鼓励居民住宅、商业建筑和工业厂房安装太阳能板，实现自发自用、余电上网。对于风能资源较好的沿海城市和内陆风场区域，应加快风电场建设步伐，提高风电装机容量。此外，合理开发利用水能资源，在具备条件的地区建设小型水电站，并注重生态保护，确保水资源的可持续利用。在生物质能方面，积极探索生物质发电、生物质燃气等多元化利用途径，将城市垃圾、农业废弃物等转化为清洁能源，实现资源的循环利用。

2）能源存储与智能电网协同发展

由于可再生能源具有间歇性和不稳定性，能源存储技术的研发与应用至关重要。我国城市应加大对电池储能、抽水蓄能、压缩空气储能等多种储能技术的投入，建设储能电站，提高能源的存储和调节能力。同时，推进智能电网建设，利用先进的信息技术和通信技术，实现电网的智能化管理和优化调度。通过安装智能电表、分布式能源管理系统等设备，实时监测和控制能源的生产、传输和消费，提高能源利用效率，降低能源损耗。智能电网还能更好地接纳可再生能源，实现能源的高效分配和平衡。

3）能源梯级利用与综合能源服务推广

在城市工业园区和大型公共建筑中，推广能源梯级利用技术，根据不同用户的能源需求，将能源按照品位高低进行合理分配和利用。例如，在工业生产中，将高温蒸汽用于发电，中温蒸汽用于供热，低温余热用于制冷或生活热水供应，以提高能源的综合利用效率。此外，鼓励发展综合能源服务，整合能源供应、能源管理、节能改造等多种服务，为用户提供一站式的能源解决方案。综合能源服务提供商可以根据用户的实际情况，制订个性化的能源管理方案，优化能源配置，降低用户的能源成本，促进城市的低碳化发展。

2. 交通领域低碳化路径

1）公共交通优先发展战略

优先发展公共交通是城市交通低碳化的核心举措。我国城市应加大对公共交通的投入，完善公交、地铁、轻轨等公共交通网络，提高公共交通的覆盖范围和服务质量。增加公交线路和班次，优化公交线路布局，缩短乘客的出行时间。加快地铁和轻轨等轨道交通建设，提高轨道交通的运力和运行效率，形成以轨道交通为骨干、常规公交为主体的公共交通体系。同时，加强公共交通与其他交通方式的衔接，建设综合交通枢纽，实现不同交通方式之间的无缝换乘，提高公共交通的吸引力和竞争力。

2）新能源汽车全面推广

新能源汽车是交通领域低碳化的重要方向。我国城市应出台一系列优惠政策，鼓励新能源汽车的购买和使用。给予新能源汽车购车补贴、税收减免、免费停车等优惠措施，降低消费者的购车成本和使用成本。加快充电桩、换电站等基础设施建设，提高新能源汽车的充电便利性。在城市中合理布局充电桩，在公共停车场、居民小区、商业中心等场所建设充电设施，形成覆盖广泛的充电网络。此外，鼓励企业开展新能源汽车的研发和生产，不断提高新能源汽车的性能和质量，推动新能源汽车在出租车、网约车、物流车等领域的广泛应用，逐步替代传统燃油汽车。

3）绿色出行方式倡导与支持

步行和自行车出行是最环保、最健康的出行方式。我国城市应加强步行和自行车道路建设，完善步行和自行车出行设施。建设连续、安全、舒适的步行道和自行车道，设置隔离设施，保障行人和自行车的通行安全。在交通枢纽、商业中心、学校、医院等人员密集场所建设自行车停车设施，方便市民停放自行车。同时，开展绿色出行宣传活动，提高市民对步行和自行车出行的认识和积极性，鼓励市民选择绿色出行方式。政府还可以通过举办绿色出行挑战赛、发放绿色出行积分等方式，激励市民参与绿色出行。

3. 建筑领域低碳化路径

1）新建建筑节能标准提升与监管

严格执行新建建筑节能标准是降低建筑能耗的关键。我国应不断提高新建建筑的节能标准，制定更加严格的建筑节能设计规范，对建筑的围护结构、采暖通风与空气调节、给排水与电气系统等方面提出更高的节能要求。加强对新建建筑节能设计的审查和监管，确保建筑在设计阶段就符合节能标准。同时，推广绿色建筑认证体系，鼓励开发商建设绿色建筑。对获得绿色建筑认证的项目给予政策支持和奖励，如容积率奖励、财政补贴等，以提高开发商建设绿色建筑的积极性。

2）既有建筑节能改造推进

我国既有建筑数量庞大，能耗较高，推进既有建筑节能改造是降低建筑能耗的重要举措。城市应制订既有建筑节能改造计划，明确改造目标和任务。对老旧建筑的墙体、门窗、屋面等围护结构进行保温隔热改造，提高建筑的保温性能。更换老旧的采暖通风与空气调节设备，采用高效节能的设备和技术。同时，安装建筑能耗监测系统，实时监测建筑的能耗情况，为节能改造提供数据支持。政府还可以通过财政补贴、贷款贴息等方式，鼓励业主和物业单位开展既有建筑节能改造。

3）绿色建筑技术与材料应用推广

加大对绿色建筑技术和材料的研发和推广力度，提高建筑的绿色化水平。推广太阳能热水系统、地源热泵系统、空气源热泵系统等可再生能源利用技术，在建筑中实现能源的自给自足。采用新型保温材料、节能门窗、智能控制系统等绿色建筑材料和设备，提高建筑的节能性能和舒适度。同时，鼓励建筑企业开展绿色建筑技术研发和创新，推动绿色建筑技术的进步和应用。政府可以设立绿色建筑技术研发专项资金，支持企业开展相关研究。

4. 产业领域低碳化路径

1）低碳产业培育与发展

我国城市应加大对低碳产业的扶持力度，培育和发展新能源、节能环保、新能源汽车、高端装备制造等战略性新兴产业。制订产业发展规划，明确产业发展方向和重点领域。建设低碳产业园区，为低碳企业提供良好的发展环境和配套服务，如土地供应、基础设施建设、人才引进等。加强对低碳产业的政策支持，给予税收优惠、财政补贴、贷款贴息等方面的倾斜。同时，加强产学研合作，推动低碳产业的技术创新和成果转化，提高低碳产业的核心竞争力。

2）传统产业低碳化改造升级

传统产业是我国城市经济的重要组成部分，推动传统产业低碳化改造是实现城市低碳化的关键。鼓励传统产业企业采用先进的节能技术和设备，提高能源利用效率，降低能源消耗。加强对传统产业企业的环境监管，推动企业开展清洁生产，减少污染物排放。引导传统产业企业向高端化、智能化、绿色化方向发展，提高产品的附加值和市场竞争力。例如，钢铁、水泥等行业可以通过技术改造，实现余热余压回收利用、废渣综合利用等，以降低能源消耗和环境污染。

3）产业园区循环化发展推进

产业园区是产业集聚发展的重要载体，加强产业园区循环化发展可以提高资源利用效率，降低碳排放。推动产业园区内企业之间的物质循环和能量梯级利用，建立产业共生体系。例如，一家企业的废弃物可以作为另一家企业的原材料，实现资源的循环利用。建设产业园区公共服务平台，为企业提供技术研发、检测认证、物流配送等服务，提高产业园区的整体运营效率。同时，还应加强对产业园区的环境管理，建设污水处理设施、垃圾处理设施等，实现产业园区的绿色发展。政府可以出台产业园区循环化发展评价指标体系，对产业园区进行考核和评价，引导产业园区向能源循环化方向发展。

9.3.2　我国城市低碳化的对策

我国城市低碳化需多管齐下。能源上要加大可再生能源开发，完善储能与智能电网；交通领域应优先发展公交、推广新能源汽车、鼓励绿色出行；建筑方面要提高新建与既有建筑节能标准，推广绿色建材技术；产业上培育低碳产业、改造传统产业，推动园区循环发展，同时强化政策引导与公众参与。

1. 强化政策引导与制度保障

1）完善低碳政策法规体系

政府应加快制定和完善与城市低碳化相关的法律法规，为低碳发展提供坚实的法律支撑。出台专门的低碳城市发展条例，明确城市低碳发展的目标、任务和责任主体，规范各类主体的行为。完善能源、交通、建筑、产业等领域的节能减排法规，加强对碳排放的监管和约束。例如，制定严格的建筑节能标准，对不符合节能要求的建筑项目不予审批；加强对工业企业碳排放的监测和执法，对超标排放的企业进行严厉处罚。

2）建立健全碳排放管理机制

建立科学、合理的碳排放统计、监测、报告和核查体系，准确掌握城市碳排放的来源、数量和变化趋势。制定碳排放总量控制和配额分配制度，将碳排放指标分解到各地区、各行业和企业，实行碳排放权交易。通过市场机制，激励企业采取节能减排措施，降低碳排放成本。同时，加强对碳排放权交易市场的监管，确保市场的公平、公正、公开运行。

3）加强政策激励与约束

运用财政、税收、价格等经济手段，引导并激励企业和居民参与城市低碳化建设。对采用低碳技术、生产低碳产品、开展节能减排的企业给予财政补贴、税收优惠和贷款贴息等支持。例如，对购买新能源汽车的消费者给予购车补贴，对建设分布式太阳能发电项目的企业给予税收减免。同时，对高能耗、高排放的企业和产品征收碳税、环境税等，提高其生产成本，促使其向低碳化转型升级。

2. 推动科技创新与成果转化

1）加大低碳技术研发投入

政府和企业应加大对低碳技术研发的资金投入，设立低碳技术研发专项基金，支持高校、科研机构和企业开展低碳技术研发。重点研发可再生能源利用技术、能源存储技术、节能技术、碳捕获与封存技术等关键技术。例如，加大对高效太阳能电池、大容量储能电池（图 9-22）、智能电网技术等的研发力度，以提高能源利用效率和可再生能源的消纳能力。

图 9-22　大容量储能电池

2）促进产学研用深度融合

建立产学研用合作机制，加强高校、科研机构与企业之间的合作与交流。高校和科研机构应根据市场需求和企业实际，开展有针对性的低碳技术研发，并将科研成果及时转化为实际生产力。企业应积极参与产学研合作，提供研发资金和实践平台，加快低碳技术的推广和应用。例如，建立低碳技术研发联盟，共同开展技术攻关和项目示范，推动低碳技术的产业化发展。

3）加强国际科技合作与交流

积极参与国际低碳科技合作与交流，引进国外先进的低碳技术和管理经验。加强与国际组织、科研机构和企业的合作，共同开展低碳技术研发和项目示范。例如，参与国际能源署（IEA）的低碳技术研发项目，学习国外在可再生能源利用、能源效率提升等方面的先进技术和管理模式。同时，鼓励国内企业"走出去"，在海外开展低碳技术合作和投资，提升我国低碳技术的国际影响力和竞争力。

3. 加强基础设施建设与改造

1）完善能源基础设施建设

加快能源基础设施建设，提高能源供应的可靠性和稳定性。加大对可再生能源发电设施的建设力度，提高可再生能源在能源结构中的比例。加强电网建设和改造，提高电网的智能化水平和输电能力，确保可再生能源的消纳和输送。同时，建设能源存储设施，如储能电站、抽水蓄能电站等，解决可再生能源的间歇性和不稳定性问题。

2）推进交通基础设施建设

加强交通基础设施建设，优化交通网络布局。加大对公共交通设施的投入，建设更多的地铁、轻轨、快速公交等轨道交通线路，提高公共交通的覆盖范围和服务质量。完善自行车道和步行道网络，建设自行车停车设施和步行休闲设施，鼓励绿色出行。同时，加快充电桩、换电站等新能源汽车配套设施建设，为新能源汽车的推广和应用提供保障。

3）实施建筑节能改造工程

对既有建筑进行节能改造，提高建筑的保温隔热性能和能源利用效率。制订建筑节能改造计划，明确改造目标和任务。采用外墙保温、门窗更换、屋面隔热等技术措施，对老旧建筑进行节能改造。同时，安装建筑能耗监测系统，实时监测建筑的能耗情况，为节能改造提供数据支持。对新建建筑严格执行节能标准，推广绿色建筑技术和材料，建设对环境友好的绿色建筑。

4. 加强宣传教育与公众参与

1）开展低碳宣传教育活动

通过多种渠道开展低碳宣传教育活动，提高公众对低碳发展的认识和理解。利用电视、报纸、网络等媒体，宣传低碳理念、低碳知识和低碳生活方式。开展以低碳为主题的公益广告、科普讲座、展览展示等活动，吸引公众的参与和关注。在学校、社区、企业等场所开展低碳宣传教育活动，培养公众的低碳意识和责任感。例如，在学校开设低碳课程，组织学生开展低碳实践活动；在社区举办低碳生活讲座，向居民宣传节能减排知识。

2）加强低碳教育培训

将低碳教育纳入国民教育体系，在学校开设低碳相关课程，培养学生的低碳意识和环保素养。加强对企业员工的低碳培训，提高企业的低碳管理水平和员工的低碳操作技能。开展针对政府工作人员的低碳培训，提高政府部门的低碳决策能力和管理水平。通过加强低碳教育培训，提高全社会的低碳素质和能力。例如，组织企业员工参加节能减排技术培训，提高企业的能源利用效率；对政府工作人员进行低碳政策法规培训，提高其依法行政能力。

3）鼓励公众参与低碳行动

建立公众参与低碳行动的机制和平台，鼓励公众积极参与低碳城市建设。开展低碳社区、低碳家庭、低碳学校等创建活动，引导公众在日常生活中践行低碳生活，如节约能源、绿色出行、垃圾分类等。建立公众监督机制，鼓励公众对企业的碳排放和环境污染行为进行监督和举报。通过公众的广泛参与，形成全社会共同推进城市低碳化的良好氛围。例如，设立低碳举报热线，对公众举报的环境违法行为进行及时查处；对表现优秀的低碳社区、低碳家庭和低碳学校进行表彰和奖励。

案例

> **全联环境服务业商会绿色低碳发展案例**
>
> 全联环境服务业商会在推动行业绿色低碳发展上成果斐然。某会员企业——绿源环保科技公司，在商会的引导与支持下，积极探索绿色低碳发展路径。
>
> 该公司承接的某城市垃圾处理项目，摒弃传统高能耗处理方式，引入先进的生物质能发电技术。将生活垃圾进行分类预处理后，通过厌氧发酵产生沼气，再利用沼气发电，实现了垃圾处理的减量化、无害化和资源化。项目运行后，不仅大幅减少了垃圾填埋产生的温室气体排放，每年还可发电数千万度，为周边区域提供清洁能源。
>
> 此外，绿源环保科技公司还注重自身运营的绿色化，采用智能化管理系统优化生产流程，降低能源消耗。在全联环境服务业商会的推动下，该公司成为行业绿色低碳发展的典范，带动更多企业加入到绿色低碳转型的队伍中，共同为环保产业的可持续发展贡献自己的力量。
>
> **分析：**全联环境服务业商会作用凸显，助力绿源环保科技公司探索绿色低碳路径。该公司垃圾处理项目创新采用生物质能发电技术，实现减量化、无害化与资源化，既可减少排放又可提供清洁能源，且自身运营绿色化，成为行业典范，有力推动了环保产业的可持续发展。

9.3.3 实践任务：探寻低碳城市发展脉络与未来走向

1. 任务背景

全球气候变暖问题严峻，我国积极推进城市低碳化发展。但学生们对我国城市低碳化路径和对策了解有限，通过本实践任务，能使学生加深对城市低碳发展的认识，培养他们分析问题与解决问题的能力。

2. 任务目标

（1）了解我国城市实现低碳化的常见路径。

（2）针对城市低碳化问题提出合理对策。

3. 任务步骤

（1）借助网络搜索、图书馆书籍查阅，收集我国不同城市低碳化案例。

（2）小组讨论，结合收集的案例和日常观察，分析我国城市在推进低碳化过程中可能遇到的问题。

（3）各小组将收集的案例制作成 PPT，选派代表在班级进行汇报，分享小组的研究成果。

第 10 章

低碳生活与实践

 内容指南

在环境问题日益严峻的当下，低碳生活不再是一句空洞的口号，而是每个人触手可及的行动指南。它渗透在人们日常的衣食住行中，从随手关灯到绿色出行，从减少一次性用品使用到垃圾分类投放。本章将带你走进低碳生活的多元化场景，探寻那些切实可行的实践方法，一同奏响绿色生活的新乐章，为地球家园增添一抹生机。

知识重点

- 了解低碳生活的概念与内涵。
- 了解低碳生活的实际案例分析。
- 了解低碳生活对环境的影响。
- 了解低碳生活的推广。

10.1 低碳生活的概念与内涵

低碳生活是以降低能源消耗、减少二氧化碳等温室气体排放为核心，从节电、节气、回收等细节入手的生活方式。它内涵丰富，对于环保可缓解气候变暖、保护资源；对于经济能降低生活成本、推动绿色产业发展；对于健康可改善空气质量、倡导健康生活；对于社会能增强责任感、促进和谐共生。

10.1.1 低碳生活的概念

低碳生活聚焦于日常作息中竭力削减能量耗用，降低碳排放，以此减轻大气污染、延缓生态恶化进程，其本质是低能量、低消耗、低开支的生活模式。它不仅是具体生活方式，更是生活理念与可持续发展的环保责任。社会应全方位推进低碳生活，从理念树立到习惯养成，从氛围营造到产业、能源、消费模式变革，共筑低碳家园，如图 10-1 所示。

1. 低碳生活提出的背景

随着世界工业的发展、人口的猛增、人们欲望的不断膨胀以及生产生活方式无节制的扩张，再加上生产规模逐渐扩大，许多自然资源被过度开发和利用，使生态环境越来越差，世界气候面临严峻挑战。

图 10-1 低碳生活

工业革命后，人们燃烧化石燃料（图 10-2）、砍伐焚烧森林，排放的二氧化碳等温室气体大幅增多。这些气体能吸收地面辐射的红外线，产生"温室效应"，导致全球变暖。近 100 年人类排放的温室气体，相当于 100 年前所有人为活动排放的总和。全球变暖会使地球降水量重新分配，冰川和冻土融化，海平面上升，破坏了自然生态平衡，还威胁着人类的生存环境和健康。以牺牲环境换来的经济增长，也因为气候变化大打折扣。这些问题让国际社会越来越重视环保，"温室效应""全球变暖"成了世界关注的焦点，大家都很担心温室气体排放带来的环境问题。

图 10-2 煤炭燃烧

现在科学界普遍认为，如果不把气温上升幅度控制在 2 ℃以内，人类对气候系统的破坏就无法挽回，气候变化带来的负面影响也会越来越严重。所以，控制温室气体排放、减缓全球变暖成为大家关注的焦点，"碳足迹""低碳经济"这些新概念、新政策就出现了。低碳概念几乎得到了全球认可，从国家层面慢慢渗透到人们的日常生活。

低碳生活是低碳经济的重要组成部分，能减缓全球变暖和环境恶化。随着低碳经济理念的深入人心，减少碳排放、倡导和践行低碳生活成了全人类的行动指南。低碳生活的提出是为了应对可持续发展问题，反映了人们对气候变化的担忧，大家对这个问题达成的共识趋于一致。不过，"低碳生活"也给人类带来了新的挑战，我们没有现成的经验、理论和模式，只能创新生活模式，保护地球家园、造福人类未来。

社会发展让人类从工业文明时代向生态文明时代转变，倡导低碳经济、建设生态文明成了这个时代的主旋律。在我国，"低碳生活"是生态文明的前提和基础。中国传统文化中的生态和谐观，为"低碳生活"提供了哲学基础和思想源泉。党的十七大报告指出要建设生态文明，形成节约能源资源和保护生态环境的产业结构、增长方式和消费模式，还要在全社会牢固树立生态文明观。这是我党正式提出生态文明概念，把生态环境的重要性提升到了"文明"的高度。"低碳生活"是生态文明的基础，生态文明是"低碳生活"的目标。

2. 低碳生活的主要理念

人类慢慢发现，生产和消费时产生太多碳排放，是气候变暖的关键原因之一。所以，要减少碳排放，就要优化和约束一些消费、生产活动。虽然有些学者对气候变化原因看法不同，但"低碳生活"理念符合人类"提前准备"的谨慎态度，也满足了大家对美好生活的向往，所以被世界各国广泛接受。该理念的主要内涵可归纳为以下几个方面。

（1）可持续发展理念。1980 年 3 月，联合国大会首次提到"可持续发展"。1987 年，世界环境与发展委员会发布报告，提出可持续发展战略，就是既要满足当代人的需求，又不能影响后代人满足需求的能力。可持续发展包括资源、经济、社会 3 个方面，其核心是在控制人口、保护环境、节约资源的前提下发展，不但追求近期和长远利益协调，还要全面变革。

（2）资源节约理念。资源节约就是在社会生产、建设等各方面，用法律、经济、行政等办法保护和合理利用资源，提高利用效率，用更少的消耗获得最大效益。合理开发和利用资源是人类的共识。在低碳生活中，要贯彻资源节约理念，并形成观念、主体、制度、体制、机制和体系。比如资源节约观念就是节省、不浪费；主体是政府、企业等；制度、体制、机制有其各自的内容和运作方式；体系分为战略资源节约型和产业节约型两类。

（3）环境友好理念。环境友好型社会是人与自然和谐相处的社会形态，核心是人类生产消费和自然生态系统协调发展。现在，环境友好要求社会经济活动对环境的破坏最小，并控制在生态系统能承受的范围，形成良性循环。低碳生活的环境友好理念涉及生产消费方式、技术工艺、开发建设活动等，包括环境友好型材料、经营、公益协会、标签等，如可降解的环境友好型材料、可改善环境的环境友好型经营。

（4）公开、公平、公正的理念。"公开"是要求政府透明、廉洁，保障公众的知情权。"公平"是针对行政相对人，保证法律面前人人平等、机会均等，没有歧视。"公正"是要求行政机关维护正义，不徇私。这三者相互关联，形成一个整体。在低碳生活中，"公开"强调公民对低碳资源和信息的知情与参与；"公平"保证资源分配平等，强调实质正义；"公正"维护正义，强调形式和程序正义。

（5）创新性理念。创新是用新思维、新发明和新描述来创造概念的过程，体现了人类的认识和实践能力，是推动民族进步和社会发展的动力。在低碳生活中，创新包括产品、营销、管理、商业模式和政策制度等方面。比如：产品创新是采用新技术、新工艺实现商业价值；营销创新是针对市场定位开展活动；商业模式创新是改变要素提升业绩；管理创新是提高效率；政策制度创新是完善体系支持低碳生活。

（6）实用性理念。实用性就是生产活动要有实际价值，发明、技术、成果等要能制造或使用，还能产生良好效果。现在，人们越来越重视实用性。低碳生活倡导简单实用、反对浪费，强调要有实际使用价值，能很好地应用到生活中。这包括实用的低碳生活知识和技能，也倡导从日常生活小事做起，践行低碳生活方式。

3. 低碳生活的框架结构

（1）树立低碳生活理念。人类生活必然消耗能源，能源消耗越多，二氧化碳等排放量越大，地球变暖越快，使环境恶化，威胁着人与自然和谐共生，进而危及人类生存。在低碳生活中，应以理性态度看待能源消耗，倡导并鼓励自觉减耗，转变过度耗能的"高碳"生活。从细节着手，践行"低碳"生活，摒弃粗放模式，明确减碳行动，树立节约资源能源意识，改变传统习惯。

（2）养成低碳生活习惯。在健康生活蔚然成风的当下，"低碳生活"已非理想，而是"爱护地球，从我做起"的现实方式。不仅政府、企业需要制定有效对策，而且每个普通人也应发挥个人的重要作用。要从身边小事做起，减少个人碳足迹，培养低碳生活方式，这既是社会潮流，也是个人社会责任的彰显。每个人都应确立低碳准则，养成低碳习惯，如拒用塑料袋、巧用废旧品、践行无纸化办公等。

（3）营造低碳生活氛围。低碳生活不仅依赖市民自觉，更需要政府及相关部门营造低碳环境。例如，建设低碳小区、扶持垃圾回收利用等"静脉"产业，对践行低碳生活的市民给予奖励，这些举措对培养人们良好低碳习惯有"四两拨千斤"的效果。目前，部分城市通过制定绿色标准、印发低碳手册等方式，有效引导市民生活方式与消费习惯。可见，政府积极推动低碳生活和工作已有效开展。

（4）践行低碳消费模式。低碳生活消费模式明确了消费者应如何消费，以及如何利用消费资料满足生存、发展与享受需求。该模式涵盖：①低排消费，即生活过程中尽量降低温室气体排放；②经济消费，注重节约资源能源，实现最小或最经济消耗；③安全消费，确保所消费物质对环境影响小、对他人健康危害低；④可持续消费，维持资源、生产与生活的长期稳定发展。

（5）打造低碳生活家园。低碳生活在家居领域，需注重节约能源资源、减少有害物质排放。低碳家园建设以节能为核心，但这并非要牺牲居住舒适度，也并非要关掉空调或采暖设备。而是通过合理设计、科学使用资源能源等方式，让家园建设对人类生存环境影响最小，甚至在改善环境的前提下，为人们营造更加身心舒适的居住空间，实现人与环境的和谐共生。

（6）构建低碳产业体系。以节能增效为目标，推进传统产业提质升级，重点对冶金、化工等高耗能高污染领域进行改造，推广清洁生产、资源循环利用等技术。加快培育电子信息、生物医药等高新技术与战略性新兴产业。推动农业向生态化转型，发展涉农服务产业。依托信息技术振兴现代服务业，构建城市群服务体系。

（7）形成绿色能源结构。改善能源结构需构建安全可靠、清洁高效的绿色能源体系与消费结构，降低煤炭消费比例，提升水力能源综合利用率，提高天然气在能源消耗中的占比，加速太阳能、光伏、风能等新能源的开发和利用。同时，创新新能源与可再生资源发展政策，建立专项投入机制，完善涵盖科研、技术转化与应用服务的全链条体系，通过多维度能源结构优化，推动能源生产与消费向低碳化、清洁化转型，为可持续发展提供能源支撑。

10.1.2 低碳生活的内涵

对每个人而言，生活方式可以勾勒出自己的"碳足迹"。低碳生活（Low-carbon Life）指生活作息中尽量减少能量耗用，降低碳排放，减轻大气污染与生态恶化，是一种低能量、低消耗、低开支的生活模式，其内涵如下。

（1）"低碳"是一种生活习惯，是自觉节约资源的习惯。人们主动约束自我、改善习惯，即可践行。"低碳"并非刻意节俭、放弃生活享受，点滴节约、避免浪费同样能过上舒适的"低碳生活"。简单来说，"低碳生活"是返璞归真的人与自然相处之道，核心是低污染、低消耗、低排放。

（2）低碳生活契合时代潮流，是全新的生活质量观。它基于文明、科学、健康的生态化消费，提倡低能量、低消耗、低开支，不仅成本低，而且更健康、天然，利于人们均衡物质、精神与生态消费，使消费行为与结构更理性、科学、合理，从而减少二氧化碳排放。

（3）低碳生活既是生活方式，也是生活理念，更是环保责任。它是可持续发展问题的深化，反映了人类因气候变化对未来的忧虑，认识到过量碳排放源于生产消费过程，需优化约束相关活动。作为可持续绿色生活方式，它是协调发展与保护环境的重要途径，不同于消费不足或过度，而是健康、平实、理性、收敛的消费方式，既享受现代文明成果，又为人类发展储蓄空间与资源。

（4）低碳生活与发展相辅相成，能在改善环境的同时提供舒适生活、保护健康。它不会降低生活质量，反而能提升生活水平，是应对气候变化的根本要求，也是实现生态文明、科学消费的必然选择。它致力于解决环境问题，通过个人减排实现集体减排，保护环境、促进生态可持续发展，实现物质文明与生态文明共赢，涵盖人与自然、人与人、人与自我的协调。

（5）低碳生活的实质是以低碳为导向的共生型生活模式，可以促进人类社会在环境系统工程中和谐共生、共同发展，实现代际与代内公平。它要求人们树立新的生活观和消费观，减少碳排放，促进人与自然和谐相处。低碳生活是协调发展与保护环境的重要途径，也是后工业社会消费理念与供给利用的转变，更是消费者对社会和后代负责、实现低能耗、低污染、低排放的文明导向。

（6）低碳生活虽然主要集中于生活领域，依靠人们自觉践行，但也需要政府营造制度环境，如制定战略、出台政策、实施补贴等；还需要企业积极跟进，改变被动状态，加入推进低碳生活的"集体行动"中。

10.1.3 低碳生活的技术路线

实现低碳生活是一项系统性工程，需要政府、企事业单位、社区、学校、家庭及个人协同推进。具体体现在宏观与微观两个层面：宏观层面，以提升能源利用效率、优化清洁能源结构为核心，通过技术创新、制度创新及发展理念转变推动变革；微观层面，则需从衣、

食、住、行等生活细节入手，践行低碳理念。

1. 国家在政策上给予大力扶持

低碳生活的推进离不开国家层面的引导与支持。需要从全国发展战略高度，进一步完善低碳发展政策、制度与规范。

（1）针对不同行业制定节能控制指标，对提供节能产品与低碳能源技术的企业给予政策优惠。

（2）提高新建建筑节能标准，强化建筑能耗认证与评级，对开发节能建筑的房企实施减税激励，为购买节能住宅的居民提供抵押贷款优惠、减税或补贴。

（3）通过购车税减免、燃油税开征等方式鼓励环保汽车消费，对污染超标车辆实施取缔、罚款或交通限制。

（4）建立新税费机制，调整能源价格倒挂现象，支持风电、水电、太阳能等新能源项目建设。

（5）鼓励低碳物业管理技术研发与推广，对高能效家电技术、大型液晶及半导体等领域给予税收与融资支持。

（6）加强新建房屋节能标准执行力度，优化低碳建筑审批流程，完善节能产品生产评估体系。

（7）规范机关单位资源消费行为，推行低碳办公、采购与消费，发挥示范引领作用。

（8）健全绿色消费激励机制，扩大低碳产品市场份额，对生产与消费端给予补贴，培育低碳消费意识。

2. 企业积极开发和提供低碳产品及服务

企业在引导低碳生活中扮演着关键角色，需多维度开发低碳节能产品、技术与服务，生产环节引入高新技术，构建资源节约与循环利用体系，提升能效并研发低碳产品，推行清洁生产以减少污染；建筑领域开发集成节能技术，通过外墙保温、门窗优化等设计创新，打造符合节能标准的住宅，降低采暖、空调等能耗，推动建筑业技术转型；物业管理层面，积极应用太阳能庭院灯、供热节能控制装置、雨水收集系统及太阳能光伏电站等低碳技术，实现小区绿色化管理，为低碳生活提供多元化支撑。

3. 媒体、教育机构等充分利用舆论力量宣传低碳生活

应充分整合多元媒体资源强化低碳生活宣传：借助广播、电视、网络、报刊及户外媒体，普及节能低碳小窍门，发布通俗易懂的房屋能耗信息，搭建节能家电、节能车等产品生产商、销售商与消费者团体的信息沟通桥梁，同时加大节能产品标准的社会宣传力度。此外，各类学校及教育机构需开发含低碳知识与生态理念的校本教材，通过课堂教学与校园文化活动，向学生传递低碳生活理念，引导其树立环保意识并积极践行低碳行为，形成全社会共同参与的低碳生活氛围。

4. 建立低碳消费模式

针对当前部分国家、地区因面子消费、奢侈消费等传统习俗导致高能耗、高污染的现状，建立低碳生活方式需破除旧有高碳消费模式，引导人们形成文明节俭的绿色消费习惯：倡导消费品简朴实用，杜绝铺张浪费；鼓励使用低碳环保产品，践行随手关灯、电器及时断电等节能行为；注重消费与自然环境和谐，避免牺牲生态的消费行为；在条件成熟的城市和社区推广垃圾分类回收与循环利用，杜绝随意丢弃电池等污染物品。通过转变消费观念与行为，减少能源浪费和碳排放，推动低碳生活方式落地。

5. 选择低能耗的绿色出行方式

大力发展公共交通体系是低碳出行的关键途径：需确保城市公共交通承担50%以上的客流量，保留并扩展自行车道与步行道，发挥水运、铁路等交通方式的比较优势，强化多式联运的衔接协调，以提升运输效率、缓解拥堵并降低能耗污染。同时，引导居民优先选择便捷经济的公共交通路线，控制私家车使用频率，鼓励步行、骑行等绿色出行方式；倡导环保文明驾驶，减少能源浪费与环境污染，构建自行车、机动车、行人和谐共处的交通生态，有效减轻道路交通压力，助力城市低碳转型。

6. 减少化石能源和薪柴消费

从全球能源格局看，预计到2030年太阳能发电仅占世界电力供应的10%，而石油、天然气、煤炭储量分别将在40年、60年、100年左右耗尽。因此，低碳经济与生活的核心要义之一在于节约化石能源消耗：从日常生活中节约每度电、每滴油等细节入手，推广沼气、太阳能热水器、光伏利用及秸秆能源化等清洁能源技术；交通领域应优先选择混合燃料车、电动车及低排量车型，以降低出行污染；减少塑料制品、一次性用品、纺织品等非必要消费，通过多维度节能举措延缓化石能源消耗，缓解资源与环境压力。

7. 倡导并扶持农村低碳生活

受传统用能方式与资源收集成本影响，农村地区存在人均能源消费超过基本需求、秸秆焚烧及畜禽养殖废弃物污染等问题，生活垃圾集中化也加剧了环境压力。实现农村低碳生活需多管齐下：加强垃圾综合治理，将畜禽粪便制成有机肥实现变废为宝；发展农村新能源，建设秸秆气化站、普及沼气，开发太阳能、风能等可再生能源；各级政府需提供资金与技术支持，通过政策激励为低碳生活落地提供保障，以此破解农村能源浪费与环境污染困局，改善村民居住环境。

8. 将低碳饮食注入居民膳食文化

所谓低碳饮食，是指通过限制碳水化合物摄入量、增加蛋白质与脂肪摄入的低碳饮食模式，可稳定血糖、提升抗氧化能力，兼具塑身、健体、防病、抗衰等益处。随着人们认知水平不断提升，低碳饮食正逐渐成为主流饮食潮流。养成低碳饮食习惯需从多方面着手：树立节约用餐观念，注重三餐荤素搭配与营养均衡，适当控制晚餐热量；减少畜禽肉类、油脂等高热量食物摄取；推广分餐制、自助餐以避免食物浪费；优化烹调方式与时长，降低燃料消耗，通过饮食结构调整践行低碳生活理念。

9. 开展环保的户外活动

随着现代社会的发展，人们对健康、绿色的生活品质追求日益凸显。诸如户外散步、跑步、游泳、骑行、爬山等运动，以及植树、栽花、种草等活动，不仅能强身健体、陶冶情操，更能通过植物的光合作用吸收二氧化碳、释放负氧离子，助力减少碳排放。这类将健康生活与生态保护相结合的方式，本质上与低碳生活理念高度契合，既满足了个体对幸福生活的向往，又以实际行动推动了绿色发展，成为当代时尚生活与生态治理协同共进的生动实践。

📖 案例

家庭节能实践

　　李先生一家积极践行家庭节能，为环保出份力。在用电方面，他们将家中普通灯泡全部换成节能灯，亮度不变却更省电。夏天把空调温度调至26 ℃，出门提前半小时关闭，还安装了遮阳窗帘，减少阳光直射带来的热量，以降低空调使用频率。电视、计算机等电器不使用时及时拔掉电源插头，以避免待机耗电。

　　用水上，李先生家安装了节水型水龙头和马桶。收集洗菜水、淘米水用于浇花，洗衣水则用来拖地、冲厕所。出行时，短距离路程优先选择步行或骑自行车，既锻炼身体又环保。必须开车时，也会合理规划路线，避免拥堵。

　　通过这些节能实践，李先生家每月水电费明显减少，还为节能减排贡献了自己的力量。在他们的带动下，邻居们也纷纷加入家庭节能的行列，共同营造绿色环保的社区氛围。

　　分析：李先生一家从用电、用水、出行等多方面积极践行家庭节能，措施细致且实用，既降低自家水电费支出，又切实为节能减排助力。其行动还产生示范效应，带动邻居参与，形成良好社区氛围，为环保事业注入民间力量。

10.1.4　实践任务：走进低碳生活

1. 任务背景

　　当下环境问题日益严峻，低碳生活作为可持续的生活方式备受关注。但学生们对低碳生活的概念、内涵及技术路线了解还不深，通过本次实践任务，能增强环保意识，学会在生活中践行低碳理念。

2. 任务目标

（1）清晰理解低碳生活的概念与内涵。

（2）初步掌握低碳生活相关技术路线。

3. 任务步骤

（1）以小组为单位，观察家庭、学校、社区等生活场景中的能源使用、垃圾处理、出行方式等情况。

（2）记录高碳排放行为，如长时间开灯、大量使用一次性用品、开私家车频繁出行等，分析其产生原因，编制并填写"生活场景碳排放调研表"。

（3）查找资料，了解家庭节能（如节能电器使用）、垃圾分类处理、绿色出行（如共享单车、新能源汽车）等方面的低碳生活技术路线。

（4）各小组依次进行 PPT 展示，分享调研成果和技术路线学习心得。

10.2　低碳生活的实际案例分析

　　低碳生活的实际案例表明，通过技术创新与公众参与相结合，可显著降低碳排放。

10.2.1　丹麦哥本哈根——从"自行车之城"到低碳城市典范

哥本哈根，这座坐落于丹麦东部的魅力之都，不仅是丹麦的首都，更是丹麦政治、经济、文化的核心枢纽。长久以来，哥本哈根始终将打造低碳城市作为城市发展的核心战略目标，秉持着对环境保护的高度责任感和对可持续发展的坚定追求，积极投身于低碳城市建设之中。为了实现这一宏伟目标，哥本哈根市政府制定并实施了一系列全面且细致的政策。这些政策涵盖了城市规划、产业发展、能源利用等多个方面，为城市的低碳转型提供了明确的指导和有力的保障。其具体措施与成效如下。

1. 绿色交通体系

哥本哈根大力发展自行车出行，建设了超过 400 km 的自行车专用道，贯穿城市各处，道宽路平、标志清晰，为骑行者提供安全便捷的通行条件。自行车道与公共交通无缝衔接，地铁、公交站点附近设置自行车停放区与骑行通道，方便市民"自行车+公共交通"出行，提高了效率且减少私家车依赖。

城市中心设有大量自行车停车场，分布广，设施全，有遮阳棚、监控等。还推出免费自行车租赁服务，在旅游景点、交通枢纽等重要节点设有租赁点，市民及游客凭证件即可轻松租车。目前，其自行车出行占城市总出行量的 45%，大大缓解了拥堵并减少尾气排放，助力改善空气质量，如图 10-3 所示。

图 10-3　哥本哈根的自行车

此外，哥本哈根积极推广电动汽车。鉴于其环保优势，城市大力建设充电桩，在停车场、住宅小区、商业区等布局，形成了完善的充电网络。同时，政府还出台了电动汽车购车补贴、减免购置税、免费停车等优惠政策，激发了市民的购买热情，使电动汽车保有量不断增加，为城市低碳发展注入了新动力。

2. 可再生能源利用

哥本哈根在可再生能源利用方面同样成绩卓著，将风能、太阳能等可再生能源作为城市能源供应的重要组成部分。哥本哈根地处北欧，拥有丰富的风能资源。城市充分利用这一得天独厚的自然条件，在其周边建设了多个大型风力发电场。这些风力发电场犹如一座座巨大的绿色能源工厂，矗立在海边或空旷的田野上，巨大的风力发电机叶片在风中缓缓转动，将风能源源不断地转化为电能。

风力发电场为城市提供了大量的清洁电力，满足了城市部分居民和企业的用电需求。与传统化石能源发电相比，风力发电不产生二氧化碳等温室气体排放，对环境友好。据统计，哥本哈根的风力发电场每年可减少大量的煤炭、石油等化石能源的消耗，有效降低了碳排放，如图 10-4 所示。

图 10-4　哥本哈根的风能公园

除了风能外，哥本哈根还积极推动太阳能的利用。许多建筑都安装了太阳能光伏板，这些光伏板安装在建筑的屋顶、墙面等位置，充分利用太阳能资源。在阳光充足的日子里，光伏板将太阳能转化为电能，为建筑内部的照明、电气设备等提供电力支持，实现了部分能源的自给自足。一些大型商业建筑、公共建筑以及居民住宅都纷纷加入到太阳能利用的行列中来，不仅降低了自身的能源成本，还为城市的能源结构调整作出了贡献。

目前，可再生能源在哥本哈根能源消费中的占比不断提高。政府通过制定相关政策，鼓励企业和居民加大对可再生能源的投资和使用。例如，对安装太阳能光伏板的建筑给予财政补贴，对利用可再生能源发电的企业提供税收优惠等。随着可再生能源技术的不断进步和成本的逐渐降低，哥本哈根的可再生能源利用前景将更加广阔，有望进一步降低对传统化石能源的依赖，实现能源的可持续发展。

3. 绿色建筑推广

哥本哈根在绿色建筑推广上同样成效显著。政府制定严格前瞻的建筑节能标准，覆盖设计、施工、使用全阶段，新建建筑需达到一定节能等级，设计时充分考虑朝向、采光、通风以利用自然能源，如合理设计窗户和优化通风系统。同时鼓励对既有建筑的节能改造，针对老旧建筑能源效率低的问题，政府提供资金与技术指导，改造措施包括安装隔热材料、更换高效门窗，提升保温性能等。

10.2.2　中国深圳——科技赋能低碳城市建设

深圳，作为中国的经济特区和科技创新中心，一直以来都是中国改革开放的前沿阵地和经济发展的重要引擎。这座充满活力与创新的城市，在快速发展的进程中，经济总量持续攀升，产业结构不断优化升级，科技创新成绩斐然，吸引了大量的人才和企业汇聚，成为全球瞩目的国际化大都市。然而，伴随着经济的飞速发展，深圳也面临着日益严峻的资源环境压力。城市人口的不断增长，使能源需求急剧增加，传统的能源供应模式面临着巨大的挑战。同时，工业生产、交通运输等领域的碳排放量居高不下，对空气质量、生态环境造成了严重影响。土地资源的紧张、水资源的短缺等问题也日益凸显，制约着城市的可持续发展。面对这些挑战，近年来，深圳积极响应国家绿色发展号召，大力推动低碳城市建设，将科技创新作为核心驱动力，在能源、交通、工业等多个关键领域展开了一系列深入探索与实践，并取得了显著成效。其具体措施与成效如下。

1. 智慧能源管理

深圳建设了先进且完善的智慧能源管理系统，该系统宛如城市的"能源神经中枢"，深度融合大数据、物联网、云计算等前沿技术，对城市的能源生产、传输、分配和消费进行全方位、实时且精准的监测和优化调度。在能源生产端，系统借助物联网技术，将各类能源生产设施紧密相连，实时收集风力发电机的转速、太阳能光伏板的发电功率等数据，确保能源生产的高效稳定。在能源传输过程中，系统通过大数据分析，精准预测能源需求的变化趋势，合理规划能源输送路径，避免能源在传输过程中的过度损耗。在分配环节，系统根据不同区域、不同用户的能源需求特点，进行智能分配，提高能源分配的公平性和合理性。而在能源消费端，则实现了对每一个能源消费节点的精细化管理，如图 10-5 所示。

图 10-5　深圳的智慧能源管理

2. 绿色交通创新

深圳大力发展公共交通，尤其是轨道交通，将其作为缓解城市交通压力、降低碳排放的重要举措。目前，深圳的地铁线路不断延伸，如同城市的"地下动脉"，覆盖了城市的主要区域，为市民提供了便捷、高效的出行方式。地铁以其准时、快速、大运量的特点，吸引了

大量市民选择地铁出行，有效减少了私家车的使用，如图 10-6 所示。

图 10-6 深圳地铁

同时，深圳还积极推广新能源汽车，出台了一系列优惠政策，鼓励市民购买和使用新能源汽车。这些政策包括购车补贴、免费停车、优先上牌等，大大降低了市民购买新能源汽车的成本。在政策的引导下，深圳的新能源汽车市场蓬勃发展，其保有量快速增长。街头巷尾随处可见新能源汽车的身影，它们以零排放或低排放的特点，为城市的空气质量改善作出了积极贡献。

此外，深圳还开展了智能交通系统的建设，通过实时监测交通流量，优化信号灯控制，减少交通拥堵，降低汽车尾气排放。在城市的主要路口安装了大量的交通流量监测设备，这些设备能够实时收集交通数据，并将数据传输到智能交通指挥中心。交通指挥中心根据实时交通情况，动态调整信号灯的时长和配时方案，确保交通流畅。例如，在早、晚高峰时段，通过智能调控，优先放行车流量较大的方向，减少车辆等待时间，从而降低汽车尾气排放。同时，智能交通系统还与导航软件相结合，为市民提供实时的交通路况信息，引导市民合理规划出行路线，避开拥堵路段。

3. 工业低碳转型

深圳作为制造业大市，积极推动工业企业的低碳转型，以实现经济发展与环境保护的双赢。一方面，鼓励企业采用先进的节能技术和设备，提高能源利用效率。政府通过设立专项资金、提供技术支持等方式，引导企业进行技术改造。许多企业积极响应，引进了先进的节能生产线和设备，优化生产工艺流程，降低能源消耗。

另一方面，引导企业开展绿色供应链管理，推动上下游企业共同实现低碳发展。一些大型企业率先行动，将环保和低碳要求纳入供应商评价体系，优先选择那些采用环保生产工艺、提供低碳产品的供应商。同时，与供应商合作开展技术研发和创新，共同探索降低碳排放的新方法和新技术。

深圳在推动低碳城市建设过程中，不仅注重科技创新的应用，还注重政策引导和公众参与。政府出台了一系列鼓励低碳发展的政策措施，如对使用清洁能源的企业给予补贴、对购买新能源汽车的消费者给予优惠等。同时，加强环保宣传教育，提高市民的环保意识，鼓励市民积极参与低碳城市建设。通过举办环保公益活动、开展低碳生活宣传等方式，引导市民养成绿色消费、绿色出行的习惯。

10.2.3　湖南省平江县盘石村的低碳社区建设

　　盘石村作为湖南省低碳社区建设的试点村，积极采取发展生态旅游、倡导低碳出行、引领绿色消费等一系列举措，成功打造了低碳社区典范。在生态旅游发展上，村里凭借独特的自然风光与人文景观，吸引了大量游客前来观光游览，如图 10-7 所示。与此同时，盘石村始终将生态环境保护放在重要位置，实现了经济发展与环境保护的和谐共生、互利双赢。在低碳出行方面，村子大力鼓励村民选择步行、骑自行车或者使用公共交通工具出行，有效减少了私家车的使用频率。而在绿色消费领域，村里积极倡导村民使用环保袋，减少一次性用品的使用，让绿色消费理念深入人心。其具体措施与成效如下。

图 10-7　平江县盘石村

1. 生态旅游发展措施

　　（1）挖掘与整合生态资源。盘石村组织专业团队对村内自然资源进行全面调研，发现村内拥有独特的山林景观、清澈溪流以及丰富的野生动植物资源。基于此，规划出多条生态观光路线，涵盖山林徒步区、溪流观赏区、野生动植物科普点等，让游客能够充分体验自然之美。

　　（2）打造特色旅游项目。结合当地传统文化和民俗风情，开发了一系列特色旅游项目。例如，在农忙时节推出"农耕体验游"，游客可以参与插秧、收割等农事活动，感受传统农耕文化的魅力；在传统节日期间举办民俗文化节，开展舞龙舞狮、传统手工艺制作等活动，吸引游客深度参与。

（3）加强旅游基础设施建设。为提升游客的旅游体验，村里加大对旅游基础设施的建设投入。修建了宽敞平坦的旅游步道，方便游客徒步游览；在关键景点设置了休息亭、观景台等设施；同时，完善了村内的标识系统，确保游客能够轻松找到各个景点。

（4）强化生态环境保护。制定严格的生态环境保护制度，明确规定在旅游开发过程中不得破坏自然生态环境。加强对村民和游客的环保宣传教育，通过张贴宣传海报、举办环保讲座等方式，提高大家的环保意识。另外，还安排了专人负责景区的环境卫生，定期清理垃圾，确保景区环境整洁。

2. 低碳出行倡导措施

（1）完善步行与骑行设施。在村内主要道路和旅游景点周边修建了专门的步行道和自行车道，并设置明显的标志。步行道采用防滑、透水的材料铺设，确保行人行走安全舒适；自行车道宽度适宜，沿线还设置了休息点，以方便骑行者休息。

（2）提供公共交通服务。与当地公交公司合作，开通了连接盘石村与周边城镇的公交线路，增加了发车频次，方便村民和游客出行。同时，在村内设置了多个公交站点，并配备了候车亭和遮阳设施。

（3）开展宣传教育活动。通过村广播、宣传栏、村民大会等多种渠道，向村民宣传低碳出行的好处，如减少碳排放、节约能源、锻炼身体等。组织志愿者在村内主要路口开展宣传活动，发放低碳出行宣传资料，鼓励村民选择步行、骑自行车或乘坐公共交通工具出行。

（4）建立激励机制。为鼓励村民低碳出行，村里设立了奖励制度。对于长期坚持步行、骑自行车或使用公共交通工具出行的村民，给予一定的物质奖励，如生活用品、购物券等。

3. 绿色消费引领措施

（1）推广环保袋使用。在村内的超市、小卖部等销售场所，禁止提供一次性塑料袋，改为销售环保袋。同时，通过宣传海报、店员提醒等方式，引导村民自带环保袋购物，且使用环保袋购物给予一定的价格优惠。

（2）减少一次性用品使用。在村内的餐馆、民宿等经营场所，要求减少一次性餐具、一次性洗漱用品的使用。鼓励餐馆提供可重复使用的餐具，民宿提供可更换的洗漱用品套装。对于积极响应减少一次性用品使用的经营场所，给予一定的政策支持和宣传推广。

（3）开展绿色消费宣传。利用村内的文化活动、节日庆典等机会，开展绿色消费宣传活动。通过举办绿色消费知识讲座、发放宣传资料等方式，向村民普及绿色消费的理念和方法，引导村民选择环保、节能、可再生的产品。

（4）建立绿色消费示范点。在村内选取部分超市、餐馆等经营场所作为绿色消费示范点，按照绿色消费的标准进行改造和运营。示范点内销售的商品优先选择环保产品，经营过程中应注重节能减排。通过示范点的引领作用，带动其他经营场所积极参与绿色消费。

4. 生态旅游发展成效

（1）经济收入显著增加。随着生态旅游的发展，盘石村的游客数量逐年递增。据统计，近年来每年接待游客数量较试点前增长了5%，旅游收入也大幅提高，为村民带来了可观的经济收益。许多村民通过开办农家乐、销售特色农产品等方式，实现了在家门口就业创业，增加了家庭收入。

（2）生态环境持续改善。在发展生态旅游的过程中，盘石村始终注重生态环境保护。通过加强对自然资源的保护和管理，村内的山林更加茂密，溪流更加清澈，野生动植物种类和数量也有所增加。良好的生态环境吸引了更多的游客前来观光游览，形成了经济发展与环境保护的良性循环。

（3）知名度与美誉度提升。盘石村的生态旅游项目得到了游客的广泛好评，在周边地区乃至全省范围内都具有一定的知名度。村里先后获得了"湖南省生态旅游示范村""湖南省美丽乡村"等荣誉称号，进一步提升了村庄的知名度和美誉度。

5. 低碳出行倡导成效

（1）私家车使用减少。通过倡导低碳出行，盘石村村民使用私家车的频率明显降低。据调查，试点后村民使用私家车出行的比例较试点前下降了19%，而步行、骑自行车和使用公共交通工具出行的比例分别上升了4%、6%和9%。这不仅减少了碳排放，还缓解了村内的交通压力。

（2）村民健康水平提高。步行和骑自行车等低碳出行方式让村民在出行过程中得到了锻炼，提高了身体素质。许多村民反映，自从选择低碳出行后，感觉身体更加健康，精神状态也更好。

（3）环保意识增强。在宣传教育和实践引导下，村民的环保意识得到了显著提高。大家更加认识到低碳出行对环境保护的重要性，自觉选择绿色出行方式，并积极向身边的人宣传低碳出行的理念。

6. 绿色消费引领成效

（1）环保袋使用普及。在推广环保袋使用的过程中，村民逐渐养成了自带环保袋购物的习惯。目前，村内超市、小卖部等销售场所一次性塑料袋的使用量较试点前减少了7%，环保袋的使用率达到了90%以上。

（2）一次性用品使用减少。通过加强对餐馆、民宿等经营场所的管理和引导，一次性餐具、一次性洗漱用品的使用量明显减少。据统计，试点后村内餐馆一次性餐具的使用量下降了12%，民宿一次性洗漱用品的使用量下降了8%。这不仅减少了资源浪费，还降低了环境污染。

（3）绿色消费理念深入人心。通过开展绿色消费宣传活动，村民对绿色消费的理念有了更深入的了解。大家在购物时更加注重产品的环保性能和可持续性，愿意选择环保、节能、可再生的产品。绿色消费已经成为盘石村村民的一种生活时尚。

10.2.4　江西省南丰县桔都东路社区的低碳社区改造

绿色发展浪潮中，江西省南丰县桔都东路社区积极行动，探索低碳社区建设。过去，社区电动车乱停乱放、私拉电线充电，隐患多且影响美观。为了解决充电难题，社区深入调研、科学规划，合理安装多组智能充电桩，且具有过载、短路保护功能，居民扫码即可充电，既方便又安全。同时，社区大力倡导绿色出行，举办宣传活动、张贴海报，鼓励居民使用自行车、电动车出行，以减少尾气排放。此外，社区推进公共区域绿色低碳改造，在屋顶铺垫保温层、增添隔热材料，如同给房子穿上"节能外衣"。冬天能减少室内热量散失，降低取暖能耗；夏天可阻挡外界热量，减少空调使用，降低能源消耗，为居民营造舒适、节能、环保的居住环境，成功打造出特色低碳社区，如图10-8所示。其具体措施与成效如下。

图10-8　南丰县桔都东路社区

1. 电动车充电设施建设

（1）深入调研规划。社区组织工作人员成立专项调研小组，通过实地走访、问卷调查等方式，全面了解社区内电动车数量、分布情况以及居民充电需求。根据调研结果，结合社区建筑布局和空间特点，科学规划充电桩的安装位置和数量，确保覆盖社区各个区域，方便居民使用。

（2）安装智能充电桩。积极与专业充电桩供应商合作，引入多组具备过载保护、短路保护等多重安全功能的智能充电桩。在安装过程中，严格按照相关标准和规范进行施工，确保充电桩的稳定性和安全性。同时，为充电桩配备清晰的操作指南和二维码，方便居民扫码充电。

2. 绿色出行倡导

（1）举办宣传活动。定期在社区广场、活动中心等场所举办低碳出行主题宣传活动，邀请环保专家、交通部门工作人员为居民讲解低碳出行的重要性和相关知识，如电动车、自行车的环保优势、使用技巧等。活动现场还设置互动环节，如低碳出行知识问答、骑行体验等，以提高居民的参与度和积极性。

（2）张贴宣传海报。在社区公告栏、电梯间、楼道等显眼位置张贴低碳出行宣传海报，海报内容涵盖低碳出行的理念、方式、好处以及社区内的骑行路线、共享单车停放点等信息，营造浓厚的低碳出行氛围。

3. 公共区域绿色低碳改造

聘请专业的建筑节能改造团队，对社区建筑的屋顶进行全面评估和设计。在屋顶铺垫高性能的保温层，如聚苯乙烯泡沫板、岩棉板等，并增添高效的隔热材料，如反射隔热涂料、隔热膜等。施工过程中，严格把控材料质量和施工工艺，确保保温隔热效果达到最佳。

4. 电动车管理方面

（1）安全隐患消除。智能充电桩的安装彻底解决了居民私拉电线充电的问题，消除了因电线老化、短路等引发的火灾隐患。同时，充电桩的过载保护和短路保护功能，进一步保障了充电过程的安全性，社区内因电动车充电引发的安全事故发生率降为零。

（2）充电秩序改善。合理布局的充电桩引导居民有序停车充电，社区内电动车乱停乱放的现象得到了明显改善，道路更加畅通，社区环境更加整洁美观。居民对充电设施的满意度达到了 90% 以上。

5. 绿色出行方面

（1）出行方式转变。通过宣传活动的开展和宣传海报的张贴，居民的低碳出行意识显著提高。越来越多的居民选择使用自行车、电动车等低碳工具出行，社区内汽车尾气排放量明显减少。据统计，社区内居民使用自行车、电动车出行的比例较之前提高了 30%。

（2）健康环保双赢。居民在享受低碳出行带来的环保效益的同时，也通过骑行等运动方式增强了体质，提高了生活质量。社区内形成了健康、环保的生活风尚。

6. 公共区域改造方面

（1）能源消耗降低。屋顶保温隔热工程的实施，有效减少了室内热量的散失和外界热量的侵入。在冬季，取暖设备的使用频率和能耗降低了 20% 左右；在夏季，空调的使用时间明显减少，能源消耗降低了 15% 左右。这不仅为居民节省了能源费用，还减少了对传统能源的依赖，降低了碳排放。

（2）居住环境优化。保温隔热措施使室内温度更加稳定，居民在冬、夏两季都能享受到更加舒适的居住环境。同时，节能改造也提升了社区建筑的整体品质和价值，为居民营造了一个更加宜居的社区环境。

 案例

> **社区低碳生活推广**
>
> 　　阳光社区为打造绿色家园，大力推广低碳生活。社区工作人员先是在线上利用社区公众号、业主群，定期推送低碳生活小贴士，如"空调调高一度，节能又舒适"这类实用内容。线下则在社区广场举办低碳生活主题活动，设置趣味问答、环保手工制作等环节。居民们用废旧塑料瓶制作花瓶，把旧报纸变成收纳盒，在动手中感受变废为宝的乐趣。
>
> 　　社区还推行"低碳积分制"。居民进行垃圾分类、绿色出行等低碳行为，都能获得相应积分，积分可兑换生活用品。这一举措极大地调动了居民的积极性，大家纷纷主动参与。
>
> 　　如今，阳光社区里，垃圾分类投放点秩序井然，共享单车的使用率越来越高。不少家庭还自发在阳台种植绿植，净化空气。通过这些推广活动，居民们的低碳意识显著增强，社区环境更加宜居，也为其他社区的低碳建设提供了宝贵经验。
>
> 　　**分析**：阳光社区推广低碳生活举措多元且有效。线上利用新媒体推送实用小贴士，线下举办趣味活动让居民体验变废为宝，还推行积分制调动居民的积极性。这些措施使居民低碳意识大幅提升，社区环境显著改善，为其他社区提供了可资借鉴的低碳建设经验。

10.2.5　实践任务：探寻国内外低碳建设优秀案例

1. 任务背景

如今环境问题愈发突出，低碳生活是应对气候变化的重要方式。生活中有不少低碳生活实际案例，但学生们可能还缺乏深入了解。通过本次实践任务，能让大家直观感受低碳生活

的魅力，学习借鉴其中的经验。

2. 任务目标

（1）深入分析至少两个低碳生活实际案例，掌握其低碳举措和成效。

（2）总结案例中的可资借鉴之处，提出自己未来践行低碳生活的计划。

3. 任务步骤

（1）学生自行通过新闻报道、社交媒体、环保组织官网等渠道，收集低碳生活实际案例，整理成简要的案例卡片。

（2）学生自由分组，每组 4~6 人。小组内成员分享自己收集的案例卡片，共同讨论每个案例的亮点和不足。

10.3　低碳生活对环境的影响

低碳生活对环境有着多方面的积极影响，主要体现在减少温室气体排放、改善空气质量、保护生态系统、节约资源以及缓解气候变化带来的负面影响等方面。

10.3.1　为地球环境编织绿色防护网

地球环境危机四伏，气候变暖、污染加剧等问题亟待解决，而低碳生活是希望曙光。它成效直接，选择清洁能源、倡导低碳出行可遏制温室气体排放；成果显著，能减少污染物排放、改善空气质量；作用关键，可保护生态系统、维护生物多样性；计策长远，促进资源节约循环。全人类应积极践行低碳生活，携手共筑地球绿色未来。

1. 地球环境的希望曙光

在当今时代，地球正面临着前所未有的环境挑战。冰川消融、海平面上升、极端气候频发、生物多样性锐减等，这些问题如同一座座大山，压得地球母亲喘不过气来。然而，低碳生活宛如一束希望之光，穿透重重阴霾，为改善地球环境带来了新的契机。它如同一张细密的绿色防护网，全方位地守护着人类的家园，让我们看到了地球重焕生机的可能。

2. 低碳生活的直接成效

低碳生活最直接的好处就是能减少温室气体排放。传统的高碳生活，过度依赖煤炭、石油这些化石燃料，让二氧化碳等温室气体过度地排放到大气中。这直接让全球变暖，冰川融化得更快，海平面一直上涨，沿海城市都有被淹没的危险。以太阳能为例，许多家庭安装了太阳能热水器和太阳能光伏板，利用太阳能满足人们日常的热水需求和部分电力供应。据统计，一个安装了太阳能光伏板的家庭，每年可减少数吨的二氧化碳排放。此外，在出行方面，选择公共交通、自行车或步行代替私家车出行，也能显著降低碳排放。如果更多的人加入到低碳出行的行列中，城市的空气质量将得到极大改善，温室气体排放量也会大幅减少，为地球的降温贡献一份力量。

3. 低碳生活的显著成果

空气质量的改善是低碳生活带来的又一显著成果。传统能源的使用不仅会释放温室气体，还会产生一氧化碳、氮氧化物、颗粒物等污染物，这些污染物是造成雾霾、酸雨等环境问题的罪魁祸首。雾霾天气如同一个巨大的灰色罩子，笼罩在城市上空，不仅影响人们的视线，还会对人体的呼吸系统、心血管系统等造成严重危害，引发咳嗽、哮喘、心脏病等疾病。而低碳生活通过减少能源消耗和推广清洁能源，能够有效降低这些污染物的排放。在一些大力推广新能源汽车的城市，空气中的氮氧化物和颗粒物浓度明显降低。例如，北京在实施一系列严格的环保政策和推广新能源汽车后，雾霾天气的出现频率大幅下降，天空逐渐恢复了往日的湛蓝，人们又能自由地呼吸清新的空气。

4. 低碳生活的关键作用

低碳生活对于生态系统的保护也起着至关重要的作用。气候变化和环境污染对生态系统造成了严重的破坏，许多野生动植物失去了适宜的生存环境，生物多样性面临威胁。北极地区的冰川融化速度加快，威胁到北极熊等极地动物的生存，它们的栖息地逐渐缩小，生存面临着巨大的挑战。通过全球范围内的低碳行动，可以减缓气候变化的速度，降低对生态系统的压力，为北极熊等生物提供更稳定的生存环境。同时，减少森林砍伐和土地开发等低碳行为，有助于保护森林、湿地等生态系统。森林是地球的"肺"，能够吸收二氧化碳，释放氧气，调节气候；湿地则是众多野生动植物的栖息地，具有净化水质、蓄洪防旱等功能。保护好这些生态系统，就是保护我们自己的未来，让地球上的生物能够和谐共生。

5. 低碳生活的长远之计

此外，低碳生活还能促进资源的节约和循环利用。在日常生活中，可以通过一些简单的举措实现资源的节约，如随手关灯、关水龙头，使用双面打印纸张等。这些看似微不足道的行为，却能在长期内积累起巨大的节能效果。以水资源为例，如果一个家庭安装节水器具，每月可节约数吨水。这些节约下来的水资源可以用于农业灌溉、工业生产等领域，减少对自然水资源的依赖，缓解水资源短缺的问题。同时，推广垃圾分类和回收利用，能够将废弃物转化为可再利用的资源，减少垃圾填埋和焚烧对环境造成的污染。例如，废纸可以回收再制成新的纸张，废塑料可以加工成塑料制品，实现资源的循环利用，为地球的可持续发展奠定基础。

6. 共筑地球绿色未来

低碳生活是一场关乎地球未来的绿色革命，它对环境的影响是多方面且深远的。它不仅改善了大气环境、水环境，保护了生态系统，还促进了资源的节约和循环利用。地球是人类共同的家园，保护地球环境是每个人的责任。让我们从现在做起，从身边的小事做起，积极践行低碳生活，为地球环境编织一张更加坚固的绿色防护网，让地球母亲重新焕发出勃勃生机，为子孙后代创造一个更加美好的未来。

10.3.2　低碳生活引领全方位变革

在人类社会高速发展的进程中，环境问题日益凸显，成为制约可持续发展的关键因素。而低碳生活作为一种全新的生活方式，正引领我们开启环境改善的新征程，为地球的可持续发展注入新的活力，为环境带来全方位的积极变革。

低碳生活对大气环境的改善作用显著。传统的高碳能源消耗模式是大气污染的主要源头之一，煤炭燃烧释放出大量的二氧化硫、氮氧化物和颗粒物，这些污染物积聚形成严重雾霾，危害人们健康和生活。低碳生活鼓励采用清洁能源和节能技术。工业生产中，部分企业以天然气代替煤炭作燃料，减少污染物排放；建筑领域推广节能门窗、保温材料，降低建筑物供暖和制冷的能源消耗，进而减少能源生产产生的污染物。个人日常减少使用一次性塑料制品，也能为改善大气环境助力。

在交通领域，电动汽车的普及是低碳生活的重要体现。电动汽车以电力为动力源，无尾气排放，相比传统燃油汽车，能显著减少氮氧化物和颗粒物排放。一些城市随着电动汽车数量增加，空气质量明显改善。在工业领域，企业采用先进的生产技术和设备提高能源利用效率，如钢铁企业通过余热回收利用技术，将生产余热转化为电能或热能，既节能又减少废气排放。

从气候变化角度看，低碳生活是应对全球气候变暖的关键举措。全球气候变暖导致冰川融化、海平面上升、极端气候事件频发，威胁人类社会和自然生态系统。低碳生活通过减少温室气体排放减缓气候变暖速度。植树造林是重要组成部分，树木生长能吸收二氧化碳并固定在植被和土壤中，起到碳汇作用，一片成熟森林每年可吸收大量二氧化碳。发展碳捕获和封存技术也很关键，它能将工业生产产生的二氧化碳捕获封存，避免排入大气。若全球共同努力推广低碳生活方式和技术，有望控制全球气温上升幅度，保护地球生态环境。

在水环境方面，水资源短缺和水污染问题严峻。低碳生活倡导节约用水和水资源循环利用。家庭中，安装节水器具、合理用水可减少浪费；工业上，建立水循环系统，处理废水再利用，提高水资源利用效率；农业领域，滴灌、喷灌等节水灌溉技术广泛应用，既节水又提高农作物产量和质量。同时，低碳生活鼓励减少水污染，如减少使用含磷洗涤剂，合理处理生活污水和工业废水，从源头保护水环境。

低碳生活对土壤环境的保护也不容忽视。土壤是生态系统的重要组成部分，过度使用化肥、农药和不合理的土地开发导致土壤质量下降、污染加剧。低碳生活倡导有机农业和生态农业模式，利用天然有机肥料和生物防治方法提高土壤肥力、防治病虫害，保护土壤环境，生产健康安全农产品。合理规划土地利用，避免过度开发和破坏土壤结构，如城市建设中增加绿地和公园面积，可改善生态环境、保护土壤、减少水土流失。

从生态系统角度看，低碳生活有助于维护生态平衡和生物多样性。气候变化和环境污染破坏生态系统，许多物种面临灭绝危险。低碳生活通过减少温室气体排放和环境污染，为野生动植物提供适宜的生存环境。保护森林生态系统至关重要，森林是众多野生动植物栖息地，具有调节气候、保持水土、提供氧气等功能，低碳生活鼓励植树造林，增加森林面积、提高环境质量。同时，保护湿地、海洋等生态系统也意义重大，湿地能净化水质、蓄洪防旱，海洋孕育了丰富的生物资源，保护它们对维护生物多样性和生态平衡至关重要。

低碳生活对人类健康也有积极影响。清洁的空气、水和土壤环境是保障人类健康的基础。低碳生活改善环境质量，减少人们接触污染物的机会，降低疾病发病率。减少空气污染可降低呼吸道疾病和心血管疾病发病率；改善水环境能减少水源性疾病发生；保护土壤环境可减少农产品有害物质残留，保障食品安全。

低碳生活作为一种绿色、可持续的生活方式，正逐渐成为社会主流趋势。它从大气、水体到土壤，从生态系统到人类健康，都带来了全方位的积极变革。让我们积极践行低碳生活，共同为创造更美好的环境而努力。

案例

> **低碳生活方式的环境效益**
>
> 　　绿荫小区积极推行低碳生活方式，取得了显著的环境效益。在能源使用上，小区鼓励居民安装太阳能热水器和节能灯具。许多家庭将传统灯泡换成 LED 节能灯，一年下来，小区整体用电量大幅下降。同时，居民们养成了随手关灯、关电器的好习惯，减少了不必要的能源浪费。
>
> 　　在出行方面，小区增设了共享单车停放点，并倡导居民绿色出行。越来越多的人选择步行、骑自行车或乘坐公共交通工具，私家车使用频率降低，尾气排放明显减少。垃圾分类也在小区全面推行，居民们将可回收物、有害垃圾和其他垃圾准确分类投放。可回收物得到回收再利用，减少了资源浪费；有害垃圾得到妥善处理，避免了对土壤和水源的污染。
>
> 　　如今，绿荫小区空气清新，噪声减少，绿化植被生长更加茂盛。小区的低碳生活方式不仅改善了居民的生活环境，也为周边地区的环境保护作出了积极贡献。
>
> 　　**分析：** 绿荫小区从能源使用、出行、垃圾分类等多方面推行低碳生活方式成效显著。通过鼓励安装节能设备、倡导绿色出行及垃圾分类，降低了能耗与尾气排放，减少了资源浪费与污染。最终改善了小区环境，还为周边环保贡献了力量，值得借鉴推广。

10.3.4　实践任务：探寻低碳生活的环境科学奥秘与行动

1. 任务背景

　　地球环境正面临诸多挑战，如气候变化、资源短缺等。低碳生活作为一种可持续的生活方式，对改善地球环境意义重大。但学生们对低碳生活背后的环境科学基础了解不多，通过本实践任务，能让大家从科学角度认识低碳生活的重要性，并积极行动起来。

2. 任务目标

（1）认识到低碳生活对地球环境的全方位积极影响。

（2）制订并践行适合自己的低碳生活行动方案。

3. 任务步骤

（1）利用学校图书馆的科普书籍、网络学术资源，查找低碳生活与环境科学之间的联系。

（2）每位学生根据自身生活实际，制订一份个人低碳生活行动方案。

（3）按照个人低碳生活行动方案进行实践，记录实践过程中的感受和遇到的问题。

10.4　低碳生活的推广

10.4.1　低碳生活——时代发展的必然选择

　　全球气候危机加剧，冰川融化、极端气候频发，科学家们指出温室气体排放尤其是二氧化碳增加是主因，低碳生活成为应对危机的必然选择。它涵盖生活的多个方面，能减缓变暖、保护生态、促进资源利用与经济可持续发展，还可提升生活品质。国际社会已积极推广，其经验为我国提供借鉴。

1. 全球气候危机下的低碳觉醒

当今世界，全球气候危机已如达摩克利斯之剑高悬头顶。冰川加速融化，海平面不断上升，极端气候事件频繁上演，从肆虐的飓风到持续的干旱，从暴雨引发的洪涝到高温导致的山火，这些灾难给人类的生命和财产安全带来了巨大威胁。科学家们通过大量的数据分析和模型预测，明确指出温室气体排放，尤其是二氧化碳排放的增加，是导致全球气候变暖的主要原因。在这样的背景下，低碳生活作为一种全新的生活方式，逐渐走进了人们的视野，成为人类应对气候危机的必然选择。

2. 低碳生活的内涵与意义

低碳生活并非简单地降低生活水平，而是一种倡导在满足人们基本生活需求的前提下，尽可能减少能源消耗和温室气体排放的生活方式。它涵盖了日常生活的方方面面，从出行方式的选择到家居能源的使用，从消费习惯的养成到垃圾分类的处理。推广低碳生活，不仅有助于减缓全球气候变暖的速度，保护地球生态环境，还能促进资源的合理利用，推动经济的可持续发展。同时，低碳生活也能引导人们树立绿色、健康、环保的生活理念，提升人们的生活品质和幸福感。

3. 国际社会对低碳生活的倡导与实践

在全球范围内，许多国家和地区已经认识到低碳生活的重要性，并积极采取行动加以推广。一些发达国家通过制定严格的环保法规和政策，鼓励企业和居民采用低碳技术和产品。例如，德国大力发展可再生能源，推广太阳能、风能等清洁能源的使用，使可再生能源在能源消费结构中的占比不断提高。同时，德国还通过补贴政策，鼓励居民购买节能家电和新能源汽车。日本则注重在社区层面推广低碳生活，通过建设低碳社区，实现能源的高效利用和废弃物的减量化处理。这些国家的成功实践，为我国推广低碳生活提供了宝贵的经验和借鉴。

10.4.2 低碳生活在日常生活中的渗透

出行、家居与消费是碳排放的重要领域，推广低碳生活意义重大。在出行方面，优先选用公共交通，长途选择高铁等低碳工具，短途选择骑行、步行，既绿色又健康；家居中，选用节能家电、合理设置空调温度、充分利用自然光、做好保温隔热可节能；消费上，树立绿色理念，选用环保产品，减少一次性用品，理性消费。

1. 出行领域的低碳变革

出行是人们日常生活中不可或缺的一部分，也是碳排放的重要来源之一。推广低碳出行方式，对于减少碳排放具有重要意义。在城市中，公共交通是低碳出行的首选。地铁、轻轨、公交车等公共交通工具具有大运量、低能耗、低排放的特点，能够有效缓解城市交通拥堵，减少汽车尾气排放。此外，骑自行车和步行也是绿色、健康的出行方式。骑自行车不仅可以锻炼身体，还能减少碳排放，而且不受交通拥堵的影响。步行则更加环保，适合短距离出行。对于长途出行，选择高铁、动车等轨道交通工具，相比飞机和汽车，其碳排放要低得多。

2. 家居生活中的低碳节能

家居生活是碳排放的另一个重要领域。在家居装修和日常使用中，采取一系列低碳节能措施，可以有效降低能源消耗。例如，选择节能型的家电产品，如节能冰箱、节能空调、节能灯具等，这些产品在满足人们生活需求的同时，能够显著降低能源消耗。合理设置空调温度，夏季不低于 26 ℃，冬季不高于 20 ℃，既能保证舒适度，又节约能源。在照明方面，充分利用自然光，减少人工照明的使用时间。此外，做好房屋的保温隔热措施，如安装双层玻璃、增加墙体保温层等，也能有效降低空调和暖气的使用频率，减少能源浪费。

3. 消费习惯的低碳转型

消费习惯对碳排放有着深远的影响。推广低碳消费，需要引导消费者树立绿色消费理念，优先选择环保、可持续的产品。在购买商品时，关注产品的环保标识和生产过程，选择那些采用环保材料、生产工艺节能减排的产品。减少一次性用品的使用，如一次性餐具、一次性塑料袋等，自带环保袋、水杯和餐具，既能减少垃圾产生，又能降低资源消耗。同时，倡导理性消费，避免过度消费和浪费，购买自己真正需要的商品，延长商品的使用寿命。

10.4.3　低碳生活推广的挑战与困境

低碳生活推广面临诸多阻碍。传统观念与习惯使部分人认为低碳会降生活品质，消费观念也与低碳理念相冲突；经济成本方面，低碳产品价格高，企业采用低碳技术投入大，影响消费者与企业参与的积极性；政策上，部分政策缺少细则与配套措施，加之监管不足，导致执行困难，高能耗行为仍旧存在。

1. 传统观念与习惯的束缚

长期以来，人们形成了固定的生活观念和习惯，对低碳生活的认识和接受程度有限。一些人认为低碳生活会降低生活品质，不愿意改变现有的生活方式。例如，在出行方面，习惯了开私家车的人，可能不愿意选择公共交通或骑自行车；在家居生活中，一些人对节能家电的节能效果存在疑虑，仍然选择传统的高能耗家电。此外，一些传统的消费观念，如追求品牌、追求时尚等，也与低碳消费理念相冲突，导致消费者在购买商品时难以做出低碳选择。

2. 经济成本与利益的考量

推广低碳生活往往需要一定的经济投入，这对于一些消费者和企业来说是一个重要的考量因素。例如，购买节能家电、新能源汽车等低碳产品，其价格通常比传统产品要高。对于一些经济条件有限的家庭来说，可能难以承受这些额外的成本。对于企业来说，采用低碳技术和生产工艺，需要投入大量的资金进行技术研发和设备更新，可能会增加企业的生产成本，影响企业的经济效益。因此，如何在推广低碳生活的同时，平衡经济成本和利益，是一个亟待解决的问题。

3. 政策支持与监管的不足

虽然我国已经出台了一系列与低碳生活相关的政策和法规，但在政策的执行和监管方面仍存在一些不足。一些政策缺乏具体的实施细则和配套措施，导致政策难以落地实施。例如，在推广新能源汽车方面，虽然政府出台了购车补贴等优惠政策，但在充电桩等基础设施建设方面还存在滞后，影响了新能源汽车的推广和使用。此外，对一些高能耗、高排放的企

业的监管力度不够，导致一些企业为了追求经济利益，仍然采用落后的生产工艺和设备，排放大量的温室气体。

10.4.4 低碳生活推广的有效策略

推广低碳生活需要多管齐下。加强宣传教育，利用多种渠道普及低碳知识技能，开展主题活动转变公众观念；加大经济激励，对消费者购买低碳产品给予补贴优惠，对企业采用低碳技术给予资金与技术支持；完善政策法规，明确责任义务，强化监管；推动科技创新，加大研发投入，促进成果转化应用。

1. 加强宣传教育、转变公众观念

宣传教育是推广低碳生活的重要手段。通过多种渠道，如电视、报纸、网络、社交媒体等，广泛宣传低碳生活的重要性和意义，普及低碳知识和技能，提高公众对低碳生活的认识和接受程度。可以制作一些生动有趣的宣传片、公益广告等，向公众展示低碳生活的美好前景和实际效果。同时，开展低碳生活主题的宣传活动，如低碳生活知识讲座、低碳生活体验活动等，让公众亲身体验低碳生活的乐趣和益处，从而转变传统的生活观念和习惯。

2. 加大经济激励、降低低碳成本

为了鼓励消费者和企业积极参与低碳生活，政府可以加大经济激励力度。一方面，对购买低碳产品的消费者给予财政补贴和税收优惠，降低消费者的购买成本。例如，对购买新能源汽车的消费者给予购车补贴、免征车辆购置税等优惠政策；对购买节能家电的消费者给予一定的价格补贴。另一方面，对采用低碳技术和生产工艺的企业给予资金支持和技术扶持，降低企业的生产成本。例如，设立低碳产业发展专项资金，支持企业开展低碳技术研发和设备更新；对符合条件的低碳企业给予税收减免等优惠政策。

3. 完善政策法规、强化监管力度

完善政策法规是推广低碳生活的重要保障。政府应制定更加严格、完善的低碳生活相关政策和法规，明确各方的责任和义务，为低碳生活的推广提供法律依据。例如，制定严格的能源消耗标准和污染物排放标准，对超标的企业和个人进行处罚；建立碳排放交易市场，通过市场机制促进企业减少碳排放。同时，加强对政策执行情况的监管力度，建立健全监管机制，确保政策的有效实施。对违反政策法规的企业和个人，要依法进行严肃处理，形成有效的威慑力。

4. 推动科技创新、提供技术支撑

科技创新是推广低碳生活的核心动力。加大对低碳技术研发的投入，鼓励科研机构和企业开展低碳技术创新，开发更加高效、环保的低碳技术和产品。例如，在新能源领域，加大对太阳能、风能、水能等可再生能源技术的研发力度，提高可再生能源的利用效率；在交通领域，研发更加节能、环保的新能源汽车和智能交通系统。同时，加强科技成果的转化和应用，将科研成果尽快转化为实际生产力，为低碳生活的推广提供技术支撑。

10.4.5 低碳生活的美好愿景

未来，低碳生活将成为社会主流，出行、家居、消费领域低碳特征凸显。推广低碳生活能促进经济社会可持续发展，带动产业链、创造就业、优化能源与产业结构。中国推广低碳生活既减少国内碳排放助力全球气候治理，其经验也为他国提供借鉴，推动全球携手应对气候危机。

1. 低碳生活成为社会主流

随着人们对低碳生活的认识逐渐加深和推广力度的不断加大，低碳生活将逐步成为社会主流。在未来的城市中，公共交通将更加便捷、高效，自行车道和步行道将更加完善，人们出行将更加倾向于选择低碳方式。在家居生活中，节能家电、智能家居等低碳产品将得到广泛应用，房屋的能源利用效率将大幅提高。在消费领域，绿色、环保、可持续的产品将成为市场的主流，消费者的低碳消费意识将不断增强。

2. 经济社会可持续发展

推广低碳生活将促进经济社会的可持续发展。低碳产业的发展将带动相关产业链的发展，创造更多的就业机会和经济增长点。同时，低碳生活将减少对自然资源的依赖和破坏，降低环境污染和生态破坏的风险，实现经济发展与环境保护的良性互动。在低碳生活的推动下，我国将逐步实现能源结构的优化和产业结构的升级，提高经济发展的质量和效益。

3. 全球气候治理的积极贡献

中国作为世界上最大的发展中国家，推广低碳生活将对全球气候治理作出积极贡献。通过减少国内的碳排放，中国将为全球应对气候变化作出重要贡献。同时，中国在低碳生活推广方面的成功经验和实践模式，也将为其他发展中国家提供借鉴和参考，推动全球气候治理的进程。在全球气候治理的框架下，各国将携手合作，共同应对气候危机，实现人类社会的可持续发展。

 案例

零碳校园、零碳园区

某市积极推进零碳建设，打造了零碳校园与零碳园区典范。某大学作为零碳校园代表，在教学楼、宿舍屋顶安装大量太阳能光伏板，年发电量可满足校园部分用电；引入智能能源管理系统，实时监控和调控水电使用，避免浪费；校内推行垃圾分类与资源回收，将厨余垃圾制成有机肥用于校园绿化。同时，开设零碳课程、举办环保活动，培养学生低碳理念。而某科技园区作为零碳园区，企业采用高效节能设备与绿色生产工艺，降低能耗；园区建设风力发电设施与储能系统，保障能源稳定供应；打造绿色交通网络，配备共享电动汽车与充电桩，鼓励员工绿色出行。如今，该校园和园区碳排放大幅降低，不仅为师生和员工创造了绿色健康的环境，也为城市零碳发展提供了宝贵经验，吸引众多单位前来参观学习。

分析： 某市通过打造零碳校园与零碳园区推进零碳建设成效显著。大学利用太阳能发电、智能管控水电、推行垃圾分类并开展环保教育；园区采用节能设备、建设风力发电与绿色交通体系。两者大幅降碳，营造绿色环境，还为城市零碳发展提供经验，示范作用突出。

10.4.6 实践任务：低碳生活推广小使者行动

1. 任务背景

当前全球气候变暖、资源短缺等问题日益严峻，低碳生活作为一种绿色、可持续的生活方式，对保护地球环境至关重要。然而，很多人对低碳生活的认识还不够深入，践行低碳生活的积极性也有待提高。作为学生，有能力也有责任向身边人推广低碳生活理念，让更多人加入到低碳行动中来。

2. 任务目标

（1）深入了解低碳生活的具体内容和重要意义。

（2）学会运用多种方式向身边人有效推广低碳生活理念。

3. 任务步骤

（1）以小组为单位（4~6人一组），讨论并制订低碳生活推广方案，制作一份详细的推广策划书。

（2）在推广过程中，记录下活动的过程、遇到的问题以及人们的反馈，为后续总结提供依据。

（3）各小组召开总结会议，分享推广活动的经验和不足，提出改进措施。同时，制订后续的低碳生活推广计划。